用于国家职业技能鉴定
国家职业资格培训教程
YONGYU GUOJIA ZHIYE JINENG JIANDING
GUOJIA ZHIYE ZIGE PEIXUN JIAOCHENG

锻造工

（中级）

第2版

编审委员会

主　任　刘　康
副主任　张亚男
委　员　于意仲　周小玉　宋继顺　王鹏程　吕如民
　　　　赵　杰　王士达　陈　蕾　张　伟　史武华
　　　　吕本顺

编审人员

主　编　宋继顺
副主编　郝　新
编　者　吕如民　宋继顺　郝　新　王井玲
主　审　张程勇

中国劳动社会保障出版社

图书在版编目(CIP)数据

锻造工:中级/中国就业培训技术指导中心组织编写.—2版.—北京:中国劳动社会保障出版社,2011

国家职业资格培训教程

ISBN 978 – 7 – 5045 – 9145 – 6

Ⅰ.①锻… Ⅱ.①中… Ⅲ.①锻造-技术培训-教材 Ⅳ.①TG31

中国版本图书馆 CIP 数据核字(2011)第 189268 号

中国劳动社会保障出版社出版发行

(北京市惠新东街 1 号 邮政编码:100029)

出 版 人:张梦欣

*

新华书店经销

北京地质印刷厂印刷 三河市华东印刷装订厂装订

787 毫米×1092 毫米 16 开本 15.5 印张 267 千字

2011 年 9 月第 2 版 2011 年 9 月第 1 次印刷

定价:30.00 元

读者服务部电话:010 – 64929211/64921644/84643933

发行部电话:010 – 64961894

出版社网址:http://www.class.com.cn

版权专有 侵权必究

举报电话:010 – 64954652

如有印装差错,请与本社联系调换:010 – 80497374

前　　言

为推动锻造工职业培训和职业技能鉴定工作的开展，在锻造工从业人员中推行国家职业资格证书制度，中国就业培训技术指导中心在完成《国家职业技能标准·锻造工》(2009 年修订)（以下简称《标准》）制定工作的基础上，组织参加《标准》编写和审定的专家及其他有关专家，编写了锻造工国家职业资格培训系列教程（第 2 版）。

锻造工国家职业资格培训系列教程（第 2 版）紧贴《标准》要求，内容上体现"以职业活动为导向、以职业能力为核心"的指导思想，突出职业资格培训特色；结构上针对锻造工职业活动领域，按照职业功能模块分级别编写。

锻造工国家职业资格培训系列教程（第 2 版）共包括《锻造工（基础知识）》《锻造工（初级）》《锻造工（中级）》《锻造工（高级）》《锻造工（技师　高级技师）》5 本。《锻造工（基础知识）》内容涵盖《标准》的"基本要求"，是各级别锻造工均需掌握的基础知识；其他各级别教程的章对应于《标准》的"职业功能"，节对应于《标准》的"工作内容"，节中阐述的内容对应于《标准》的"技能要求"和"相关知识"。

本书是锻造工国家职业资格培训系列教程（第 2 版）中的一本，适用于对中级锻造工的职业资格培训，是国家职业技能鉴定推荐辅导用书，也是中级锻造工职业技能鉴定国家题库命题的直接依据。

本书共 4 章，第 1 章由天津理工大学吕如民编写，第 2 章由天津理工大学宋继顺编写，第 3 章由内蒙古工业大学郝新编写，第 4 章第 1 节由内蒙古工业大学郝新、天津职业技术师范大学王井玲编写，第 4 章第 2 节由天津职业技术师范大学王井玲编写。本书由宋继顺担任主编，郝新担任副主编，天津理工大学张程勇担任主审。

本书在编写过程中得到了天津市人力资源和社会保障局、天津市汽车锻造有限公司、天津理工大学、内蒙古工业大学、天津职业技术师范大学等单位的大力支持与协助，在此一并表示衷心的感谢。

中国就业培训技术指导中心

目录

CONTENTS 国家职业资格培训教程

第1章 材料加热 ··· (1)

   第1节 坯料的装炉和出炉 ··· (1)

   第2节 炉温控制 ·· (17)

第2章 自由锻造 ··· (36)

   第1节 工艺及工具准备 ··· (36)

   第2节 工件锻造 ·· (99)

第3章 模锻 ·· (140)

   第1节 工艺及工具的准备 ·· (140)

   第2节 工作锻造 ·· (180)

第4章 锻后处理及检验 ·· (204)

   第1节 锻后处理 ·· (204)

   第2节 产品检验 ·· (226)

第1章 材料加热

第1节 坯料的装炉和出炉

 **学习单元1 坯料在炉内堆放方式和装炉量**

 学习目标

- 掌握常用燃料的种类、成分、发热量及燃烧过程
- 掌握加热方式对钢的组织、力学性能的影响
- 掌握装炉堆放方式和装炉量对坯料加热质量的影响
- 能够根据工艺要求确定钢坯料在炉内的堆放方式和装炉量

 **知识要求**

一、常用燃料的成分、发热量及燃烧过程

1. 固体燃料

本章主要介绍烟煤和焦炭这两种固体燃料。烟煤是锻造加热中最常用的一种燃料,它的优点是煤种齐全,易于购买,价格相对较便宜;缺点是不能实现完全燃

烧，燃烧时烟灰大，容易污染环境，同时劳动条件差，劳动强度高。焦炭是烟煤经干馏后的产物，燃烧时无烟，常用于手工锻造炉。

（1）燃料成分

1）烟煤成分。含碳量[①]为80%左右，水分含量为3%～12%，灰分含量为11%～20%。

2）焦炭成分。含碳量为87%左右，水分含量为2%～4%，灰分含量为13%～14%，含硫量小于等于1%。

（2）发热量

单位燃料完全燃烧所发出的热量叫做燃料的发热量，常以符号Q表示。燃烧产物中的水分冷却成20℃的水蒸气时，所得到的发热量称为燃料的低发热量（$Q_{低}$），工业上通常使用的发热量都是指燃料的低发热量（$Q_{低}$）。发热量还有一种表示方法，即燃料的高发热量（$Q_{高}$），高发热量（$Q_{高}$）一般在实验室应用较多，主要用来衡量燃料的质量。固体燃料发热量的单位以kJ/kg或kcal/kg表示。工业生产中常用的燃料成分为供用成分，以供用成分表示的燃料低发热量用符号$Q_{低}^{用}$表示。烟煤的发热量$Q_{低}^{用}$一般为21～33.5 MJ/kg，焦炭的发热量$Q_{低}^{用}$一般为25～29.3 MJ/kg。

（3）燃烧过程

要使固体燃料进行燃烧，必须把燃料加热到一定温度，这个温度称为燃料的着火温度。烟煤的着火温度为300～350℃；焦炭的着火温度为650～800℃；木材的着火温度为250℃。

煤在人工加煤燃烧室内的燃烧情况如图1—1所示，此时煤在燃烧室内是不完全燃烧的，助燃的空气只有一部分从燃烧室下部进入，一般称为一次风。煤层上部的烟气中还有许多可燃性气体及挥发物，为了使这部分可燃物也能在炉膛内燃烧，需要在煤层上部再送入一部分助燃的空气，一般称为二次风。二次风以高速细流股进入燃烧室上部空间。一般二次风经热交换器加热，可以很容易地与气态可燃物混合并燃烧。虽然这种燃烧法的部分燃烧过程

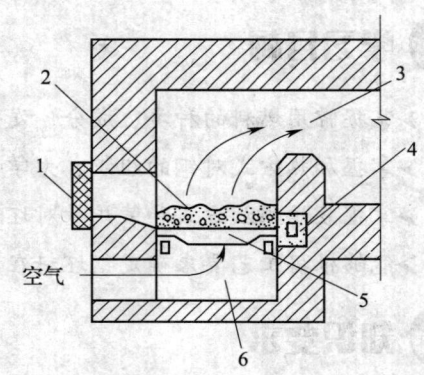

图1—1 煤在人工加煤燃烧室内的燃烧情况
1—炉门 2—燃料层 3—燃烧室空间
4—水冷却套 5—炉栅 6—灰坑

---

① 本书所涉及金属材料中的含碳量以及各种合金元素的含量均为质量分数。

是在燃烧室完成的,但火焰可以一直拉长到加热室内,改善了炉内的温度分布。

2. 气体燃料

与固体燃料相比,气体燃料的燃烧过程简单,容易控制,炉内的温度、压力、气氛可以调节,并且气体燃料输送方便,操作简单;缺点是煤气有毒,需要制定严格的安全防护措施。

(1) 燃料成分

1) 天然气成分。甲烷含量为85%~97%,氢气含量为0.1%~2.0%,氮气含量为1.4%~4.0%,二氧化碳和硫化氢含量为0.1%~2.0%。

2) 发生炉煤气成分。一氧化碳含量为24%~30%,氢气含量为12%~15%,甲烷含量为0.3%~3.0%,氮气含量为46%~55%,二氧化碳和硫化氢含量为5.0%~7.0%。

(2) 发热量

天然气的发热量为33.5~38.5 MJ/m^3;发生炉煤气的发热量为4.8~6.5 MJ/m^3。

(3) 燃烧过程

天然气的着火温度为750~850℃;发生炉煤气的着火温度为700~800℃。在开始点火时,需要用明火点燃可燃气体,这一局部的燃烧反应所放出的热把周围的可燃物加热到着火温度,从而使火焰传播开来。这样一经点火,燃烧反应就可以继续下去。气体燃料的燃烧是一个复杂的物理与化学过程的综合,整个燃烧过程可以分为混合、着火、反应三个阶段。三个阶段彼此不同,又有密切联系,它们是在极短时间内连续完成的。

二、加热对钢的组织、力学性能的影响

1. 加热对钢的组织的影响

(1) 加热过程中的组织转变

在加热时,钢的金相组织会发生转变。如图1—2所示为45钢在加热时的组织转变和晶粒变化过程。45钢在室温下的金相组织是铁素体+珠光体,当温度上升到727℃ (Ac_1)时,珠光体将转变成细小的奥氏体颗粒,当温度继续升高时,铁素体逐渐熔入奥氏体内,当温度上升到780℃ (Ac_3)时,全部组织转变成细小的奥氏体晶粒。随着温度的升高,奥氏体晶粒开始长大。当加热温度达到950℃以下时,奥氏体晶粒长大较慢,但超过950℃以后,奥氏体晶粒就会很快长大。当钢的加热温度超过其过热温度时,奥氏体晶粒将迅速长大,从而使坯料产生过热现象。

(2) 组织转变的规律

碳钢的组织转变在铁—碳合金状态图中有较直观的体现。727℃ (Ac_1)是一个

重要的临界温度，是珠光体转变为奥氏体的临界温度。780℃（Ac_3）是铁素体全部转变为奥氏体的临界温度。在一定温度下，奥氏体晶粒会随着保温时间的增加而很快长大，温度越高，保温时间越长，晶粒的长大越显著；但到一定时间，即使再延长保温时间，晶粒变化很微小。如图1—3所示为保温时间对奥氏体晶粒长大的影响。

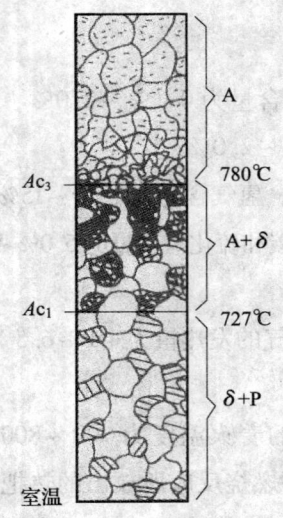

图1—2　45钢在加热时的组织转变和晶粒变化过程

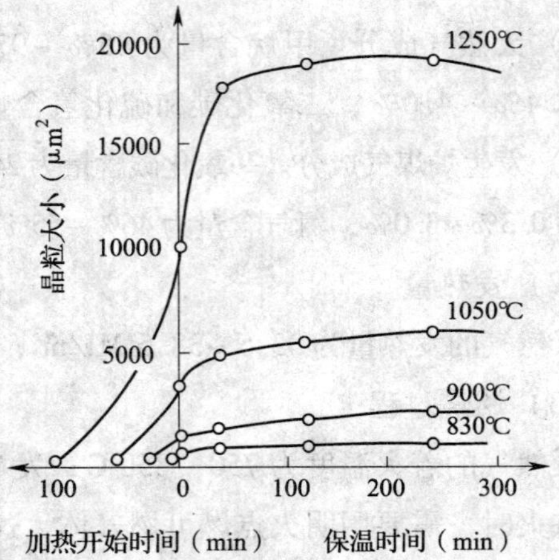

图1—3　保温时间对奥氏体晶粒长大的影响

奥氏体晶粒的长大受含碳量的影响也比较显著。奥氏体晶粒的长大倾向是随着含碳量的增加而增大的，如图1—4所示为含碳量和加热温度对奥氏体晶粒长大的影响。有些重要的锻件在交货时对晶粒度的大小有严格的要求，如发动机曲轴、连杆和汽车转向节等。通常要求其晶粒度在5级以上，钢的晶粒度级别如图1—5所示。

2．加热对钢的力学性能的影响

（1）强度、硬度及塑性的变化

碳钢在加热过程中，在力学性能方面会有不同的变化。钢的强度和硬度降低，塑性提高。坯料的加热正是利用了这一变化，使锻造成型得以实现。如图1—6所示为碳钢加热时力学性能变化曲线。

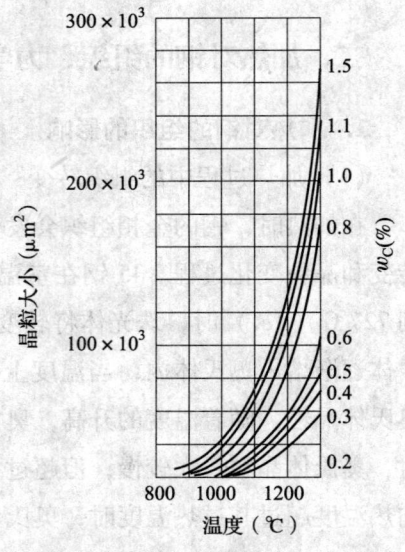

图1—4　含碳量和加热温度对奥氏体晶粒长大的影响

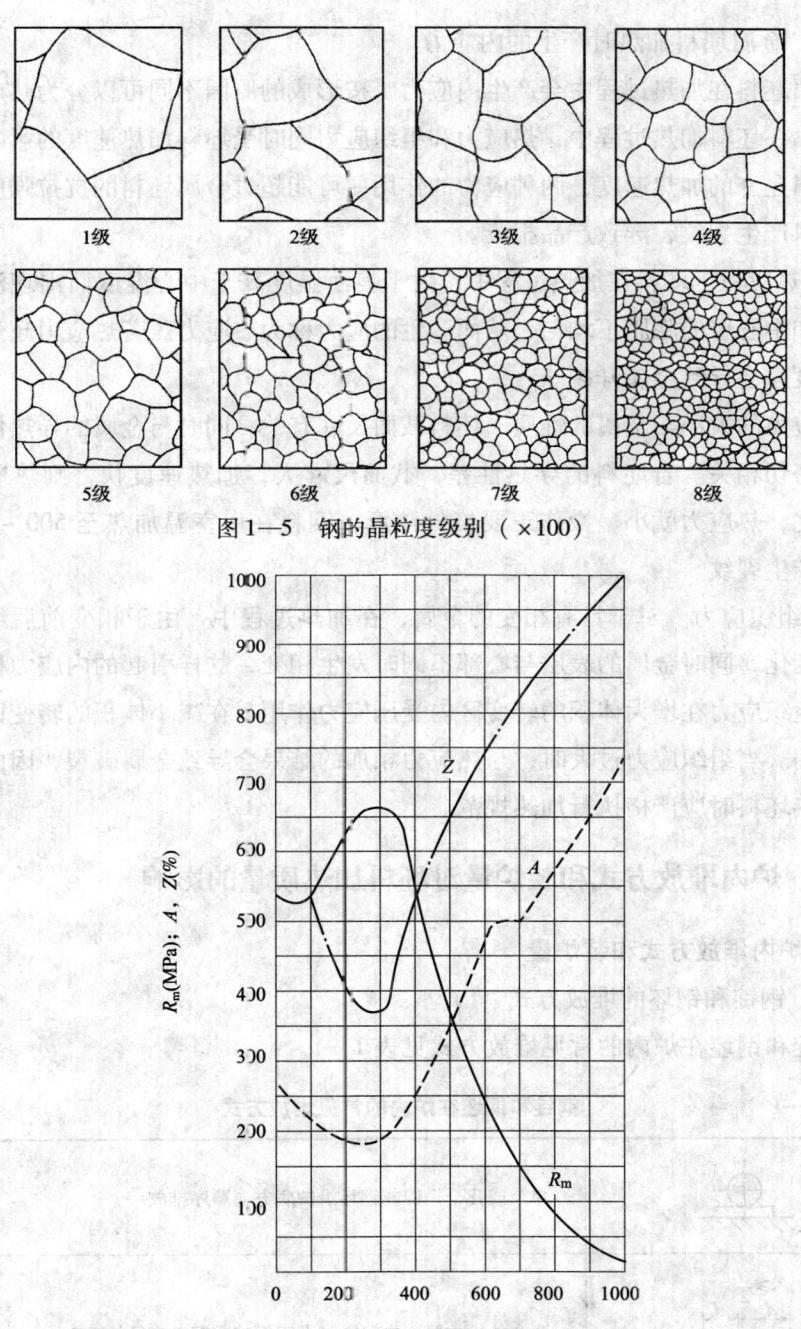

图1—5 钢的晶粒度级别（×100）

图1—6 碳钢加热时力学性能变化曲线

R_m—材料抗拉强度[①]　A—断后伸长率　Z—断面收缩率

---

① 在 GB 228—87 中，抗拉强度用符号 σ_b 表示，断后伸长率用符号 δ 表示，断面收缩率用符号 ψ 表示。

(2) 金属坯料加热时产生的内应力

金属坯料在加热过程中会产生内应力，按形成的原因不同可以分为热应力和组织应力。在坯料加热过程中，热应力和组织应力同时受坯料加热速度的影响，如果超过金属允许的加热速度，两种应力的作用便可能超过金属坯料的抗拉强度，迫使金属坯料产生裂纹，导致产品报废。

1）热应力。坯料在加热过程中，由于表面温度高于中心温度而出现温差，导致外层和中心层的膨胀不均匀，从而产生的应力称为热应力。若热应力超过金属的抗拉强度，会导致金属开裂。

热应力的大小与金属的性质、坯料截面尺寸有关；同时与金属的导热性和加热速度也密切相关。若坯料的导热性差，截面尺寸大，加热速度快，则热应力会加大；反之，热应力就小。操作工要格外注意，钢料在由室温加热至 500～550℃ 时最容易产生裂纹。

2）组织应力。对于具有相变的金属，在加热过程中，由于相变前后组织的体积发生变化，同时金属的表层与心部不同时发生相变，这样引起的内应力称为组织应力。组织应力在增大体积的转变区内受压应力作用，在减小体积的转变区内受拉应力作用。当组织应力过大时，与热应力相加的结果会导致金属破裂，因此，操作工在加热坯料时应严格执行加热规范。

三、炉内堆放方式和装炉量对坯料加热质量的影响

1. 炉内堆放方式和装炉量

(1) 钢锭和钢坯的堆放方式

钢锭和钢坯在炉内的常见堆放方式见表 1—1。

表 1—1　　　　钢锭和钢坯在炉内的常见堆放方式

堆放方式	说明
	单个或几个钢锭或钢坯沿炉底方向顺序排放
	两个并排放置，中间空隙大于钢锭或钢坯直径的 1/2
	几个并排放置

续表

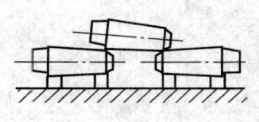	搭桥式排放，沿炉底长度放两排或三排，每排之间留有空隙，在空隙上面再搭一排
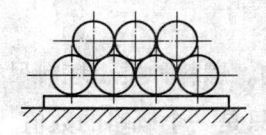	多个钢锭或钢坯分两层排放，也叫多层次密度排放

（2）加热炉工作效率

炉底面积是衡量加热炉大小的指标，一般是由所配锻造设备的生产效率来确定的。合理利用炉底面积，是提高加热炉生产效率的保证。在炉内合理排放坯料，便可以最大限度地利用炉底面积。同时，坯料的加热时间 T 与坯料排放方式也关系密切。它们的关系可以用下式表示：

$$T = ct_1$$

式中　T——坯料的加热时间，h；

　　　c——与坯料排列方式有关的系数，坯料排列方式与系数 c 的关系见表1—2；

　　　t_1——炉中单件放置时的加热时间，h。

表1—2　　坯料排列方式与系数 c 的关系

坯料排列方式		系数 c
第一种方式		1
第二种方式		2
第三种方式		1.3

（3）加热炉炉底强度

加热炉炉底强度是指单位时间内在炉底的单位面积上能加热到所要求温度的坯料质量，以下式表示：

$$P = \frac{m}{TF}$$

式中 P——炉底强度,$kg/(m^2 \cdot h)$;

m——一次装入炉内坯料的质量,kg;

F——炉底面积,m^2;

T——坯料在炉内加热的时间,h。

炉底强度有时要根据经验确定,炉底强度与加热炉结构、燃料种类、坯料尺寸以及加热炉操作情况有关,表1—3 所列的加热炉炉底强度只是一个概略的数值。

表1—3　　　　　　　　　加热炉炉底强度　　　　　　　　$kg/(m^2 \cdot h)$

加热炉炉型及规格	燃煤		燃油	燃煤气
	带预热室	不带预热室		
小于 1 m^2 的室式加热炉	400~500	200~400	400~550	350~400
小于 3 m^2 的室式加热炉		150~250	300~400	250~350
小于 1 m^2 的开隙式加热炉		300~400	400~500	350~400
小于 3 m^2 的开隙式加热炉			300~400	250~350
大于 3 m^2 的室式加热炉		100~150	250~350	200~300
小于 5 m^2 的车底式加热炉			150~250	150~200

根据积累的经常使用的且经济指标比较好的加热炉的实际使用经验来看,炉底面积与锻造设备是有一定关系的。表1—4 列出了一组自由锻锤与燃煤加热炉面积相匹配的经验数据。

表1—4　　　　　自由锻锤与燃煤加热炉面积相匹配的经验数据

锻锤规格 (kg)	炉底面积(宽×长) (m×m)	锻锤规格(kg)	炉底面积(宽×长) (m×m)
35	0.464×0.464	560	0.580×0.690
65	0.464×0.464	750	0.696×0.812
150	0.580×0.580	1 000	1.74×1.276
250	0.580×0.580	2 000	1.74×1.276(两台)
400	0.580×0.580	3 000	2.2×3.64

2. 炉内堆放方式对坯料加热质量的影响

一般来说,人们总认为一次装入炉内的坯料越多,生产效率越高,但如果采用把坯料堆上几层的方法来增大一次装炉量,加热时间会大大延长,这样反而会使加热炉生产效率降低，还会造成坯料加热不均匀，坯料的烧损量增大。因此，为了提高加热炉的工作效率，应该对坯料采取合理的堆放方式。

（1）合理利用炉底面积，既不多放，也不要浪费炉底面积，目的是在较短的时间内加热更多的坯料。

（2）可以采用循环装炉法，使坯料的装入和取出能不间断地进行，使锻锤实现连续生产，避免停工待料现象。

（3）对于3 t以下的碳素钢和低合金钢坯料，可以提高装炉温度，高温装炉快速加热，虽然装炉量少，但同样可以提高加热炉的生产效率。

（4）对于中、高合金钢坯料，可以先在预热炉内加热或采用其他方法预热至650~750℃后，再装炉进行快速加热。

 技能要求

一、工作名称

坯料在炉内堆放方式和装炉量的确定。

二、工作任务

锻件名称：螺钉，其锻件图如图1—7所示。

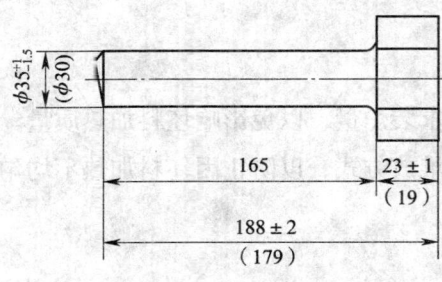

图1—7　螺钉锻件图

锻坯材料：Q235钢；

锻坯尺寸：ϕ65 mm×70 mm；

锻件质量：1.68 kg；

使用设备：250 kg空气锻锤；

加热设备：室式燃煤加热炉；

炉底面积：0.580 m×0.58 m；

始锻温度：1 200℃。

三、工作要求

1. 按照第一种装炉方式计算坯料加热时间,单件坯料的加热时间为 10 min,计算加热时间 T 如下:
$$T = ct_1 = 1 \times 10 = 10 \text{ min}$$

2. 按照第二种装炉方式计算坯料加热时间,单件坯料的加热时间为 10 min,计算加热时间 T 如下:
$$T = ct_1 = 2 \times 10 = 20 \text{ min} \approx 0.33 \text{ h}$$
$$炉底面积 F = 0.58 \times 0.58 \approx 0.34 \text{ m}^2$$

按照炉底强度计算装炉量,其计算公式如下:
$$m = PTF = 300 \times 0.33 \times 0.34 = 33.66 \text{ kg}$$

3. 按照第三种装炉方式计算坯料加热时间,单件坯料的加热时间为 10 min,计算加热时间 T 如下:
$$T = ct_1 = 1.3 \times 10 = 13 \text{ min} \approx 0.22 \text{ h}$$

按照炉底强度计算装炉量,其计算公式如下:
$$m = PTF = 300 \times 0.22 \times 0.34 = 22.44 \text{ kg}$$

以上三种计算方式中,炉底强度设定为 300 kg/($m^2 \cdot$ h),坯料选用哪一种加热方式要根据生产实际确定。

四、注意事项

1. 注意不要单纯追求装炉量,以免影响坯料加热质量。
2. 合理选择坯料的堆放方式,以防止因坯料加热不均匀而产生阴阳面。

学习单元 2 坯料连续式装炉和出炉

 学习目标

➤ 掌握连续式加热炉的结构和特点
➤ 能够进行坯料连续式装炉和出炉操作

 知识要求

一、连续式加热炉的结构和特点

连续式加热炉是目前锻造车间应用最广泛的一种炉型,坯料由加热炉一端装入,加热后由另一端排出。连续式加热炉的工作是连续的,生产效率高,常与模锻设备配合使用。

1. 连续式加热炉的结构

(1) 推钢式连续加热炉

如图 1—8 所示,推钢式连续锻造加热炉利用推杆的作用使坯料沿炉底由低温区向高温区移动,加热炉各部位温度不同,炉内的坯料随着推杆间歇式地移动,坯料在移动中实现了加热。其装料和出料都由推杆实现并连续工作。

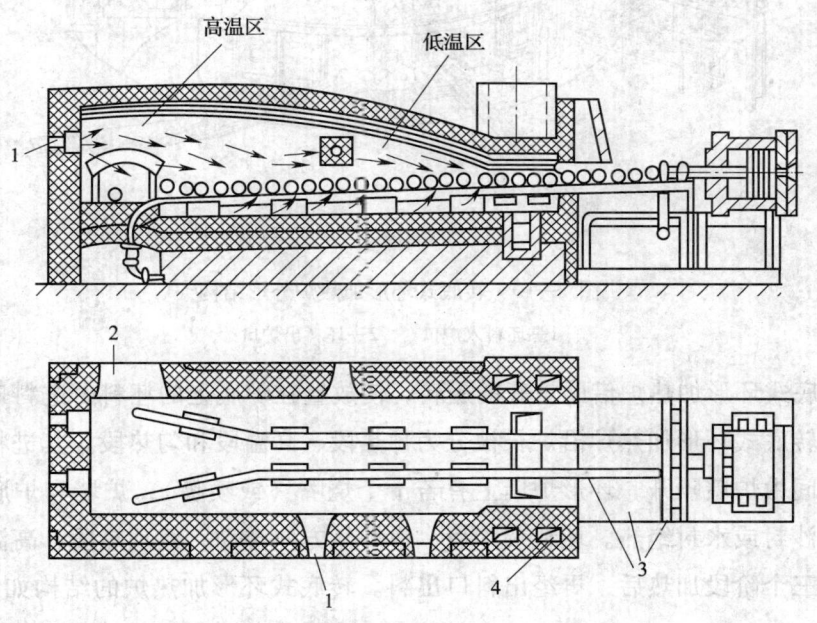

图 1—8 推钢式连续锻造加热炉
1—烧嘴 2—出料口 3—推杆料台 4—烟道口

推杆式加热炉的长度受推钢比的限制,推钢比是指坯料的推移长度与坯料的厚度之比。推钢比过大,坯料会发生拱钢现象,如图 1—9 所示。如果加热炉长度过长,推杆的推力会很大,坯料在高温下容易发生粘钢现象,这是很麻烦的事,应尽量避免。如果条件允许,可以采用双排装料,这样可以有效缩短推钢的长度。

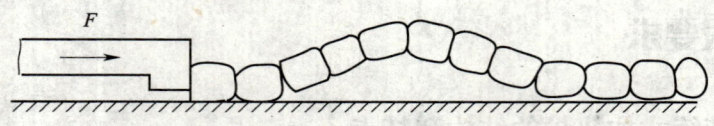

图1—9 推钢比过大使坯料发生拱钢现象

(2) 转底式环形加热炉

由于推杆式连续加热炉的长度受到推钢比的限制，再加上一些特殊型锻坯的需要，陆续发展了多种类型的机械化炉底连续加热炉。转底式环形加热炉就是其中常用的一种，其外形结构如图1—10所示。

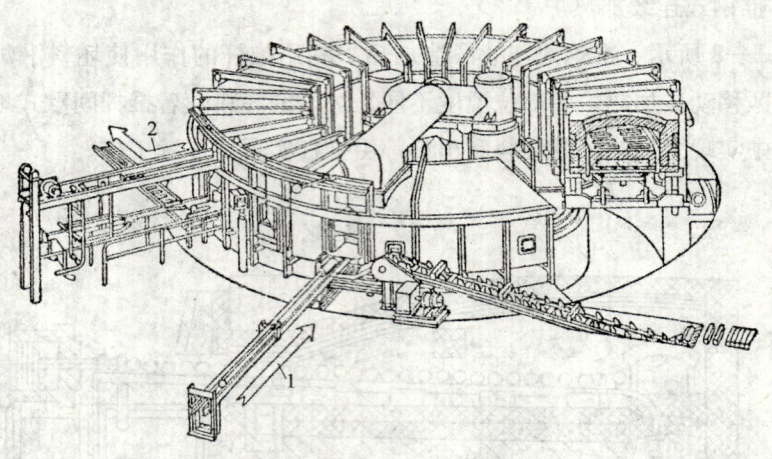

图1—10 转底式环形加热炉外形结构
1—坯料入炉口 2—坯料出炉口

转底式环形加热炉借助炉底的旋转，使放置在炉底上的坯料由进料口移到出料口。转底式环形加热炉沿炉长被分为预热段、高温段和匀热段。其进料口和出料口中间由炉墙隔开，环形炉墙上有若干个烧嘴（或喷嘴），炉墙和炉底活动部分均有沙封或水封绝热。坯料装炉后，逆炉气方向转动，经预热段、高温段、匀热段这三个阶段加热后，再经出料口出料。转底式环形加热炉的结构如图1—11所示。

2. 连续式加热炉的特点

(1) 推钢式连续加热炉的特点

推钢式连续加热炉设有低温区和高温区，坯料放在料台上，由气缸的推杆把坯料推入炉内。炉内密排的坯料被推杆间歇式地推动，由低温区推向高温区，再推向加热炉出料口出炉。这种加热炉适用的坯料一般是圆形或方形。坯料只要易于在炉底推送，都可以采用这种加热炉。

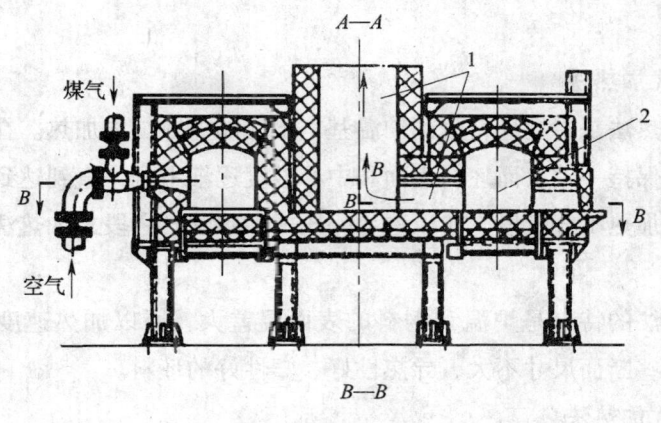

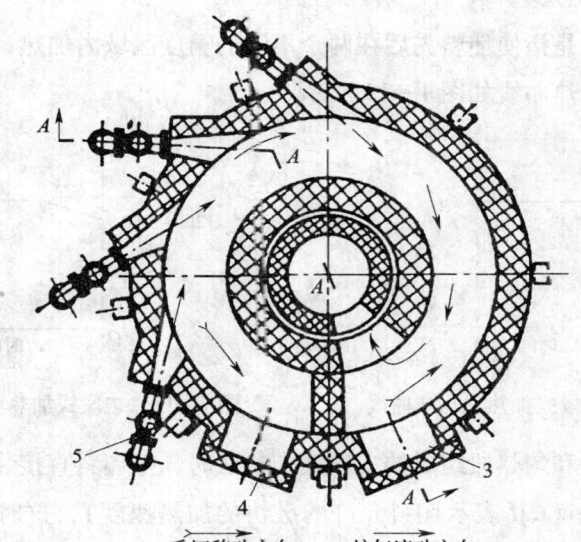

毛坯移动方向　炉气流动方向

图1—11　转底式环形加热炉的结构

1—烟道　2—炉底　3—装料口　4—出料口　5—烧嘴（或喷嘴）

（2）转底式环形加热炉的特点

1）加热炉的转速和坯料之间的间隔距离可以得到准确控制，各段的温度可以根据需要准确调节。

2）由于坯料之间有间隙，坯料三面受热，温度均匀，加热质量好。

3）可以加热用推钢式炉不能加热的异形坯料。

4）加热炉可以排空，避免停锻时坯料在炉内长时间停留，使坯料产生过热现象。

5）环形加热炉设备复杂，占地面积大，投资费用高。

二、加热炉的加热曲线

加热炉的加热温度随加热时间而变化，通常以炉温—时间的曲线来表示，称为加热曲线。

1. 一段式加热法

一段式加热法是指把坯料放到炉温基本不变的加热炉内加热。在整个加热过程中，炉温大体保持一致，而坯料表面和中心温度逐渐上升，直到达到所要求的温度为止。此方法加热不分阶段，所以称为一段式加热法。一段式加热法加热曲线如图1—12所示。

这种加热法的特点是炉温和钢料的表面温差大，所以加热速度快，加热时间短。适用于一些断面尺寸不大、导热性好、塑性好的坯料。

2. 二段式加热法

二段式加热法是指使坯料先后在两个不同的温度区域内加热，一般由加热段和匀热段组成，其加热曲线如图1—13所示。

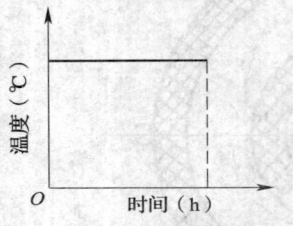

图1—12　一段式加热法加热曲线　　图1—13　二段式加热法加热曲线

采用由加热段和匀热段组成的二段式加热法时，把坯料直接装入高温炉膛进行加热，加热速度快（CM表示坯料允许的最快的加热速度），这时坯料表面温度上升快，而心部温度上升慢，所以造成坯料断面温差大。为了使断面温度趋于一致，坯料需要经过匀热段。在匀热段坯料表面温度基本保持一致，而中心温度不断上升，使表面与中心温差逐渐缩小而趋于均匀。这种加热法的特点是加热速度快，坯料断面温差小。

3. 三段式加热法

三段式加热法是指把坯料放到三个不同的温度区域内加热，依次是预热区、加热区和匀热区，其加热曲线如图1—14所示。

三段式加热法是比较完善的加热法，它综合了以上两种加热法的优点。坯料首先在低温区进行预热，这时加热速度比较慢，温度应力小，不会对坯料造成损害。等坯料中心温度超过500℃以后，进入塑性范围，这时可以快速加

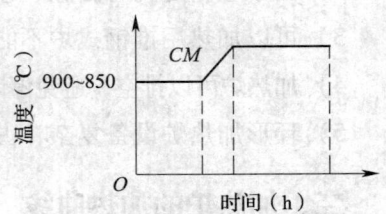

图1—14　三段式加热法加热曲线

热，一直使坯料表面温度达到出炉温度。加热段结束时，坯料断面上还有较大的温差，需要进入匀热段进行匀热。此时坯料的表面温度不再升高，而使中心温度上升，以缩小坯料断面上的温差。

三段式加热法既考虑了加热初期温度应力的危险，又考虑了中期快速加热和后期加热温度的均匀性，兼顾了坯料的加热质量和加热数量两个方面。连续式加热炉采用这种加热法时，由于有预热段，出炉废气温度较低，热能利用好，所以单位燃料消耗低。又由于三段式加热法的加热段可以强化供热，坯料的快速加热减少了氧化和脱碳，保证加热炉有较高的生产效率。所以，对许多坯料来说这是一种比较合理与完善的加热方法。

4. 四段式加热法和五段式加热法

四段式加热法是指将坯料在装炉温度下保温，然后缓慢升温（$[C]$ 表示坯料允许的加热速度），再快速升温（CM 表示坯料允许的最快的加热速度），最后在最高炉温下保温。四段式加热法温度曲线如图 1—15 所示。

五段式加热法是指将坯料在装炉温度下保温，然后缓慢升温（$[C]$ 表示坯料允许的加热速度），在相变温度下保温，再快速升温（CM 表示坯料允许的最快的加热速度），最后在最高炉温下保温。五段式加热法温度曲线如图 1—16 所示。

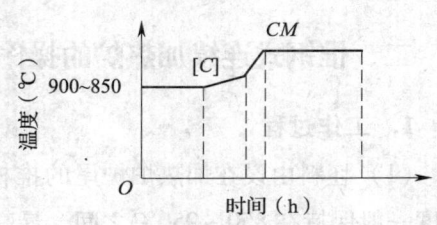

图 1—15 四段式加热法温度曲线

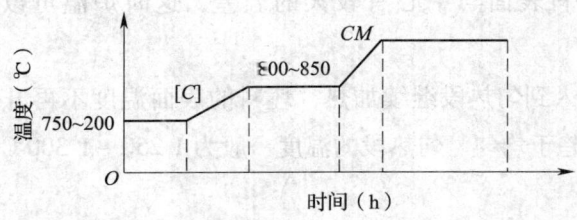

图 1—16 五段式加热法温度曲线

 **技能要求**

一、转底式环形加热炉的操作要求

1. 工作过程

（1）坯料的装炉和出炉都要准备专用夹钳，它应当与坯料的外形相符，以便于夹持。

（2）每装一次坯料炉底转动一个角度，然后又装进另一块坯料。装炉和出炉几乎同时进行，如果装料和出料机构与炉底的传动装置实现联锁，可以实现坯料装料和出料的自动化。

（3）当锻造过程较复杂，造成装料和出料等候时间较长时，应当关闭炉门。

（4）当装料和出料比较频繁时，炉门应是敞开的，为了防止炉门吸入冷空气或往外冒火，应在进料口和出料口设置水帘或扩张室。

（5）进料口和出料口设置距离较近，操作不方便，应注意操作安全。

2．注意事项

（1）注意进料口和出料口之间应设置隔墙，以防止进料口的冷气进入出料口。

（2）注意及时清理炉底的氧化皮，如果氧化皮堆积过厚，会无形中降低隔墙的高度，造成加热炉炉气短路。

二、推钢式连续加热炉的操作要求

1．工作过程

（1）坯料由设在加热炉炉尾的推杆推入，先进入预热段缓慢升温，出炉废气温度一般保持在850~950℃之间，最高不超过1 050℃。

（2）坯料被推入到加热段，强化加热，迅速把坯料表面温度上升到出炉所需要的温度。允许坯料表面与中心有较大的温差，这时炉温可以保持在1 320~1 380℃之间。

（3）坯料被推入到匀热段继续加热，坯料的表面温度不再升高，而是使坯料断面上的温度逐渐趋于均匀。匀热段的温度一般为1 250~1 300℃，一般比出炉温度高50℃左右。

（4）坯料出炉，一般加热炉常采用端进端出，也有的采用端进侧出、侧进侧出。炉型不同，坯料出炉方式则不同，各有利弊。

2．注意事项

（1）注意防止出料端吸入冷空气。

（2）为了克服推钢的阻力，在炉底可以安装耐热钢滑轨。

第2节 炉温控制

 **学习单元1 常用锻造加热炉和辅助设备**

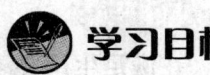 **学习目标**

➤掌握常用锻造加热炉辅助设备的结构与使用
➤掌握常用锻造加热炉的调整与故障排除方法
➤能够较准确地目测钢坯的加热温度

 **知识要求**

一、常用锻造加热炉的选用、调整及故障排除

1. 常用锻造加热炉的选用

（1）锻造工艺对加热炉的基本要求

1）坯料加热质量好，能够达到锻造要求的温度，加热均匀，氧化、烧损及脱碳少。

2）坯料加热速度快，生产效率高。

3）加热炉燃料利用率高，是指加热单位金属坯料使用的燃料消耗量最低。

4）加热炉结构简单，造价低。

5）加热炉使用寿命长。

6）加热炉要符合环境保护要求，在消烟除尘、噪声防治、防暑降温等方面要达到国家的环境保护要求。

（2）炉型选择的基本要求

锻造加热炉类型很多，炉型选择是否合理，对加热工序的经济技术指标、劳动条件和设备投资等影响较大。确定炉型要注意以下几点：

1）根据生产性质确定。一般单件、小批量生产宜采用室式加热炉，这是由于

锻件的品种及尺寸变化较大，锻件的复杂程度不等，室式加热炉在满足对所加热坯料的尺寸和生产效率要求方面有较大的灵活性。在大量生产的模锻车间，根据生产要求和企业自身条件，可以选择推钢式连续加热炉、转底式环形加热炉等。

2) 根据使用燃料的种类确定。由于地区不同，加热炉使用燃料的种类差别很大，但所选燃料与加热炉炉型关系密切。例如，选择转底式环形加热炉时，用固体燃料就不易实现。所以，燃料和加热炉的配型也十分重要，如果勉强相配，在使用效果上会很不理想。

3) 根据坯料加热曲线确定。被加热金属坯料的工艺要求各不相同，例如，有的坯料要求加热均匀性好；有的坯料要求有预热；有的要求坯料加热无氧化等。这要根据坯料加热曲线选择合适的炉型。

4) 尽量合理使用资金。选择炉型要符合少花钱多办事的原则，在满足生产要求的情况下，应力求加热炉结构简单，降低投资。

2. 常用锻造加热炉的辅助设备

（1）装料叉

装料叉是一种很简单的装料工具，对于减轻工人的劳动强度和减少加热炉对工人的辐射能够起到很大作用，是加热炉操作工一件十分重要的工具。装料叉由叉头1、吊环2、叉杆3和手把4组成，如图1—17所示。根据坯料的不同，可以改变叉头的形状和尺寸。

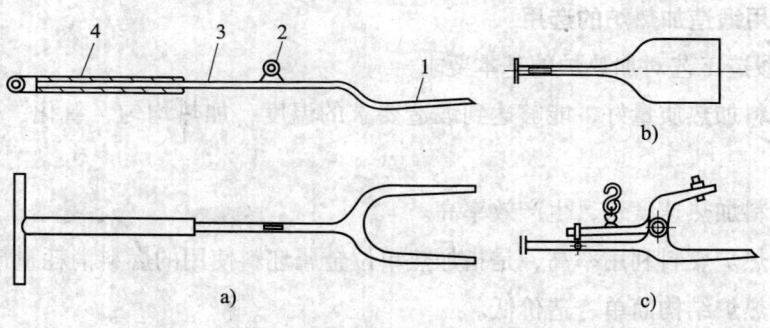

图1—17 装料叉
a) 叉形叉头 b) 平铲形叉头 c) 钳形叉头
1—叉头 2—吊环 3—叉杆 4—手把

对于大型锻件，装料叉相应也大，这时可以将叉杆和叉头制成可以拆卸的，既可以根据坯料的不同更换不同的叉头，又便于拆卸，减轻质量。在叉杆的尾部加上平衡块，用来平衡大型坯料的质量。大型装料叉如图1—18所示。

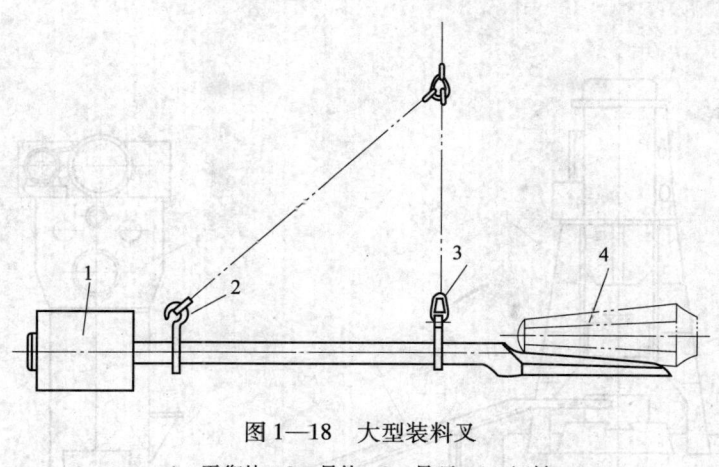

图 1—18 大型装料叉

1—平衡块 2—吊钩 3—吊环 4—坯料

(2) 装炉和出炉夹钳

装炉和出炉夹钳如图 1—19 所示,夹钳的爪子 7 通过转动轴 6 与爪把 5 连成一体,固定轴 3 通过固定板 4 而固定转动轴。当吊起爪把时,则通过转动轴使爪子夹紧坯料,又通过操纵杆 1 把坯料装入加热炉内。当放松爪把,吊起环扣 2 时,则爪子因坯料的质量而松开,完成装料工作后退出。

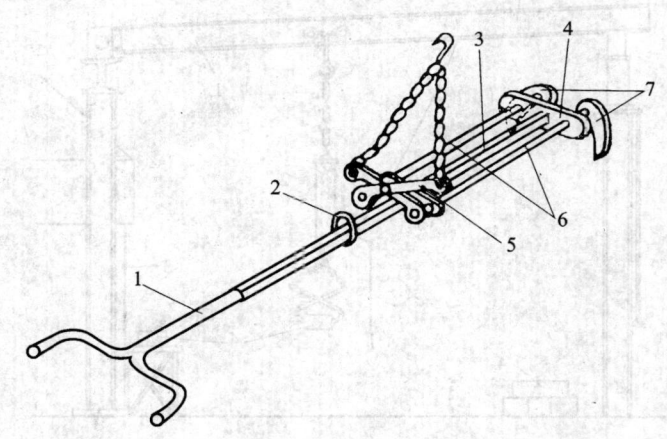

图 1—19 装炉和出炉夹钳

1—操纵杆 2—环扣 3—固定轴 4—固定板 5—爪把 6—转动轴 7—爪子

(3) 装炉和出炉输送装置

随着生产规模的不断扩大,以装炉和出炉机械手为主的机械化生产线在模锻车间得到广泛应用。它们还包括输送装置、翻料装置和送料装置等。现介绍两种锻造车间常用的输送坯料的装置,即斜槽和单轨线路,其中斜槽如图 1—20 所示,单轨线路如图 1—21 所示。

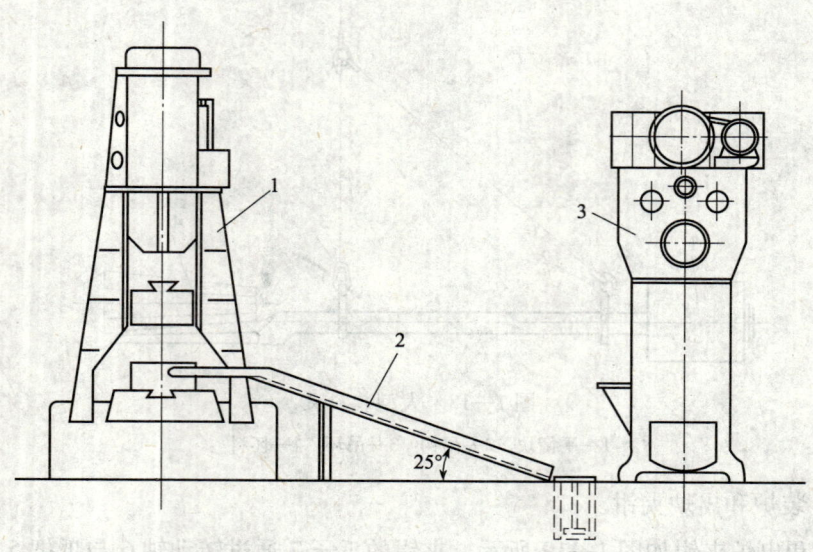

图1—20 斜槽
1—模锻锤 2—斜槽 3—切边压力机

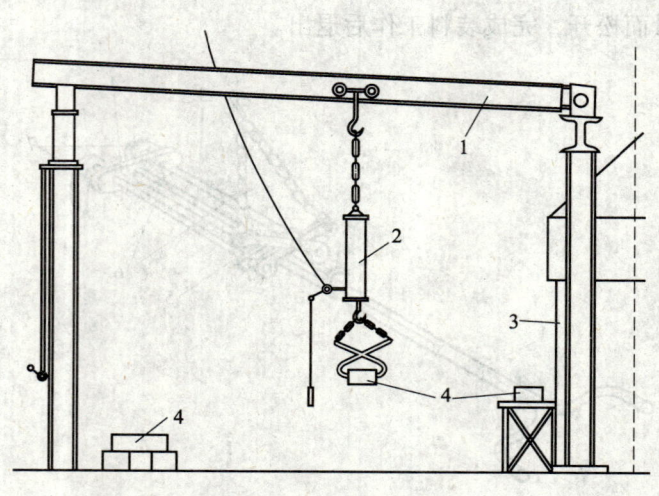

图1—21 单轨线路
1—单轨 2—气动葫芦 3—加热炉 4—坯料

斜槽用来运送质量不大于15 kg 的坯料，坯料的长度和直径之比要小于5。斜槽可以用于加热炉与设备间和设备与设备间的坯料传送，其缺点是输送距离较短。

单轨线路可以运送15 kg 以上的坯料，坯料的长度和直径之比可以大于5。单轨线路可以用于加热炉与设备间和设备与设备间的坯料或半成品的传送，输送距离可以达到30 m 以上。

第1章 材料加热

3. 常用锻造加热炉的调整与故障排除

锻造加热炉的使用寿命与砌炉质量、炉型结构、正确使用与调整关系密切。加热炉在使用中，如果发现测温系统不正常时，不应勉强使用，应及时进行调整，以免造成更大的损坏。煤炉常见故障原因及排除方法见表1—5。煤气炉常见故障原因及排除方法见表1—6。

表1—5　　　　　　　　　　煤炉常见故障原因及排除方法

故障现象	故障原因	排除方法
炉温不足	1. 煤质过差，发热量过低 2. 燃烧室结渣后未及时清理，造成燃烧不旺 3. 燃烧室设计过小，不能为加热室提供足够的热量 4. 排烟系统不良，燃料燃烧不完全 5. 二次风调整不当 6. 一次风风压不足，煤层燃烧无力	1. 建议选用发热量大于25 MJ/kg的优质煤 2. 及时清理燃烧室炉渣 3. 燃烧室炉箅的面积与燃料消耗量及炉箅强度有关，应精确计算 4. 改善排烟系统 5. 二次风应细流、高温 6. 建议改用高压风机
炉门处冒烟、喷火	1. 无双层炉门大排烟口结构，或者虽有但尺寸过小 2. 燃烧室加煤不当，有时过快、过急 3. 烟筒抽力不足 4. 排烟口和烟道堵塞 5. 当几台加热炉共用一个烟筒时，会造成排烟系统不严密，烟筒抽力降低 6. 炉型设计不佳，造成炉气运动不畅	1. 建议按要求设计双层炉门大排烟口结构 2. 应均衡加煤，尽量让煤完全燃烧 3. 开炉前应预热烟筒，增大烟筒抽力 4. 及时清理排烟口和烟道 5. 避免几台加热炉共用一个烟筒 6. 修改加热炉炉型
炉温不均匀，局部过热	1. 燃烧室与加热室的位置靠前或过于靠后 2. 炉型设计有死角，炉气有达不到的地方	1. 燃烧室与加热室的位置应配置合理 2. 应消除加热室死角，使炉气充满整个加热室
燃烧不稳定	1. 燃烧室炉箅结渣 2. 鼓风系统有故障 3. 二次风调整不当	1. 应及时清理燃烧室炉箅的炉渣 2. 检查鼓风系统，检查风管的插板是否松动，并及时排除故障 3. 调整二次风，要求细流、高速
炉衬过早损坏	1. 烘炉时加温过猛、过快，对炉衬造成损伤 2. 加热坯料时乱扔、乱砸，碰伤炉衬 3. 炉温较高时大量吹冷风或向炉内喷水，造成炉衬损坏 4. 砌炉时采用劣质耐火砖，造成炉衬过早损坏 5. 拱顶结构设计不合理	1. 按烘炉曲线进行烘炉 2. 应尽量采用工具夹持坯料入炉 3. 可以采用在炉内放冷铁的方法降低炉温 4. 砌炉时应保证耐火砖的质量 5. 采用大偏拱结构

表1—6 煤气炉常见故障原因及排除方法

故障现象	故障原因	排除方法
炉温不足	1. 煤气发热值偏低 2. 煤气预热器堵塞 3. 煤气烧嘴被煤焦油堵塞 4. 煤气的主干管压力下降，造成供气不足	1. 应选用高于 800 kcal/m³ 的煤气 2. 应及时疏通煤气预热器 3. 应及时清理煤气烧嘴 4. 保持煤气主干管的工作压力
炉门处冒烟、喷火	1. 煤气的流量过大，来不及充分燃烧 2. 烧嘴的配置不合理，造成火焰互相干扰 3. 煤气烧嘴吸不进足够的空气 4. 烟筒的抽力不足	1. 调控煤气烧嘴流量 2. 烧嘴配置要有利于炉气流动 3. 提高煤气烧嘴前的压力 4. 增大烟筒的抽力
炉温不均匀，局部过热	1. 局部炉温不均匀 2. 火焰有死角 3. 加热室排烟不均匀 4. 多处炉温不均匀	1. 调整个别烧嘴的工作状态 2. 炉型设计不良，造成火焰死角 3. 正确设计加热室排烟口的位置和尺寸 4. 正确安排烧嘴的位置
燃烧不稳定	1. 煤气中的水分太多 2. 煤气的压力不稳定，引起燃烧不稳定 3. 空气进入烧嘴过多，煤气过少 4. 煤气炉点火时，煤气供给量过少	1. 清除煤气中的水分 2. 保持管道中煤气的工作压力 3. 调整煤气烧嘴空气与煤气进入比例 4. 调整烧嘴，保证煤气供给量
炉衬过早损坏	1. 烘炉时加热不当，加热过急，对炉衬造成损伤 2. 加热坯料时乱扔、乱砸，碰伤炉衬 3. 炉温较高时大量吹冷风 4. 为了降温向炉内喷水 5. 砌炉时采用劣质耐火砖，造成炉衬过早损坏	1. 按烘炉曲线进行烘炉 2. 应尽量采用工具夹持坯料入炉 3. 可以采用在炉内放冷铁的方法降低炉温 4. 遵守操作规程 5. 砌炉时应保证耐火砖的质量

二、钢坯的加热温度与颜色的关系

钢坯在加热到530℃以上时会发出不同颜色的光线，其颜色与加热温度有关，钢料加热后火色与温度的关系如彩图所示（见封二）。

目测金属加热温度时，要注意白天和黑夜，晴天与阴天，车间光线的明与暗等因素。例如，阴天或黑夜观察到的火色要相对亮些；在光线明亮的情况下，观察到的火色要相对暗些。刚开始使用本图观察炉温时，可以与其他测温仪表或经有经验的老锻工校核后加以使用，经过一段时间训练后，目测温度与实际炉温的温差是不大的，在±30℃左右。

 技能要求

一、工作名称

测量坯料温度及调节炉温。

二、工作任务

锻件名称：台阶轴，其锻件图如图 1—22 所示。

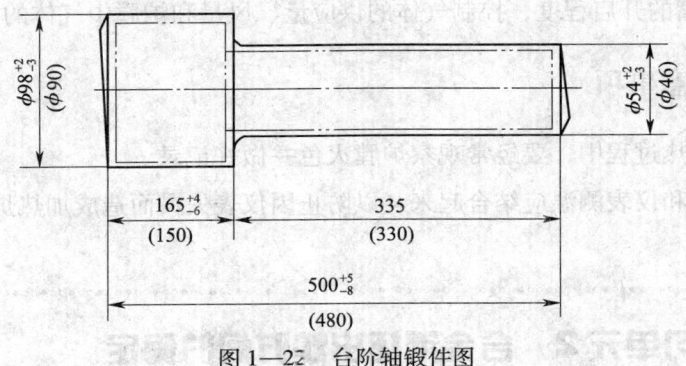

图 1—22　台阶轴锻件图

锻坯材料：45钢；

锻坯尺寸 ϕ120 mm×200 mm；

锻件质量：16.5 kg；

使用设备：1 t 锤；

锻件始锻温度：1 220℃；

锻件终锻温度：800℃。

三、工作过程

1. 确定坯料的装炉温度

采用高温装炉、快速加热的方法，坯料的装炉温度应是 1 250℃，此时炉膛的颜色应是亮黄色到黄白色。装炉温度也可以用光学高温计加以校对，要求目测炉温的误差为±30℃。

2. 确定坯料的始锻温度

快速加热到始锻温度，目测坯料温度达到 1 200℃，要求目测坯料的温度误差

为 ±30℃。保温 5~10 min，炉温与坯料温度的差值按 30~50℃来计算。

3. 坯料总的加热时间

坯料总的加热时间为 30~40 min。

4. 炉温的调整方法

（1）燃煤加热炉主要通过合理管理燃烧室来控制

一是及时添煤、疏通炉栅，使燃煤尽量完全燃烧；二是控制好空气的供应量，一次风与二次风的比例按 65:35 或 75:25 来控制。根据炉温的要求调整风挡闸门，控制一次风与二次风的比例，使其达到生产要求。如果炉温过高，可以采用放冷铁的方法降低炉温，但冷铁与已加热坯料应有一定的距离。

（2）燃气加热炉主要通过合理调节烧嘴来控制

调节烧嘴的开启程度，控制气体的供应量、风量和炉膛中气体的压力。

四、注意事项

1. 在加热过程中，要经常观察炉膛火色并做好记录。
2. 目测和仪表测温应结合起来，以防止因仪表失灵而造成加热炉损坏。

学习单元 2　合金钢坯出炉时间的确定

学习目标

➤掌握锻造常用合金钢的性能
➤掌握锻造常用合金钢的加热规范
➤能够确定合金钢的锻造温度

知识要求

一、锻造常用合金钢的性能

1. 合金钢的分类

合金钢的分类可以有很多种分法，但从锻造特点来说，还是按钢的基体组织分类更便于应用。合金钢按基体组织常分为五类，见表 1—7。

表 1—7　　　　　　　　　合金钢的分类

序号	基体类别	常用钢号举例
1	铁素体钢	Cr17，Cr28，Cr25Al5，0Cr13，Cr25SiAl
2	珠光体钢	45Mn2，60Si2，GCr15，GCr9
3	马氏体钢	Cr17Ni2，2Cr13，3Cr13，4Cr13
4	奥氏体钢	40Mn18Cr3，50Mn18Cr4，4Cr14Ni14W2Mo
5	莱氏体钢	W18Cr4V，W9Cr4V2，Cr12MoV，Gr12

表 1—7 中所列的钢种，除含铁和碳以外，还含有一定数量的合金元素，它们的加入使钢的性能有很大的改变。

2. 合金元素对钢性能的影响

为了改善钢的性能，在钢中加入一定量的合金元素而构成合金钢。合金钢中的各种元素不仅对钢的使用性能有影响，对钢的锻造性能也有较大的影响。下面简单介绍各种元素对钢性能的影响。

（1）碳（C）

碳是决定钢的性能的主要因素，随着含碳量的增加，钢的强度和硬度提高，塑性及韧性降低，同时钢的焊接性能随之下降。当含碳量小于 0.8% 时，钢的强度随含碳量的增加而提高；当含碳量大于 0.8% 时，钢的强度随含碳量的增加反而降低。

（2）硅（Si）

钢中添加 0.5%～0.6% 以上的硅时，对钢的力学性能有显著的影响。如中碳钢中加入 1.0%～1.2% 以上的硅时，经调质处理后，强度会提高 15%～20% 以上。含硅量为 2%～4% 的钢叫做硅钢片，是重要的电工材料。硅在钢中容易使钢坯在加热时脱碳，高温状态下晶粒容易长大，产生过热现象，使坯料产生加热缺陷。

（3）锰（Mn）

在一般碳钢中，含锰量在 0.7% 以下时，对钢的性能影响不大，但当坯料中的含锰量增加到 1%～2% 时，钢的强度会提高，塑性下降，使坯料的可锻性变差。锰钢在加热时晶粒容易粗化，所以应严格控制加热温度。

（4）铬（Cr）

铬在一定含量内可以提高钢的强度和硬度，但若超过一定的范围，其强度、硬度均下降。铬元素可以提高钢的淬透性，使钢在热处理后获得良好的力学性能。另外，铬可以提高钢的抗氧化性及耐腐蚀能力。

二、合金钢的加热规范

加热规范是材料加热操作工进行坯料加热的依据。加热规范规定了坯料加热温度与时间的关系，包括装炉温度、加热速度和加热方式等。合金钢与碳钢相比，塑性低，导热性差。特别是较大尺寸的坯料，加热速度过快时容易引起开裂。大多数合金钢坯料都采用低温装炉、缓慢加热的方法。由于钢锭和钢坯的内部组织及质量不同，因此加热规范也有很大的区别，合金钢更加显著。

1. 钢锭的加热规范

钢锭内部呈现铸态组织，存在很多铸造缺陷，如疏松、偏析、气泡和夹杂等；同时，由于在浇注时钢锭冷却不均匀，存在较大的内应力。热钢锭和冷钢锭也有区别，热钢锭是指钢锭表面温度高于650℃的钢锭，温度低于650℃及随炉冷却后的钢锭称为冷钢锭。

（1）热钢锭的加热规范

水压机一般适用于对热钢锭进行锻造，可以缩短加热时间，降低燃料消耗并提高生产效率。热钢锭加热时，装炉温度要稍低些，要视钢种和钢锭大小来确定。装炉后保温一段时间，然后按坯料所允许的加热速度升温，达到始锻温度并保温一段时间后便可以出炉锻造，其加热规范如图1—23所示。

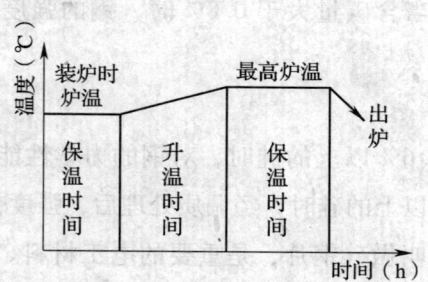

图1—23 热钢锭加热规范

（2）冷钢锭的加热规范

大型冷钢锭加热时，出现裂纹的危险性特别大，一般采用分段加热的方法，45钢30 t冷钢锭加热规范如图1—24所示。冷钢锭的加热除按加热规范操作外，还应当注意：冷钢锭装炉时温度不要低于20℃，冬天加热冷钢锭时，应在车间放置24 h，如果急需生产，也要在炉门前至少放置8 h。装炉时还要注意，严禁冷、热钢锭同装一炉。

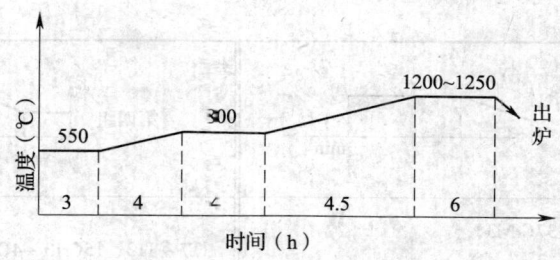

图 1—24　45 钢 30 t 冷钢锭加热规范

2. 钢坯的加热规范

直径小于 100 mm 的合金钢坯料一般采用一段加热规范，炉温为 1 300 ~ 1 350℃；直径为 200 ~ 350 mm 的合金钢坯料一般采用三段加热规范，装炉温度稍低一些。装炉后要有保温时间，保温时间占总加热时间的 5% ~ 10%；加热到始锻温度后，均热保温时间占总加热时间的 5% ~ 10%。常见钢坯的加热规范见表 1—8。

表 1—8　　　　　　　　　　　　常见钢坯的加热规范

钢号组别	第一组 Q235, Q275, 15 ~ 25 10Mn ~ 20Mn2, 15Mn ~ 25Mn, 15Cr ~ 25Cr					第二组 40Cr ~ 50Cr, 15CrMo ~ 42CrMo, 15CrMn ~ 40CrMn, 12CrV ~ 50CrV, 15NiMo ~ 40NiMo, 20CrNi ~ 50CrNi, 30CrSi ~ 40CrSi				
坯料截面尺寸 (mm)	装炉温度 (℃)	升温速度	始锻温度下保温时间 (min)	总加热时间 (min)		装炉温度 (℃)	升温速度	始锻温度下保温时间 (min)	总加热时间 (min)
<100	1 250	快速升温	—	20		1 200	快速升温	5	40
151 ~ 200	1 250	快速升温	15	50		1 150	快速升温	20	80
201 ~ 250	1 200	快速升温	20	60		1 150	快速升温	25	100
251 ~ 300	1 200	快速升温	25	80		1 150	快速升温	30	120
301 ~ 350	1 200	快速升温	30	100		1 150	快速升温	35	135
351 ~ 400	1 200	快速升温	35	120		1 150	快速升温	40	150

续表

钢号组别	第三组 12CrNi3～37CrNi3, 38CrMnAlA, 20CrMnSi, 18CrMnTi, 18Cr2Ni4Mo, 40CrNiMoVA, 30CrMnSiNiA				第四组 T7～T13, 15Cr13～4Cr13, 0Cr18Ni9～1Cr18Ni9, W18Cr4V, 9SiCr, 8Cr3, 9Cr2, W9Cr4V2, Cr12, GCr9, GCr6, GCr15				
坯料截面尺寸(mm)	装炉温度(℃)	升温时间(min)	始锻温度下保温时间(min)	总加热时间(min)	装炉温度(℃)	装炉温度下保温时间(min)	升温时间(min)	始锻温度下保温时间(min)	总加热时间(min)
<100	850	50	10	60	800	12	84	12	108
151～200	850	95	25	120	700	30	168	36	234
201～250	850	120	30	150	700	36	210	42	288
251～300	850	125	35	160	700	42	252	42	336
301～350	850	140	40	180	700	42	282	42	366
351～400	850	165	45	210					

最后还应指出的是：加热规范并不是一成不变的数据，它随加热工艺的不同而变化。因此，目前并无统一的加热规范，各厂都应该按照实际生产情况来制定。

三、合金钢的锻造温度范围

碳钢的锻造温度可以根据铁—碳合金状态图直接确定，一般合金钢可以参照与其含碳量相同的碳钢来确定；同时，应考虑材料的塑性、变形抗力、锻件质量和生产效率等方面的因素。确定合金钢锻造温度范围的基本原则如下：

1. 使合金钢坯料在锻造时有良好的塑性，有较低的变形抗力。
2. 确定合金钢坯料的始锻温度和终锻温度时要有利于减少火次，提高劳动生产率。
3. 应符合加热规范，防止坯料产生加热缺陷。

合金钢的锻造温度范围见表1—9。

表1—9　　　　　　　　合金钢的锻造温度范围

钢号	始锻温度（℃）	终锻温度（℃）
20Cr～50Cr，20SiMn～35SiMn，20CrMnMo，18CrMnTi，20Mn2～50Mn2	1 200	800
30CrMo～35CrMo，35SiMnMo～38SiMnMo，50CrNi～60CrNi，35SiMnMoV～37SiMnMoV	1 180	800
34CrNi3Mo	1 180	850
60SiMnMo，60Si2Mn，5CrMnMo	1 150	850

技能要求

一、工作名称

确定合金钢坯料的出炉时间。

二、工作任务

锻坯材料：2Cr13 钢；

坯料尺寸：ϕ150 mm×200 mm。

三、工作过程

1. 确定坯料的装炉温度为 700℃ 左右。
2. 确定坯料在装炉温度下的保温时间为 2 h。
3. 确定坯料的加热速度，坯料在加热到 850℃ 以前，加热速度为 50℃/h；坯料在加热到 850℃ 以后，加热速度可以提高，但应不大于 100℃/h。
4. 确定始锻温度下的保温时间。始锻温度下的保温时间是以坯料达到始锻温度以下 20℃ 时开始计算的。保温时间至少为 2 h，但最多应不超过 5 h。
5. 坯料的始锻温度是 1 150℃，出炉温度应高于此温度，因为从出炉到开始锻造温度会有一定的下降。

四、注意事项

1. 注意温度应力和组织应力对被加热坯料的影响。

2. 注意根据实际情况随时调整加热速度。

学习单元3 电加热坯料

学习目标

➢ 了解锻工车间常用电加热设备
➢ 能对电加热设备进行调整和维护

知识要求

一、锻工车间常用电加热设备

随着我国工业的迅速发展，锻造新工艺对加热不断提出新的要求，在锻造行业应用电加热设备加热金属坯料的情况越来越多。电加热是把电能转变为热能加热金属坯料，与火焰加热炉相比较，它具备很多优点。

电加热设备温度容易控制，温度变化可以控制在 2~5℃ 之间，坯料的氧化程度很轻，脱碳很少。电加热使金属坯料受热均匀，提高了坯料的加热质量。同时对环境无污染，工人劳动条件好，是当前实现锻造生产工艺流程自动化最主要的加热设备。

1. 电阻炉

电阻炉的主要特点是加热坯料的尺寸范围广，主要用来加热有色金属、耐热合金和高合金钢坯料。在锻压生产中，常用的箱式电阻炉的结构如图1—25所示。

坯料从炉口进出炉膛，在炉膛两侧、后墙和底面均布排着电热体，关闭炉门后，可以通电加热。炉门的升降是靠手动或脚踏传动装置来完成的。

电阻炉的工作温度小于 600℃ 为低温电阻炉，在锻造生产中应用很少。应用最广泛的是中温电阻炉，其工作温度为 450~950℃，电热体材料是铁铬铝合金（1Cr13Al4，Cr25Al5）及镍铬

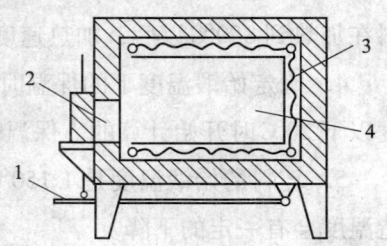

图1—25 箱式电阻炉的结构
1—传动装置 2—炉口
3—电热体 4—炉膛

合金（Cr20Ni80，Cr15Ni60），主要用来加热有色金属及合金。工作温度为950~1 350℃的电阻炉是高温电阻炉，主要用来加热高温合金、钛合金等。电热体材料是硅碳棒、稀土铁铬铝（Cr12Al6Nb）。

锻造车间常用电阻炉的型号及主要技术规格见表1—10。

表1—10　　　　锻造车间常用电阻炉的型号及主要技术规格

产品名称	型号	主要技术规格						加热炉质量（kg）
		额定功率（kW）	电源电压（V）	电源相数	最高工作温度（℃）	最大生产率（kg/h）	炉膛尺寸（mm）	
中温箱式电阻炉	RJX—15—9	15	380/220	3/2	950	50	650×300×250	1 050
	RJX—30—9	30	380	3	950	125	950×450×450	2 200
	RJX—45—9	45	380	3	950	200	1 200×600×500	3 200
	RJX—60—9	60	380	3	950	275	1 500×750×550	4 100
	RJX—75—9	75	380	3	950	350	1 800×900×600	6 000
高温箱式电阻炉	RJX—30—13	30	380	3	1 300	50	400×300×250	2 600
	RJX—50—13	50	380	3	1 300	100	700×450×350	3 000

注：加热炉型号的含义：在RJX—15—9中，RJX—工业箱式电阻加热炉；15—额定功率；9—额定工作温度（×100℃）。

2．接触电加热装置

任何一种钢材都具有一定的电阻，当电流通过它的内部时就要产生热量，从而也就加热了钢材本身。电流通过钢材时所产生的热量 Q 可以按下式进行计算：

$$Q = 0.24 I^2 R t \quad \text{kcal}$$

式中　I——通过坯料的电流，A；

　　　R——金属坯料的电阻，Ω；

　　　t——坯料的通电时间，s。

接触电加热装置的工作原理如图1—26所示。接触电加热不但具有电加热的共同特点，还有设备构造简单、热效率高、操作简便等特点，特别适用于棒料的局部加热，因此，在国内外金属坯料加热上得到广泛的应用。接触电加热的加热方案如图1—27所示。

接触电加热的缺点是：对被加热坯料的表面要求光洁，坯料的端面要求规整，对下料工序要求严格。

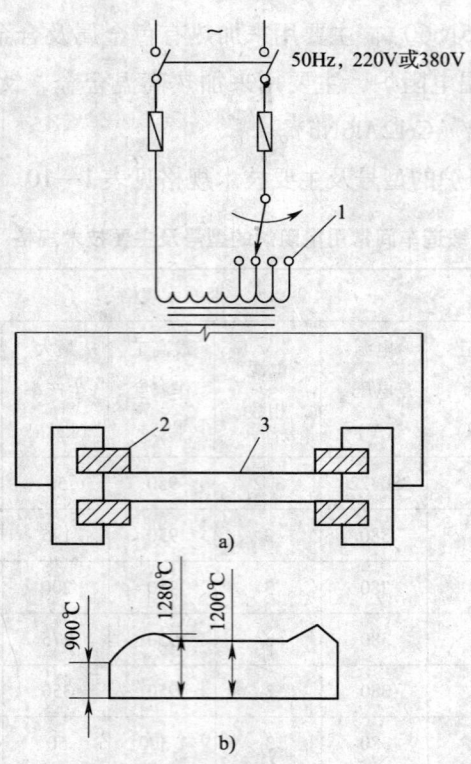

图1—26 接触电加热装置的工作原理
a) 装置原理图 b) 温度分布图
1—变压器 2—触点 3—被加热坯料

接触电加热坯料加热时间的确定方法如下：在保证坯料加热均匀的情况下，尽量增大通过坯料的电流，同时还要考虑到坯料和触点的接触电阻，确保坯料和触点处不至于过热。在实际生产中，坯料的加热时间可按下式计算：

$$T = \frac{cm_{100}(t_k - t_h)}{a}$$

式中 T——坯料的加热时间，s；

m_{100}——100 mm 长坯料的质量，$m_{100} = \frac{\pi}{4}d^2\rho \times 10^{-2}$，kg；

d——被加热坯料的直径，cm；

ρ——钢坯料的密度，g/cm³；

c——钢坯料的平均比热容，在 0~1 200℃时，平均比热容为 12 578.59 J/(kg·K)；

t_k——钢坯料的始锻温度，℃；

t_h——钢坯料加热前的温度，℃；

a——给热强度，kcal/s，具体参数如下：

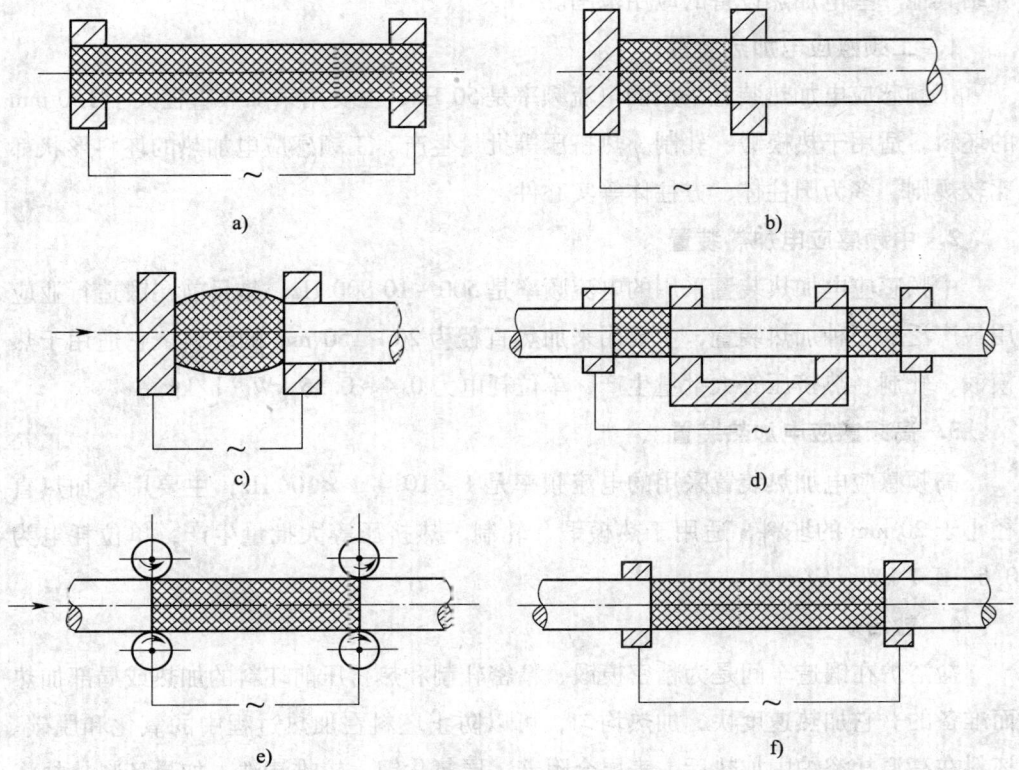

图 1—27 接触电加热的加热方案

a) 全长加热 b) 一端加热 c) 边镦边加热 d) 几段同时加热 e) 连续加热 f) 坯料一段加热

100 mm 长的钢坯料 $a = 4 \sim 6$ kcal/s;

直径为 20 mm 的钢坯料 $a = 4$ kcal/s;

直径为 80 mm 的钢坯料 $a = 6$ kcal/s。

根据上面的公式，计算出不同直径的钢坯料加热到 1 200℃时的加热时间，见表 1—11。

表 1—11 不同直径的钢坯料加热到 1 200℃时的加热时间（设定 $a = 6$ kcal/s）

钢坯料直径（mm）	20	25	30	35	40	45	50	55	60	65	70
坯料加热时间（s）	10	15.2	22	30	39.2	50	61.5	75	90	105	120

二、常用电加热设备的应用范围

我国目前电力发展迅速，电加热设备在锻造行业的应用越来越广泛，因此，必须掌握常用电加热设备的应用范围。上面介绍了电阻炉和接触电加热装置，下面再介绍其他一些电加热设备的应用范围。

1. 工频感应电加热装置

工频感应电加热装置采用的电流频率是 50 Hz，主要用来加热直径大于 150 mm 的坯料，适用于热模锻、轧制、热挤压等批量生产。工频感应电加热的坯料形状都比较规则，多为圆柱体、方柱体等实心件。

2. 中频感应电加热装置

中频感应电加热装置采用的电流频率是 500～10 000 Hz，是目前在锻造行业应用最广泛的一种加热装置，主要用来加热直径为 20～150 mm 的坯料。它适用于热模锻、轧制、热挤压等大批量生产，单位耗电为 0.4～0.55 kW·h/kg。

3. 高频感应电加热装置

高频感应电加热装置采用的电流频率是 1×10^5～1×10^6 Hz，主要用来加热直径小于 20 mm 的坯料，适用于热模锻、轧制、热挤压等大批量生产，单位耗电为 0.6～0.7 kW·h/kg。

4. 盐浴炉

盐浴炉在锻造车间是为精密模锻、精密轧制和热挤压前坯料的加热或局部加热而准备的。它加热速度快，加热均匀，可以防止坯料在加热过程中的氧化和脱碳。坯料在高温盐浴炉中加热后，表层会附着一层氯化钡，较难清洗。如果坯料从盐浴中取出后先在冷水中激一下，可以较容易地去掉附着的氯化钡，减免了清洗工序。

 技能要求

一、工作名称

电阻炉的使用和维护。

二、工作过程

1. 炉内维护。加热炉炉内的耐火砖、电热体、炉底板和其他构件应及时检查，如有损坏应及时修理。要注意检查非金属电热体的电阻值，如有变化应及时更换非金属电热体。

2. 炉门维护。加热炉炉门的密闭性要好，升降要顺滑、快捷，可以减少加热炉的热损失。

3. 控温仪表应及时检查，以防止跑温而把电热体烧坏。

4. 操作时注意防止工具、坯料把炉膛和电热体碰坏。打开炉门时，电路应是

断开的，要防止因电路短路而造成人身事故。

5. 炉膛内的氧化皮要经常清理，以防止落到电热体上把电热体烧坏。

6. 炉膛在高温时应避免急冷，否则容易造成耐热钢底板变形和耐火砖损坏。

三、注意事项

1. 金属电热体断裂后，可用同一成分的电热体作为焊条，用硼砂作为焊剂进行焊接。

2. 注意电热体的使用寿命。

第 2 章
自由锻造

第 1 节　工艺及工具准备

 **学习单元 1　自由锻工艺**

 学习目标

➤ 能够识读曲轴、连杆类复杂自由锻件图和锻造工艺
➤ 能够绘制检验样板草图
➤ 掌握锻造比的选择
➤ 掌握金属的膨胀率
➤ 掌握锻造工时和下料计算

 知识要求

一、自由锻件图

1. 曲轴类锻件图

曲轴是将直线运动转变成旋转运动，或将旋转运动转变为直线运动的零件。它

是往复式发动机、压缩机、剪切机与冲压机械的重要零件。曲轴的结构与一般传动轴的结构不同，它由主轴颈、连杆轴颈、主轴颈和连杆轴颈之间的连接板组成。按连杆轴颈个数的不同分为单拐曲轴、双拐曲轴、多拐曲轴。以单拐曲轴为例，其锻件图如图 2—1 所示。

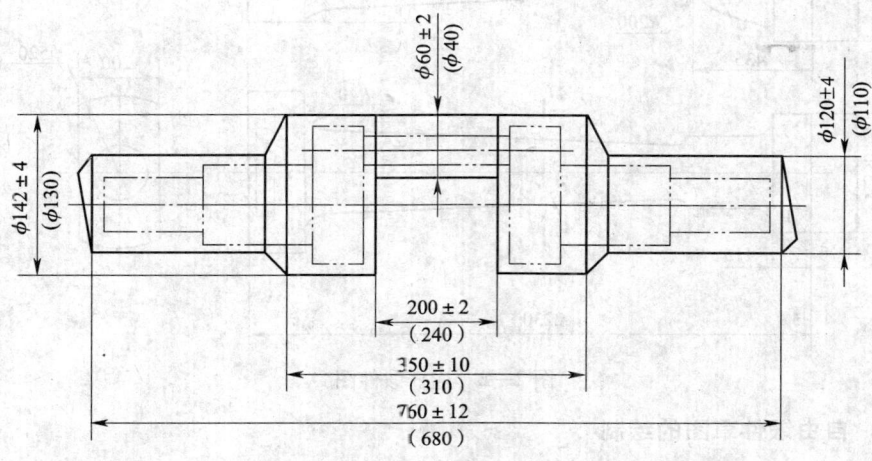

图 2—1　单拐曲轴锻件图

2. 连杆类锻件图

在连杆机构中，连杆是两端分别与主动构件及从动构件铰接以传递运动和力的杆件。例如，在往复活塞式动力机械和压缩机中，用连杆来连接活塞与曲柄。连杆是汽车发动机中的重要零件，它连接着活塞和曲轴，其作用是将活塞的往复运动转变为曲轴的旋转运动，并把作用在活塞上的力传给曲轴以输出功率。连杆多为钢件，其主体部分的截面多为圆形或工字形，两端有孔，孔内装有青铜衬套或滚针轴承，供装入轴销而构成铰接。

连杆是在复杂的应力状态下工作的，因此，在制造连杆时既要求连杆具有较高的强度和抗疲劳性能，又要求连杆具有足够的刚度和韧度，一般采用锻件毛坯加工而成。连杆锻件图如图 2—2 所示。

二、锻件检验样板草图

对于多角、弯曲、形状复杂的锻件，用一般的钢直尺、卡钳等通用量具不能达到检查锻件形状和尺寸的目的，因此，常采用样板和局部样板检查、划线检查、专用工具检查以及车削试加工等检查方法。

根据锻件不同，可以选择不同的投影面、不同的部位来制作样板，在样板材料上绘制外形与锻件机械加工后外形一致的图样称为样板草图。

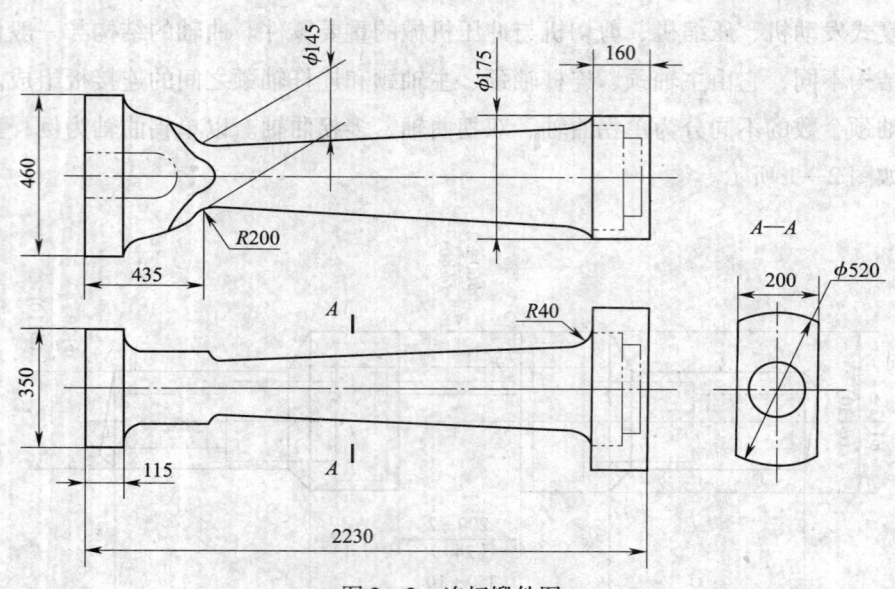

图2—2 连杆锻件图

1. 自由锻件草图的绘制

锻件草图是在锻件图的基础上，考虑自由锻造工艺所绘制的，与锻件外形相一致。在绘制锻件草图时，应注意带台肩轴类过渡部分的斜度、弯曲过渡圆角半径、带法兰盘或凸肩盘类截面过渡部分的斜度以及带凹档和凹坑部位的斜度与圆角。

2. 检验样板草图的作用

检验样板草图是制作检验样板的依据，可借助其检验锻件的外形及尺寸是否符合要求，在实际生产中起着十分重要的作用。

3. 检验样板草图的绘制

根据锻件草图的要求，首先选择样板材料，对于大批量或定型的锻件产品，从长期使用考虑，应选用 1~3 mm 的钢板制作；而对于单件、小批量生产的零星锻件，由于使用时间较短，要求剪切方便，则选用 0.3~1 mm 的钢板制作；对于一次性使用的，也可采用鸡毛纸、油毡类材料制作样板，这类样板只用来检验冷锻件。

样板草图一般分为简单外形、最大及最小偏差极限、局部圆弧、锻件内孔以及配套检验用的样板草图。

对于小型锻件样板草图，可以直接在样板材料上绘制；对于大型锻件，可在纸板上绘制，预制样板，然后在样板材料上放样，制作检验样板。

三、锻造比

锻造比是锻造时金属变形程度的一种表示方法，通常用变形前后的截面比、长

度比或高度比 Y 来表示。

拔长时的锻造比：$Y_{拔} = S_0/S = L/L_0$

镦粗时的锻造比：$Y_{镦} = H_0/H = S/S_0$。

式中 H_0，L_0，S_0——坯料变形前的高度、长度和横截面积；

H，L，S——坯料变形后的高度、长度和横截面积。

根据锻件产品的类别选择锻造比，锻件常用的锻造比参见表2—1。

表2—1　　　　　　　　　　锻件常用的锻造比

锻件名称	计算部位	总锻造比
碳素钢轴类锻件	最大截面	2.0～2.5
合金钢轴类锻件	最大截面	2.5～3.0
热轧辊	辊身	2.5～3.0[①]
冷轧辊	辊身	3.5～5.0[②]
齿轮轴	最大截面	2.5～3.0
船用尾轴、中间轴、推力轴	法兰	>1.5
	轴身	≥3.0
水轮机主轴	法兰	最好≥1.5
	轴身	≥2.5
水压机立柱	最大截面	≥3.0
曲轴	曲拐	≥2.0
	轴颈	≥3.0
锤头	最大截面	≥2.5
模块	最大截面	≥3.0
高压封头	最大截面	3.0～5.0
汽轮机转子	轴身	3.5～6.0
发电机转子	轴身	3.5～6.0
汽轮机叶轮、旋翼轴、涡轮轴	轮毂	4.0～6.0
	法兰	6.0～8.0
航空用大型锻件	最大截面	6.0～8.0

①一般锻造比取3.0，对于小型轧辊锻造比可取2.5。

②支撑辊锻造比可减小到3.0。

一般轴类件的锻造比，要求纵向性能好的用拔长比表示，饼形件要求横向、切向性能好的用镦粗比表示。多次镦粗、多次拔长的，其总锻造比以其分锻造比之和来计算。要求大锻造比的锻件可用多次镦粗、拔长方式锻造。应该指出，锻造比并不能完全反映锻件的真实变形量。例如，同样大小的拔长比，采用换向压扁的方法时，将截面为矩形的扁方拔长比将一般方形截面的毛坯拔长锻透的效果要好得多。

1. 自由锻造比对锻件性能的影响

一般情况下，增大锻造比，可使金属组织细密化，提高锻件的力学性能。但当锻造比过大时，金属组织的紧密程度和晶粒细化程度已到极限，故力学性能不再提高，而增加各向异性。锻造比越大，锻造流线越明显，其力学性能的方向性越明显。当锻造比增大时，钢的强度在横向和纵向差别不大，而塑性和韧性纵向明显好于横向。

2. 决定自由锻造比大小的因素

自由锻造比的大小决定金属锻造的变形程度，锻造时金属的变形程度是反映锻件质量的重要指标之一。决定自由锻造比的因素有以下几点：

（1）化学成分

不同化学成分的金属其锻造性能不同。纯金属的锻造性能比合金的好。

钢的含碳量对钢的可锻性影响很大，对于含碳量小于0.15%的低碳钢，主要以铁素体为主（含珠光体量很少），其塑性较好。随着含碳量的增加，钢中的珠光体含量逐渐增多，甚至出现硬而脆的网状渗碳体，使钢的塑性降低，塑性成型性能也越来越差。

合金元素会形成合金碳化物，形成硬化相，使钢的塑性变形抗力增大，塑性降低，通常合金元素含量越高，钢的塑性成型性能也越差。

杂质元素磷会使钢出现冷脆性，硫使钢出现热脆性，降低钢的塑性成型性能。

（2）金属组织

金属内部的组织不同，其可锻性有很大差别。纯金属及单相固溶体的合金具有良好的塑性，其锻造性能较好；钢中有碳化物和多相组织时，锻造性能较差；具有均匀、细小等轴晶粒的金属，其锻造性能比晶粒粗大的铸态柱状晶组织的金属要好；钢中有网状二次渗碳体时，钢的塑性将大大降低。

（3）变形温度

随着温度的升高，原子动能升高，削弱了原子之间的吸引力，减小了滑移所需要的力，因此，塑性提高，变形抗力减小，提高了金属的锻造性能。变形温度升高到再结晶温度以上时，加工硬化不断被再结晶软化消除，金属的锻造性能进一步提高。

但加热温度过高会使晶粒急剧长大，导致金属塑性降低，锻造性能下降，这种现象称为"过热"。如果加热温度接近熔点，会使晶界氧化甚至熔化，导致金属的塑性变形能力完全消失，这种现象称为"过烧"，坯料如果过烧将报废。因此，加热温度要控制在一定范围内，金属锻造加热时允许的最高温度称为始锻温度，停止锻造时的温度称为终锻温度。

(4) 变形速度

变形速度即单位时间内变形程度的大小。它对可锻性的影响是矛盾的。一方面，随着变形速度的增大，金属在冷变形时的冷变形强化趋于严重，表现出金属塑性降低，变形抗力增大；另一方面，金属在变形过程中，消耗于塑性变形的能量一部分转化为热能，当变形速度很大时，热能来不及散发，会使变形金属的温度升高，这种现象称为"热效应"。变形速度越大，热效应现象越明显，这有利于金属塑性的提高，变形抗力下降，使得锻造性能变好。但除高速锤锻造外，在一般的压力加工中变形速度相对较低，因此，热效应现象对可锻性影响较小。故塑性差的材料（如高速钢等）或大型锻件还是以采用较小的变形速度为宜。若变形速度过快会导致变形不均匀，造成局部变形过大而产生裂纹。

(5) 应力状态

不同的压力加工方法在材料内部所产生的应力大小和性质（压应力和拉应力）是不同的。在三向应力状态下，压应力的数目越多，则其塑性越好；拉应力的数目越多，则其塑性越差。其原因是在金属材料内部或多或少总是存在着微小的气孔或裂纹等缺陷，在拉应力作用下，缺陷处会产生应力集中，使缺陷扩展甚至达到破坏，从而使金属丧失塑性；而压应力使金属内部原子间距减小，又不易使缺陷扩展，因此金属的塑性会提高。

3. 自由锻造比的选择

锻造比的选择主要应考虑金属材料的种类、锻件性能要求、工序种类及锻件的形状和尺寸等因素。合金结构钢钢锭比碳素结构钢钢锭的铸造缺陷严重，所需的锻造比要大些。电渣钢的质量比一般冶炼钢的质量好，所需的锻造比可小些。

为了使锻件内部的缺陷焊合，纵向得到较合适的力学性能指标，随着钢锭规格的不同，最小必须满足的锻造比为：1 t 钢锭为 2.5，3 t 钢锭为 2.7，5 t 钢锭为 2.8，10 t 钢锭为 3，30 t 钢锭为 4。

当锻件受力方向与纤维方向不一致时，为了保证横向性能，避免出现明显的各向异性，可取锻造比为 2.0~2.5；当锻件受力方向与纤维方向基本一致时，锻造比可取 2.5~3.0；当锻件受力方向与纤维方向完全一致时（如水压机立柱等），为提高纵向性能，可取锻造比为 4 或更高。

对航空工业用高速旋转、传递转矩的高应力轴类件（如涡轮轴、旋翼轴等），其锻造比为 6 以上比较合适，且原材料最好用轧材。当对大型重要锻件既要求较大的锻造比,又不允许性能的各向异性太大时,可增加中间镦粗工序,采用反复镦粗、拔长的组合工艺。

对于用棒材锻制的较小锻件(莱氏体钢除外),因为经锻轧或挤压的棒材已有很大的变形程度,组织与性能均有较大改善,故只需考虑工序间的变形量要求,一般不再考虑总的锻造比。

用做模具的亚共析合金工具钢钢锭的锻造一般都必须有镦粗工序,镦粗变形程度应不小于50%。模块最小的锻造比应为3。用做模具的过共析合金工具钢一般都有形成网状碳化物的倾向,为了保证网状碳化物充分破碎,除正确控制锻造温度外,锻造比应等于或大于10。

4. 锻造比的计算方法

不同的锻造工序其锻造比的计算方法见表2—2。

表2—2　　　　　　　　　　锻造比的计算方法

序号	锻造工序	变形简图	总锻造比
1	钢锭拔长		$Y_L = D_1^2 / D_2^2$
2	坯料拔长		$Y_L = D_1^2 / D_2^2$ 或 $Y = l_2 / l_1$
3	两次镦粗、拔长		$Y_L = Y_{L1} + Y_{L2} = \dfrac{D_1^2}{D_2^2} + \dfrac{D_3^2}{D_4^2}$ 或 $Y_L = l_2/l_1 + l_4/l_3$
4	心轴拔长		$Y_L = \dfrac{D_0^2 - d_0^2}{D_1^2 - d_1^2}$ 或 $Y_L = l_1/l_0$
5	心轴扩孔		$Y_L = \dfrac{F_0}{F_1} = \dfrac{D_0 - d_0}{D_1 - d_1}$ 或 $Y_L = t_0/t_1$

续表

序号	锻造工序	变形简图	总锻造比
6	镦粗		轮毂 $Y_H = H_0/H_1$ 轮缘 $Y_H = H_0/H_2$

四、膨胀系数

膨胀系数是表征物体热膨胀性质的物理量,即表征物体受热时其长度、面积、体积增大程度的物理量。长度的增加称为"线膨胀",面积的增加称为"面膨胀",体积的增加称为"体膨胀",总称为热膨胀。单位长度、单位面积、单位体积的物体,当温度上升1℃时,其长度、面积、体积的变化分别称为线膨胀系数、面膨胀系数和体膨胀系数,总称为膨胀系数。

常用金属的物理性能见表2—3。

表2—3 常用金属的物理性能

金属名称	符号	密度 ρ [(kg/m³) ×10³] (20℃)	熔点 (℃)	热导率 λ [W/(m·K)]	线膨胀系数 a_l (K⁻¹×10⁻⁶) (0~100℃)	电阻率 ρ (Ω·m×10⁻⁶)
银	Ag	10.49	960.8	418.6	19.7	1.5 (0℃)
铝	Al	2.689	660.1	221.9	23.6	2.655 (0℃)
铜	Cu	8.96	1 083	393.5	17.0	1.67~1.68 (20℃)
铬	Cr	7.19	1 903	67	6.2	12.9 (0℃)
铁	Fe	7.84	1 538	75.4	11.76	9.7 (0℃)
镁	Mg	1.74	650	153.7	24.3	4.47 (0℃)
锰	Mn	7.43	1 244	4.98 (-192℃)	37	185 (20℃)
镍	Ni	8.90	1 453	92.1	13.4	6.84 (0℃)
钛	Ti	4.508	1 677	15.1	8.2	42.1~47.8 (0℃)
锡	Sn	7.298	231.91	62.8	2.3	11.5 (0℃)
钨	W	19.3	3 380	166.2	4.6 (20℃)	5.1 (0℃)

铝、铜、铁的线膨胀系数依次减小。钨钴合金的线膨胀系数小,低于高速钢、碳素钢,并随着含钴量的增加而增大。钨钛钴合金的线膨胀系数比钨钴合金的大,且随TiC含量的增加而略增,但与高速钢相比仍小得多。常见硬质合金线膨胀系数见表2—4,常见钢铁材料线膨胀系数见表2—5。

表2—4　　　　　　　　　　常见硬质合金线膨胀系数

合金牌号	K20	K30	K40	P30	P10	P20
线膨胀系数 a_1 ($K^{-1} \times 10^{-6}$) ($0 \sim 300$℃)	4.5	4.5	5.3	6.06	6.51	6.21

表2—5　　　　　　　　常见钢铁材料线膨胀系数　　　　　　　　$K^{-1} \times 10^{-6}$

材料	温度范围（℃）					
	20~100	20~200	20~300	20~400	20~600	20~700
碳钢	10.6~12.2	11.3~13	12.0~13.5	12.9~13.9	13.5~14.3	14.7~15
高速钢	—	—	10.4~12.6	—	—	—
铬钢	11.2	11.8	12.4	13	13.6	—
40CrSi	11.7	—	—	—	—	—
30CrMnSiA	11	—	—	—	—	—
3Cr13	10.2	11.1	11.6	11.9	12.3	12.8
1Cr18Ni9Ti	16.6	17	17.2	17.5	17.9	18.6
铸铁	8.7~11.1	8.5~11.6	10.1~12.2	11.5~12.7	11.5~12.7	12.9~13.2

五、锻造工时和自由锻造用料的计算

1. 锻件工时和定额的概念

工时定额是指在一定生产技术和组织的条件下，劳动者生产一件产品（或完成一个工作量）所消耗的工作时间。在单件、小批量生产中，工人在一个轮班中常需做几种不同的工作，为了便于统计劳动者的生产成果，通常都采用工时定额。

工时定额是组织劳动、编制计划的基础。工时定额是计算劳动成果，确定工资、奖金和劳动竞赛的重要依据。工时定额也是一项具有很强政策性、群众性、技术性和业务性的工作，它直接关系到劳动者的切身利益，也是按劳分配的一个原则。在企业生产管理中，工时定额直接关系到企业成本、利润的核算，先进而又切实可行的工时定额可以调动工人的生产积极性和创造性，有利于开展增产节约、增收节支工作。

工时定额基本划分为现行定额、计划定额、不变定额和设计定额。

（1）现行定额

现行定额是指目前正在生产中使用的定额，针对不同的生产任务安排下达所采用的主要定额。

（2）计划定额

计划定额是指在制订生产计划时,预测在计划期间所能达到的定额,并且是安排生产计划时采用的主要定额。

(3) 不变定额

不变定额是指在一定时期内(一年或几年)保持不变的现行定额,以此来激励工人在原有的生产条件下迅速突破原有定额。

(4) 设计定额

设计定额是指设计部门根据产品、工艺技术资料和有关统计数据,还通过与同类型产品的现行定额进行比较、分析并加以概算的工时定额。用于衡量生产水平提高的程度。

2. 锻造工时的计算

制定自由锻件工时定额的方法主要有经验估工法、质量法、类推比较法、统计分析法、实测法以及技术分析测定法六种。较合理的方法为技术分析测定法,它是指根据锻件的形状特点、批量大小、尺寸精度(含难成型部分圆角半径的精度)的高低、锻件的钢种类别、锻造比的大小以及锻造火次(含始锻温度的高低)等相关要素进行具体的技术分析。用以简化计算公式的形式,结合锻件毛坯图并按一定的表格定性和定量地确定自由锻件工时定额的一种技术分析及计算的方法。其计算公式为:

$$T = X_1 X_2 X_3 T_0$$

式中 T——自由锻件单件工时,h/件;

T_0——不同自由锻件质量所对应的基础工时,见表2—6,h/件;

X_1——自由锻件的锻造火次(含始锻温度的高低)修正系数,见表2—6;

X_2——自由锻件的钢种类别修正系数,见表2—6;

X_3——批量、形状、尺寸精度(包括难成型部分圆角半径的精度)和锻造比的修正系数,见表2—7。

表2—6　　自由锻件的单件基础工时、火次和钢种类别修正系数

锻件质量(kg)	基础工时 T_0(h/件)	火次系数 X_1		
1.0~5.0	0.5~2	火次	始锻温度(℃)	系数
5.1~10	3~4	1	>1 150/≤1 150	1.0/1.2
11~20	5~6	2	>1 150/≤1 150	1.3/1.5
21~35	7~10	≥3	>1 150/≤1 150	1.8/2.0
36~50	11~20	钢种类别修正系数 X_2		
51~75	21~30	碳素结构钢、合金结构钢		1.0

续表

锻件质量（kg）	基础工时 T_0（h/件）	钢种类别修正系数 X_2	
76~90	31~40	碳素工具钢、滚动轴承钢	1.1
91~100	41~50	高速钢、不锈钢	1.2
>100	≥50	特种钢	1.3

表2—7　批量、形状、尺寸精度和锻造比的修正系数 X_3

锻件形状			锻造比	≤2	圆饼类	轴、方块类	圆环类	凸扁类	其他复杂类
			2.1~3.5		圆饼类	轴、方块类	圆环类	凸扁类	
批量（件）			>3.5			圆饼类	轴、方块类	圆环类	
尺寸精度（mm）			圆角半径（mm）	对于圆环类锻件，其内孔公称尺寸 d 为 40~80，81~150，151~250 mm 以及大于 250 mm 时，在本栏系数基础上分别乘以 X_0 = 1.1，1.15，1.20 和 1.25					
≤±1	+2 −1	≥ +3 −2							
锻件批量 1~5			≤2		1.20	1.30	1.20X_0	1.50	1.06~2.00
			3~4		1.15	1.25	1.15X_0	1.45	1.55~1.95
			≥5		1.10	1.20	1.10X_0	1.40	1.50~1.90
1~20	1~5		≤2		1.15	1.25	1.15X_0	1.45	1.55~1.95
			3~4		1.10	1.20	1.10X_0	1.40	1.50~1.90
			≥5		1.05	1.15	1.05X_0	1.35	1.45~1.85
21~60	6~20	1~5	≤2		1.10	1.20	1.10X_0	1.40	1.50~1.90
			3~4		1.05	1.15	1.05X_0	1.35	1.45~1.85
			≥5		1.00	1.10	1.00X_0	1.30	1.40~1.80
61~200	21~60	6~20	≤2		1.05	1.15	1.05X_0	1.35	1.45~1.85
			3~4		1.00	1.10	1.10X_0	1.30	1.40~1.80
			≥5		0.95	1.05	0.95X_0	1.25	1.35~1.75
201~500	61~200	21~60	≤2		1.00	1.10	1.00X_0	1.30	1.40~1.80
			3~4		0.95	1.05	0.95X_0	1.25	1.35~1.75
			≥5		0.90	1.00	0.90X_0	1.20	1.30~1.70
>500	>200	>60	≤2		0.95	1.05	0.95X_0	1.25	1.35~1.75
			3~4		0.90	1.00	0.90X_0	1.20	1.30~1.70
			≥5		0.85	0.95	0.85X_0	1.15	1.25~1.60

3. 自由锻造用料的计算

(1) 锻坯下料尺寸的确定原则

锻坯的原材料一般为圆钢，合理选择圆钢直径和确定下料长度是锻造毛坯过程中的重要环节。其确定原则可归纳如下：

原则 1，体积相等。即锻件毛坯的体积加上锻造过程中金属烧损率应等于原材料（圆钢）的下料体积。金属烧损率 δ 即锻造加热时产生的氧化皮、脱碳层等的损耗率，一般取 $\delta = 0.05 \sim 0.10$。火次增多，锻造平面度误差大，材料脱碳倾向大时取大值。

原则 2，原材料长径比不能太大，一般取 $L/D = 1.5 \sim 2.5$，最大不超过 3。L/D 太大，锻件锻造过程中可能产生弯曲、夹层等缺陷。

原则 3，计算后的原材料直径必须按国家标准的规格进行圆整，且最好是企业库房里现存的或市场上供应的规格。

(2) 锻坯下料尺寸的计算方法

根据以上原则可得出以下计算公式和方法：

首先，按原则 1 可得：

$$V_{坯} = V_{锻}(1 + \delta)$$

式中　$V_{坯}$——原材料的下料体积，mm^3；

$V_{锻}$——锻造后的模块体积，也就是模具零件的外形尺寸加上加工余量后的体积，mm^3。

按原则 2 有 $L/D = 1.5 \sim 2.5$，即 $L = (1.5 \sim 2.5)D$。

粗加工一般按精加工尺寸加放 3～10 mm 的精加工余量，并考虑检验试样的加工。

然后，添放余块敷料和工艺夹头（包括锻造钳把、调质吊攀和粗加工工艺夹头）。

(3) 计算用料质量，选择钢锭规格

接下来，计算锻件质量（包括按锻件工艺尺寸计算的理论质量以及适当考虑锻件形状、尺寸偏差修正后的锻件名义质量，一般按理论质量增加 3%～4%）。

对于形状复杂的锻件，首先必须考虑锻件的变形过程，编制工序，绘出变形工步图，确定变形工步尺寸，再从最后一个工步向前一步一步地倒算工步尺寸，计算每一工步尺寸的质量，直到计算出整个用料质量。

锻件用料质量 = 锻件质量 + 工艺耗料重 + 火耗重

式中　工艺耗料重包括以下几类：料头——轴类，水压机加 300 mm，锤上加

200 mm，方块、筒体加 50~120 mm；芯料——取开口冲直径和坯高的 1/4~1/3；压台阶防止凹心的用料——一般取压台阶的号印用料长度不小于坯料高度的 1/4~1/3。

火耗重：第一火计 1.5%~2%，以后各火计 0.5%~1.5%，一般轴类火耗计 5%~6%，凹档部位计 10%，方块、圆饼火耗计 3%，带孔圆盘火耗加芯料共计 5%，冲头扩孔圆盘火耗加芯料共计 8%，筒体和环类火耗加芯料共计 10%。

(4) 计算锻件材料利用率和余料质量

当一支钢锭生产一个锻件后可用料全部用完时，锻件材料利用率用下式计算：

$$锻件材料利用率 = \frac{锻件质量}{钢锭质量} \times 100\%$$

当一支钢锭不能被一个锻件用完还剩有余料时，余料质量用下式计算：

$$余料质量 = 钢锭质量 \times \eta - 锻件用料质量$$

式中　η——钢锭可用料利用率，一般 η 取 0.75~0.80。

技能要求

一、实例一

1. 工作名称

小型整体式曲轴自由锻件图和锻造工艺的识读。

2. 工作任务

锻件图：单拐曲轴，如图 2—1 所示。

锻坯材料：小型整体式曲轴的材料常用 40，45，40Cr，45Cr 等中碳钢和低合金钢，船用主机的曲轴则多采用 40CrV，35CrMo，35CrMoA，40CrNi，18CrNiMoA，18CrNiWA，40CrNiMoA 等低合金调质钢。

锻坯单件质量：根据锻件图，考虑加热过程中材料的损失，计算锻坯单件质量。

加热炉：根据锻坯的材质、锻造温度、体积大小选择加热方式。

锻造工具：根据锻造工艺，准备适用的锻造工具。

批量：主要考虑加工锻件的数量，是单件生产还是批量生产，批量生产包括小批量、中批量、大批量。

3. 工作过程

(1) 曲轴类锻件的特点

金属经过锻造加工后能改善其组织结构和力学性能。大型曲轴钢锭的铸造组织经锻造方法热加工变形后,由于金属的变形和再结晶,使原来的粗大枝晶和柱状晶粒变为晶粒较细、大小均匀的等轴再结晶组织,使钢锭内原有的偏析、疏松、气孔、夹渣等压实和焊合,其组织变得更加紧密,提高了金属的力学性能。

一般来说,铸件的力学性能低于同材质的锻件的力学性能。此外,锻造加工能保证金属纤维组织的连续性,使锻件的纤维组织与锻件外形保持一致,金属流线完整,这一点对于曲轴来说尤为重要,可以保证曲轴具有良好的力学性能和较长的使用寿命。

(2) 单拐曲轴自由锻工艺

单拐曲轴自由锻工艺为:下料→拔长→压槽→局部拔长(摔圆)→拔长(摔圆),其工艺图如图2—3所示。

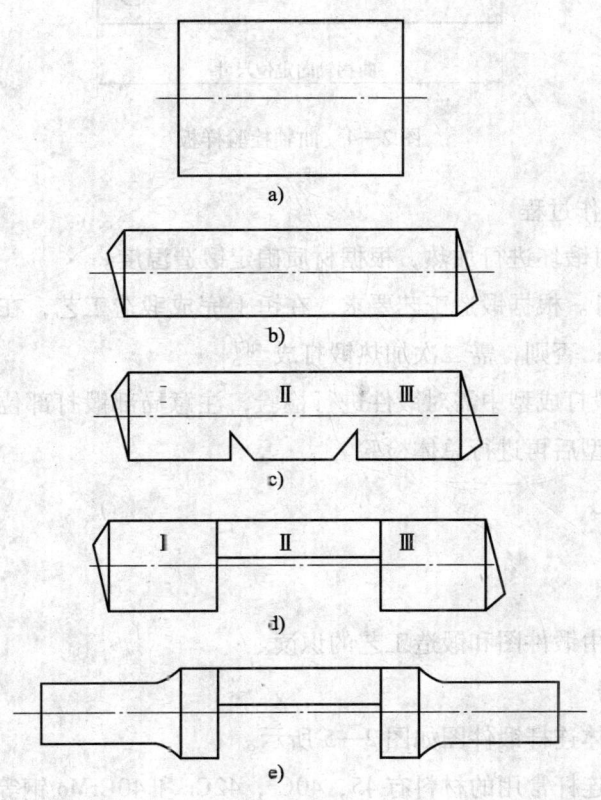

图2—3 单拐曲轴自由锻造工艺图

a) 下料 b) 拔长 c) 压槽(卡出Ⅱ段)
d) 拔长、摔出Ⅱ段轴颈 e) 拔长、摔出Ⅰ、Ⅲ段轴颈

(3) 绘制锻件的检验样板草图

检验曲轴锻件时，对于直径、长度一般采用通用量具检验，曲拐部位采用样板检验，应根据锻件图的相关尺寸和技术要求绘制样板草图，制作检验样板。如图2—4 所示为曲轴检验样板。

对于多拐曲轴，根据曲拐所处的位置制作不同的检验样板，对曲轴分别进行检验。

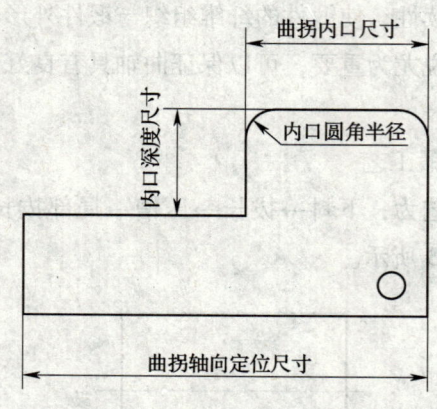

图 2—4 曲轴检验样板

(4) 锻造操作过程

1）加热。对锻坯进行加热，根据材质确定锻造温度。

2）锤上锻打。根据锻造工艺要求，在锤上完成锻造工艺，在锻造温度范围内可一次锻打成型；否则，需二次加热锻打成型。

3）检验。锻打成型中需对锻件进行检验，注意局部锻打部位的尺寸，边锻打边检验，锻打成型后再进行总体检验。

二、实例二

1. 工作名称

整体连杆自由锻件图和锻造工艺的识读。

2. 工作任务

锻件图：整体连杆锻件图如图 2—5 所示。

锻坯材料：连杆常用的材料有 45，40Cr，42Cr 和 40CrMo 钢等，汽油机连杆主要用中碳合金钢或调质钢制造。

锻坯单件质量：根据锻件图，考虑加热过程中材料的损失，计算锻坯单件质量。

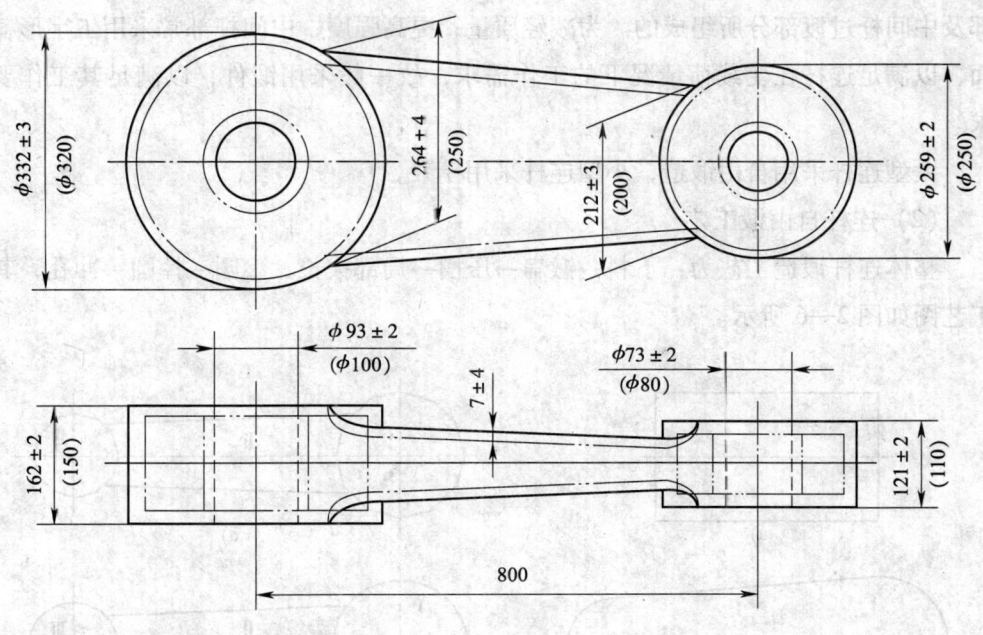

图 2—5　整体连杆锻件图

加热炉：根据锻坯的材质、锻造温度、体积大小选择加热方式。

批量：主要考虑加工锻件的数量，是单件生产还是批量生产，批量生产包括小批量、中批量、大批量。

3. 工作过程

（1）连杆类锻件的特点

连杆一般是与曲轴配合的零件，是将旋转运动转换为直线运动的关键零件。尤其在一些连杆机构传动中，连杆在传递相应的力、相关的运动、相互支撑等方面都起着重要的作用。在这些作用中，连杆在运动的同时传递相应的作用力，该作用力常常是变载荷的力，因此，要求连杆应该有很好的抗疲劳能力、韧性和较高的强度。

连杆一般分为整体连杆和分体连杆（半连杆）。整体连杆与曲拐轴、偏心轴、偏心齿轮轴配合使用，其结构包括大、小两个圆形头部，中间由过渡杆部连接，中间杆部的截面为矩形或工字形，如图 2—5 所示。

半连杆一般与曲柄轴配合使用，需有连杆盖，以便于安装。其结构的大头部分是半圆开口形状，小头部分是圆形，中间也由过渡杆部连接，其截面多为工字形，汽车发动机中常用此结构的连杆，一般为模锻件。

由此可见，连杆类锻件的特点是：其结构是由两端是圆形或一端为半圆形的头部及中间杆过渡部分所组成的。为减轻质量，提高强度，中间杆部常采用工字形截面，以满足连杆在变载荷情况下的工作需求，故一般采用锻件，以满足其工作要求。

大型连杆采用自由锻造，小型连杆采用模锻。

（2）连杆自由锻工艺

整体连杆锻造工艺为：下料→镦扁→压槽→局部拔长、滚圆→摔圆→冲孔，其工艺图如图2—6所示。

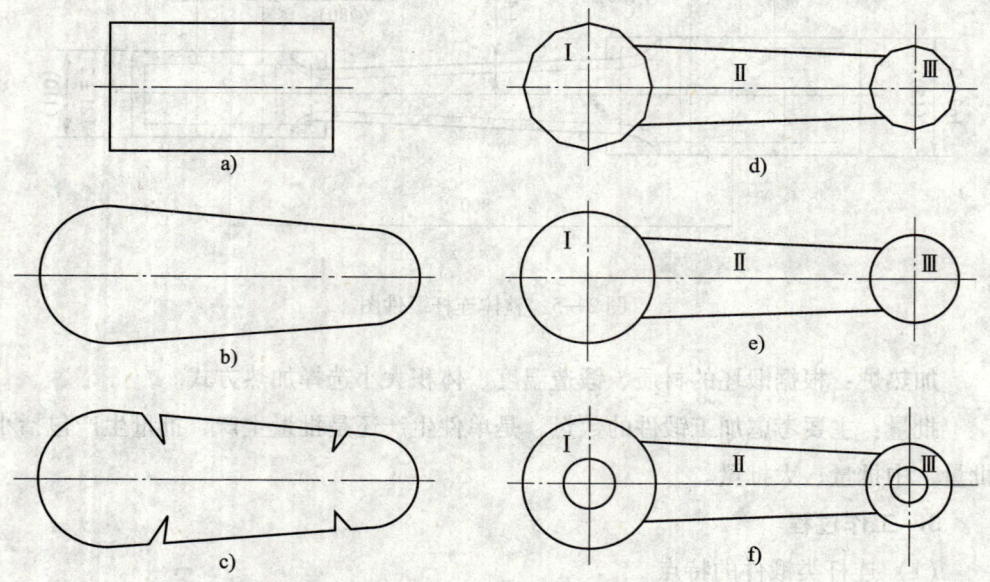

图2—6 整体连杆锻造工艺图

a) 下料 b) 镦扁 c) 压槽（卡出Ⅱ段）
d) 局部拔长（Ⅱ）、滚圆（Ⅰ和Ⅲ） e) 摔圆（Ⅰ和Ⅲ） f) 冲孔（Ⅰ和Ⅲ）

（3）绘制锻件的检验样板草图

根据锻件图选用0.3~1mm的钢板制作检验样板，如图2—7所示为整体连杆检验样板。

（4）锻造操作过程

1）加热。对锻坯进行加热，根据材质确定锻造温度。

2）锤上锻打。根据锻造工艺要求，在锤上完成锻造工艺，在锻造温度范围内可一次锻打成型；否则，需二次加热锻打成型。

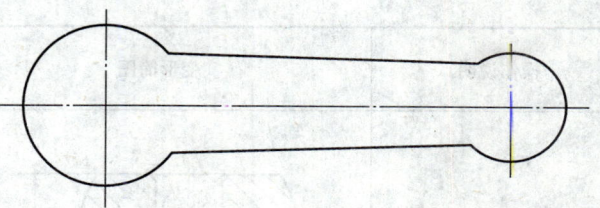

图 2—7　整体连杆检验样板

3）检验。锻打成型中需对锻件进行检验，注意局部锻打部位的尺寸，边锻打边检验，锻打成型后再进行总体检验。

三、实例三

1. 工作名称

齿轮自由锻件图和锻造工艺的识读。

2. 工作任务

锻坯材料：45 钢，13 t 钢锭；

锻坯单件质量：1 840 kg；

加热炉：台车式加热炉；

批量：4 件；

锻件图：齿轮自由锻件图如图 2—8 所示。

3. 工作过程

齿轮锻造工作过程见表 2—8。

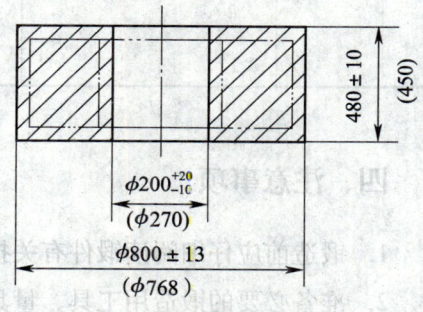

图 2—8　齿轮自由锻件图

表 2—8　　　　　　　　齿轮锻造工作过程

火次	温度（℃）	操作说明	变形简图	工具
1	1 200～750	（1）压钳口 （2）拔长至 φ550 mm （3）切底部并下料 4 件		上平砧、下平砧、切断剁刀

续表

火次	温度(℃)	操作说明	变形简图	工具
2	1 200～750	(1) 镦粗 (2) 冲孔	φ780, φ200, 520	上平砧、下平砧、冲子
3	959～730	(1) 滚圆 (2) 平整至锻件尺寸	φ200, φ800	上平砧、下V形砧、平台

四、注意事项

1. 锻造前应仔细阅读锻件有关技术文件、锻坯材质、加热温度、操作规程。
2. 准备必要的锻造用工具、量具、检具、样板。
3. 正确选用锻后热处理方法（见第4章）。

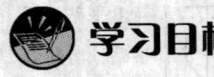

学习单元2　自由锻锤

 学习目标

➤掌握自由锻锤的类型、原理与结构
➤了解自由锻锤的规格和选用
➤掌握自由锻锤的正确使用和故障排除方法

 知识要求

一、自由锻锤

根据锻造设备的不同,自由锻分为锤锻自由锻和水压机自由锻两种。前者用于锻造中、小型自由锻件,后者主要用于锻造大型自由锻件。

1. 空气锻锤

锤锻自由锻的通用设备是空气锻锤和蒸汽—空气自由锻锤。空气锻锤由自身携带的电动机直接驱动,落下部分质量在 40~1 000 kg 之间,锤击能量较小,只能锻造 100 kg 以下的小型锻件。空气锻锤的结构和工作原理如图 2—9 所示。

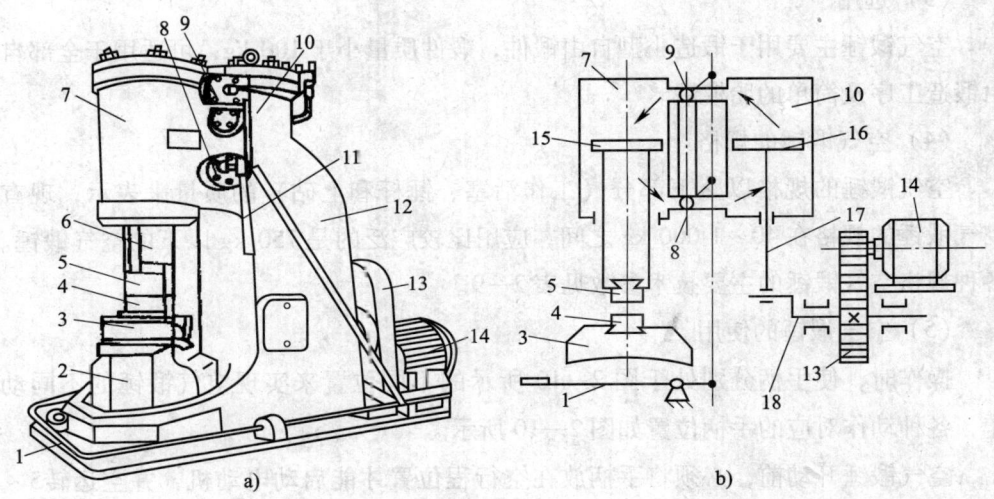

图 2—9 空气锻锤的结构和工作原理

1—踏杆 2—砧座 3—砧垫 4—下砧 5—上砧 6—锤杆
7—工作缸 8—下旋阀 9—上旋阀 10—压缩气缸 11—手柄 12—锤身
13—减速器 14—电动机 15—工作活塞 16—压缩活塞 17—连杆 18—曲柄

(1)原理

空气锻锤是利用压缩空气传递能量的一种锻锤,可以完成全部自由锻工序并用于胎模锻。

如图 2—9 所示,空气锻锤由电动机 14 驱动,通过减速器 13(传动带、带轮和齿轮)以及曲柄 18、连杆 17 带动压缩活塞 16 在压缩气缸 10 内做上下往复运动,产生压缩空气,通过操作手柄 11 或踏杆 1 控制上旋阀 9 和下旋阀 8,使压缩空气通过不同的气路进入工作缸 7 的上部或下部,或者排入大气中,从而使空气锻锤

实现空行程、悬空、压紧和打击（连续打击、单次打击、轻击、重击）等动作。

（2）结构

空气锻锤的主要结构包括以下几个部分：

1）机架。机架又称锤体，由工作缸、压缩气缸、锤身和底座组成。

2）传动部分。由电动机、减速器、曲柄、连杆及压缩活塞等组成。

3）操纵部分。由上旋阀、下旋阀、旋阀套和手柄（或踏杆）等组成。

4）工作部分。包括落下部分（工作活塞、锤杆和上砧）和锤砧（下砧、砧垫、砧座）。为满足锻造的稳定性，砧座的质量要求不小于落下部分质量的 12~15 倍。砧座安装在坚固的钢筋水泥基础上，而且在砧座与基础之间垫有垫木，以消除打击时产生的震动。

（3）选用

空气锻锤主要用于锻造小型自由锻件，锻件质量小于 100 kg，可适用于全部自由锻造工序及简单的胎模锻。

（4）空气锻锤的规格

空气锻锤的规格以落下部分（工作活塞、锤杆和上砧）的质量来表示，现有空气锻锤的规格在 40~1 000 kg 之间，应用比较广泛的是 750 kg 以下的空气锻锤。各种规格空气锻锤的主要技术参数见表 2—9。

（5）空气锻锤的使用

操作时，使手柄分别处于图 2—10 所示的不同位置来实现空气锻锤的不同动作，各种动作对应的手柄位置如图 2—10 所示。

空气锻锤开动前，必须将手柄放在空行程位置才能启动电动机，并空运转 5~10 min 后再开始生产，其操作方法如下：

1）空行程操作。将手柄扳到如图 2—10a 所示的空行程位置，此时电动机转动，通过传动系统使压缩活塞做上下往复运动，而锤头始终停在下砧上不动，称为空行程，又称空转。由于空行程时压缩气缸不产生压缩空气，启动力矩小，故常用于电动机的启动。

2）锤头悬空操作。将手柄扳到如图 2—10d 所示的悬空位置，此时电动机转动，通过传动系统使工作活塞做上下往复运动，而锤头始终在上方而不至于下降，称为锤头悬空，又称悬锤。操作中必须注意空气锻锤在连续工作时锤头悬空的时间不要超过 1 min，以免锤杆发热和浪费能量。悬空时，可以进行放置工具或锻件等工作。

表 2—9 各种规格空气锻锤的主要技术参数

规格	型号	C41—40	C41—65	C41—75	C41—150	C41—200	C41—250	C41—400	C41—560	C41—750	C41—1000
落下部分质量 (kg)		40	65	75	150	200	250	400	560	750	1 000
锤头最大行程 (mm)		270	280	350	350	420	560	700	600	835	950
锤击次数 (次/min)		245	200	210	180	150	140	120	115	105	95
锤击能量 (N·m)		530	850	1 000	2 500	4 000	5 600	9 500	13 700	19 000	27 000
下砧面至工作缸下盖距离 (mm)		245	280	300	380	420	450	330	600	670	820
锤杆中心线至锤身距离 (mm)		235	290	280	350	395	420	520	550	750	800
砧块平面尺寸 长×宽 (mm)		120×50	140×65	145×65	200×85	210×95	220×100	250×120	300×140	330×160	365×180
能锻方钢最大边长 (mm)		52	65	65	130	150	175	200	270	270	380
能锻圆钢最大直径 (mm)		68	85	85	145	170	200	220	280	300	400
电动机	型号	JO—62—6	JO2—52—6	JO2—52—6	JO2—62—4	JO2—72—6	JO2—71—4	JO2—82—6	J82—6	JO—93—6D2	JO2—92—6
电动机	功率 (kW)	4.5	7.5	7.5	17	22	22	40	40	55	75
外形尺寸	前后 (mm)	1 136	1 867	1 480	2 375	2 420	2 665	3 215	3 360	4 010	4 125
外形尺寸	左右 (mm)	650	1 600	1 510	1 085	955	1 155	1 364	1 425	1 290	1 500
外形尺寸	高 (mm)	1 430	1 784	1 890	2 150	2 300	2 540	2 750	3 082	3 175	3 405
质量	带砧座 (kg)	1 480	2 730	2 330	5 130	8 900	8 000	15 010	18 000	26 000	34 000
质量	不带砧座 (kg)	1 000	1 650	1 430	3 330	6 000	5 000	9 010	9 600	14 750	19 000

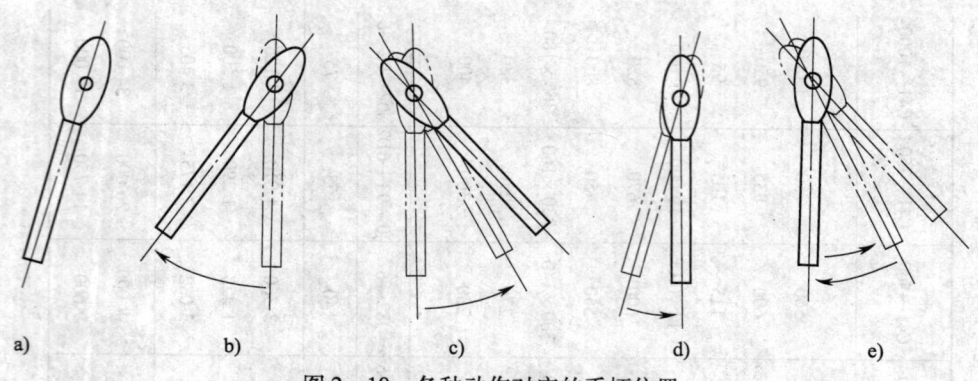

图2—10 各种动作对应的手柄位置
a) 空行程位置 b) 锤头压紧位置 c) 连续打击位置
d) 悬空位置 e) 锤头打击一次立即回到悬空位置

3）锤头压紧操作。将手柄扳到如图2—10b所示的锤头压紧位置，此时上砧在落下部分的重力及工作缸上腔气体压力的作用下保持足够的压力，压紧下砧上的工件。在压紧状态下，可对工件进行弯曲或扭转操作。

4）连续打击操作。将手柄从悬空位置扳到如图2—10c所示的连续打击位置，此时压缩活塞做上下往复运动，而压缩空气被反复压入工作缸的上部和下部，使锤头相应地上下往复运动而进行连续打击。

5）单次打击操作。单次打击是从连续打击演变而成的。将手柄从悬空位置快速扳到连续打击位置并立即返回。如图2—10e所示，使锤头打击一次立即回到悬空位置。单次打击和连续打击力量的轻重可以通过掌握手柄扳转角度的大小来控制。手柄扳转角度小，打击力量小；手柄扳转角度大，打击力量大。

为了操作方便，可在落下部分的质量在150 kg以下的空气锻锤上加设踏杆，与手柄连在一起，操作者可用手或脚进行操作。

(6) 空气锻锤的常见故障及其排除措施

空气锻锤常见故障的产生原因及排除措施见表2—10。

表2—10 空气锻锤常见故障的产生原因及排除措施

常见故障	产生原因	排除措施
锤头上升时，工作活塞上升，直接碰撞气负荷顶盖，发出响声，严重时会造成气缸顶盖被击碎或飞起	1. 钢球逆止阀中的钢球与孔座配合不严密或钢球磨损后不圆、碎裂 2. 工作缸与缸盖密封垫破损漏气 3. 工作活塞上顶面堵盖松动或破裂 4. 缓冲空腔高度不足	1. 修研孔座或更换钢球 2. 更换密封垫 3. 修配顶面堵盖 4. 增加缓冲高度

续表

常见故障	产生原因	排除措施
锤头提升高度不够，即上砧工作面低于锤头导套，使打击能量减弱	1. 补气机构失灵 2. 存在严重漏气现象 3. 锤杆上的摩擦力增大	1. 调整、修理补气机构 2. 针对不同漏气部位实施具体措施 3. 调整导板与锤杆体间隙；修整锤杆的镦粗变形与积瘤等；及时紧固上砧斜铁
锤头上升后不下降	1. 工作活塞上胀圈断裂后的碎片卡在工作缸内 2. 上砧燕尾斜铁退出，卡在导套中 3. 锤杆下部变形	1. 更换胀圈 2. 将锤头下落后紧固斜铁 3. 研磨锤杆
气缸内有异响　工作缸	1. 导向板松动 2. 活塞环或导套密封圈折断，或定位螺钉松动 3. 工作活塞上的堵盖折断	1. 紧固导向板 2. 更换损坏件，拧紧松动的螺钉 3. 重新固定堵盖
气缸内有异响　压缩气缸	1. 固定导套的螺钉松动或折断 2. 曲轴上连杆与轴承座的连接螺钉松动	1. 重新紧固导套 2. 及时紧固连接螺钉
锤杆导程螺栓折断	螺母松动，使螺栓受力不均匀	随时注意拧紧螺母，及时更换螺栓
工作缸严重发热	1. 活塞环与气缸的间隙太小 2. 气缸内润滑不良 3. 锤头长时间悬空	1. 重新修配活塞环 2. 检修润滑系统 3. 锤头悬空不可超过 1 min

2. 蒸汽—空气自由锻锤

蒸汽—空气自由锻锤利用压力为 0.6~0.9 MPa 的蒸汽或压缩空气作为动力，蒸汽或压缩空气由单独的锅炉或空气压缩机供应，投资比较大。除用来完成自由锻造外，还较广泛地用来进行胎模锻造。根据锤身的结构形式，蒸汽—空气自由锻锤可分为三种，即单柱式蒸汽—空气自由锻锤、双柱拱式蒸汽—空气自由锻锤、双柱桥式蒸汽—空气自由锻锤。常用的双柱拱式蒸汽—空气自由锻锤的结构如图 2—11 所示。

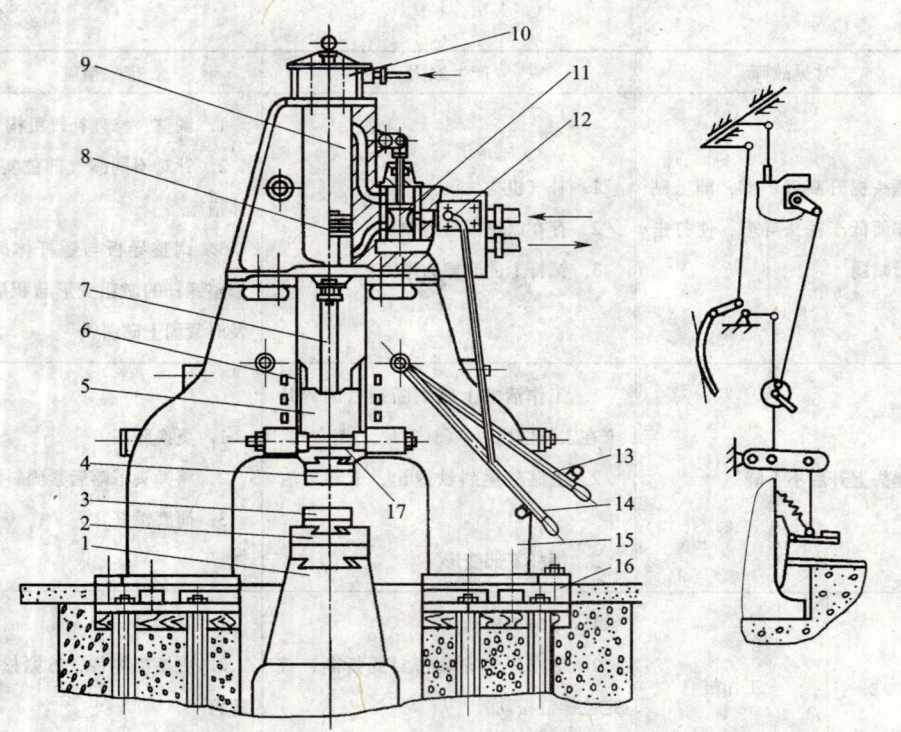

图 2—11 双柱拱式蒸汽—空气自由锻锤的结构
1—砧座 2—砧垫 3—下砧 4—上砧 5—锤头 6—导轨
7—锤杆 8—活塞 9—气缸 10—缓冲气缸
11—滑阀 12—节气阀 13—滑阀操纵杆 14—节气阀操纵杆
15—立柱 16—底座 17—拉杆

（1）原理

蒸汽—空气自由锻锤的工作原理如图 2—12 所示，当蒸汽（或压缩空气）从下方的管道进入气缸中活塞的下腔，而上腔又排气时，活塞便在蒸汽（或压缩空气）的作用下通过锤杆使锤头、上砧上移。当锤头移到一定位置时，操纵配气机构使活塞下腔排气，上腔进气，则落下部分在自重和蒸汽（或压缩空气）作用下运动，实现打击。如需连续打击，则重复上述动作。

（2）结构

如图 2—11 所示的双柱拱式蒸汽—空气自由锻锤的主要组成部分如下：

1）机架。机架又称锤身，由铸铁或铸钢铸成的左、右立柱 15 组成，并由螺栓紧固在底座 16 上，再用前、后拉杆将两立柱连接起来，以提高刚度。

2）气缸及缓冲机构。气缸 9 是将蒸汽或压缩空气所具有的能量转变为打击功的结构，其上部安装有缓冲气缸 10，以防止活塞 8 冲击气缸盖。

3) 落下部分。落下部分包括活塞8、锤杆7、锤头5和上砧4等。

4) 配气—操纵机构。配气机构位于气缸侧面,由滑阀11和节气阀12组成。操纵机构由节气阀操纵杆14、滑阀操纵杆13等组成。操纵机构的作用是通过操纵节气阀和滑阀,使锤头实现悬空、压紧工件、单次打击和连续打击等动作。

5) 下砧座。下砧座由下砧3、砧垫2和砧座1组成。砧座的质量是落下部分质量的10~15倍,足够的质量可保证打击时不会产生弹跳且不会减弱打击,也不易产生下沉。

(3) 选用

1) 单柱式蒸汽—空气自由锻锤。如图2—13所示,其锤身为整体结构,吨位(落下部分的质量)一般在1 000 kg以下,可从三面接近下砧,操作方便,常用于自由锻和胎模锻的小型自由锻件。

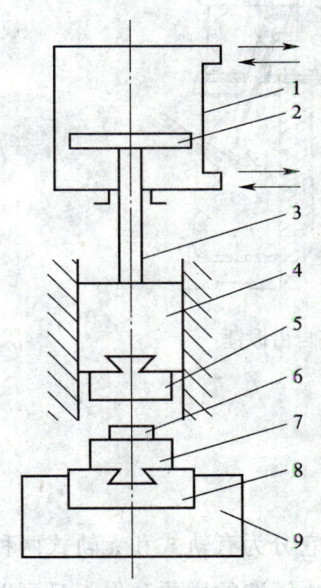

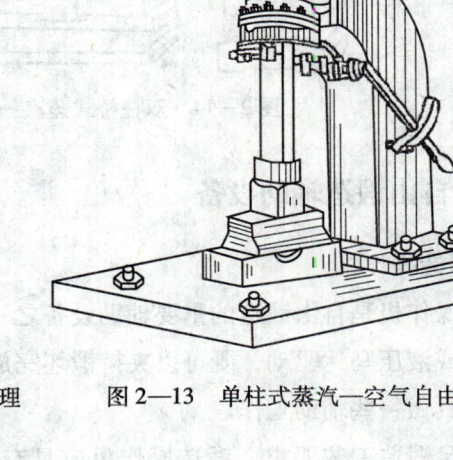

图2—12 蒸汽—空气自由锻锤的工作原理

1—气缸 2—活塞 3—锤杆 4—锤头
5—上砧 6—锻件 7—下砧
8—砧枕 9—砧座

图2—13 单柱式蒸汽—空气自由锻锤

2) 双柱拱式蒸汽—空气自由锻锤。其锤身是由两个立柱组成的拱门形状,并安装在底板上,吨位一般为1 000~3 000 kg,锤身结构刚度高,常用于自由锻和胎模锻的中、小型自由锻件。

3) 双柱桥式蒸汽—空气自由锻锤。如图2—14所示,其锤身由两个立柱和一个横梁铆焊而成，吨位一般为 3 000～5 000 kg，可从四面接近下砧，操作空间大，常用于自由锻和胎模锻的较大型自由锻件。这种锻锤自身结构轮廓大，占地面积大，结构刚度较低。

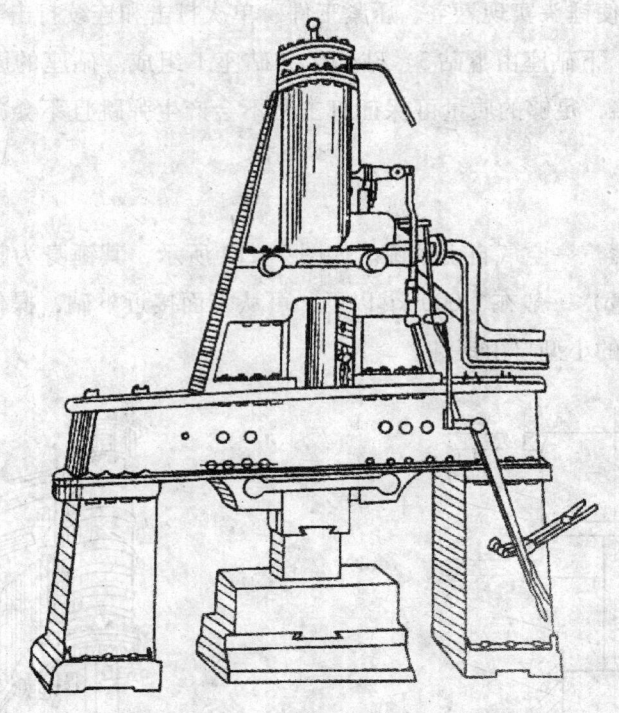

图 2—14 双柱桥式蒸汽—空气自由锻锤

二、自由锻造辅助设备

1. 锻造操作机

锻造操作机是自由锻造的重要辅助设备之一，它分为有轨式和无轨式两种，采用电动机或液压马达驱动，既可以夹持锻坯完成自由锻造的主要动作，又可以夹持模具和工具做一些辅助工作。

为满足锻造工艺要求，锻造操作机应具有钳口张合、钳杆旋转、钳杆平行升降、钳杆倾斜和大车行走五个基本动作。根据需要，还可以同时或分别增加台架回转（或夹钳摆移）、钳杆伸缩和大车横向走动等动作。这些动作可单独实现，也能互相结合、同时进行。

锻造操作机的操作动作灵活、迅速、准确，夹持力大，安全、可靠，操作时只需操纵手柄或按钮，由机械装置或液压缸驱动完成各种动作。因此，可以改善劳动条件，降低工人劳动强度，减少生产辅助时间，提高劳动生产率；夹持准确，容易控制锻件外形尺寸，提高锻件质量和材料利用率，减少火次，节约原材料；可与锻锤、水压机实现联动，从而实现锻造生产自动化。

地面宽敞时可采用无轨式操作机，一台操作机需服务于多台设备，甚至要兼作装料、出料机使用。要运料、堆码锻件时，一般情况下均采用有轨式操作机。小吨位操作机宜采用机械传动，大吨位操作机（在1 000 t以上的水压机上）宜采用液压传动。

（1）结构

锻造操作机主要由夹紧机构、钳杆旋转机构、钳杆升降倾斜机构、台车回转机构、大车行走机构和缓冲装置、操作部分等组成。

1）夹紧机构。主要由钳头和拉紧装置构成，它对锻坯或锻造工具进行夹紧或松开。

①钳头。钳头的结构有长杠杆式、短杠杆式和滑块斜槽式三种。如图2—15所示为短杠杆式钳头。

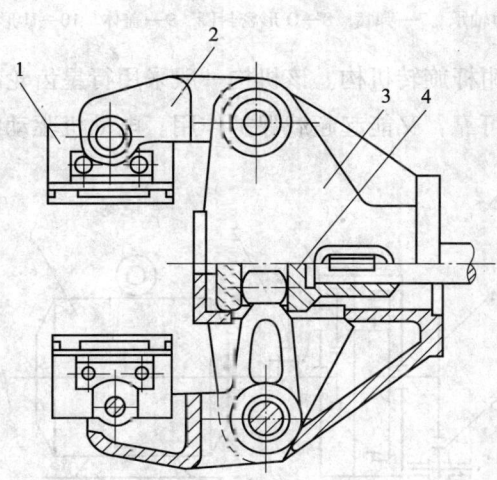

图2—15　短杠杆式钳头
1—钳口　2—钳臂　3—钳轭　4—拉杆滑块

②拉紧装置。拉紧装置的作用是将拉杆上的拉紧力经过钳头机构转变为钳口的夹紧力，从而满足夹持锻坯的需要。拉紧装置分为机械式、气动式和液压式三种。因液压式拉紧装置结构简单而紧凑，目前使用较广泛。如图2—16所示为液压式拉紧装置。

2）钳杆旋转机构。根据锻造工艺要求，钳杆应能绕其轴线做正向、反向旋转，并能在任意角度停止。钳杆旋转机构一般分为电动机驱动和液压马达驱动两种。

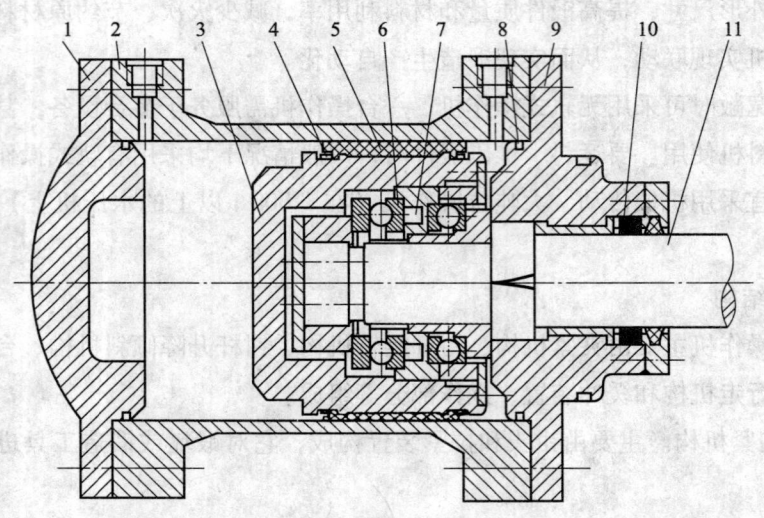

图 2—16 液压式拉紧装置

1—闷盖 2—缸体 3—活塞体 4—Y 形密封圈
5—导套 6—推力轴承 7—弹簧 8—O 形密封圈 9—盖体 10—U 形密封圈 11—拉杆

① 电动机驱动的钳杆旋转机构。该机构一般采用行星齿轮减速器，这样可获得较大的传动比，传动可靠，又能起超载保护作用。电动机驱动的钳杆旋转机构简图如图 2—17 所示。

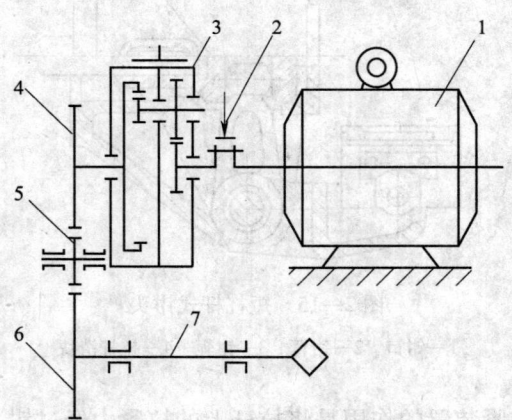

图 2—17 电动机驱动的钳杆旋转机构简图

1—电动机 2—制动器 3—行星齿轮减速箱 4，5，6—齿轮 7—钳杆

② 液压马达驱动的钳杆旋转机构。采用低速大转矩液压马达作为驱动装置，减速装置简单，结构紧凑。但需配备液压泵站及相关的液压元器件，在液压系统中装有安全溢流阀，以起过载保护作用。液压马达驱动的钳杆旋转机构简图如图 2—18 所示。

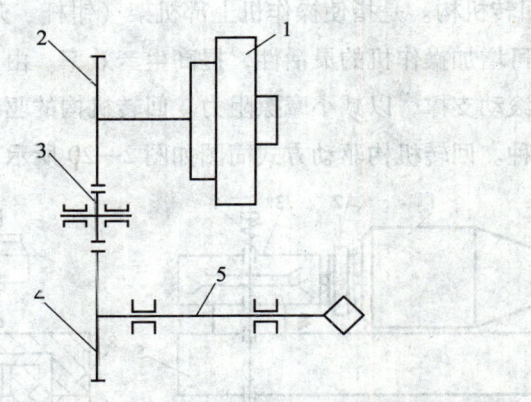

图 2—18 液压马达驱动的钳杆旋转机构简图
1—液压马达 2，3，4—齿轮 5—钳杆

3）钳杆升降倾斜机构。钳杆除能做旋转运动以外，还必须能做平行升降或上下倾斜摆动，以满足各种锻造工艺的要求。其结构形式分为机械式和液压式两种。

①机械式钳杆升降倾斜机构。由前、后两个独立升降系统组成，其结构庞大，但制造简单。

②液压式钳杆升降倾斜机构。分为平行四连杆式和摆动杠杆式等。平行四连杆式结构简单，常用于中、小型锻造操作机。摆动杠杆式结构紧凑，刚度高，稳定性能好，在大、中型锻造操作机中得到广泛应用。如图 2—19 所示为摆动杠杆式夹钳升降及倾斜机构简图。

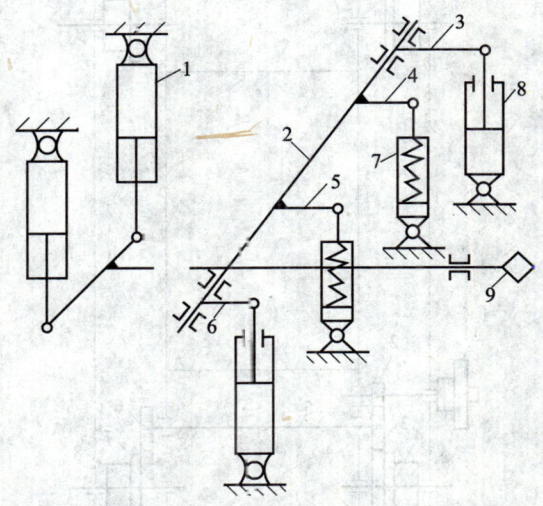

图 2—19 摆动杠杆式夹钳升降及倾斜机构简图
1—调平缸 2—摆轴 3，4，5，6—杠杆 7—垂直缓冲弹簧 8—升降缸 9—钳杆

4）台架回转机构。是指使操作机上部机架（钳杆、升降系统）能绕垂直轴线回转的机构，可增加操作机的灵活性，提高生产效率。由于回转机构支撑的质量较大，因而采用滚动支撑，以减小摩擦阻力。回转机构的驱动方式有液压马达驱动和电动机驱动两种。回转机构驱动方式简图如图2—20所示。

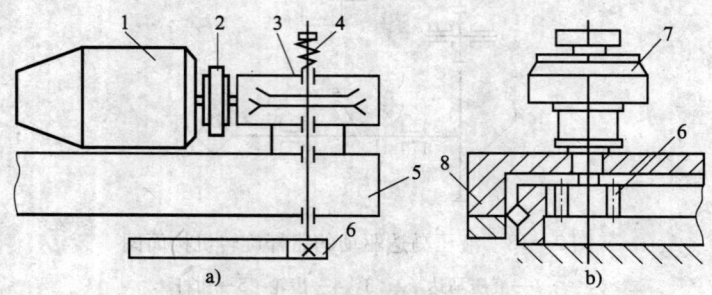

图2—20 回转机构驱动方式简图
a）电动机驱动 b）液压马达驱动
1—电动机 2—制动器 3—减速器 4—极限力矩联轴器 5—台架
6—行星齿轮 7—液压马达 8—支撑装置

5）大车行走机构。大车行走机构可分为有轨式和无轨式两种。锻造操作机多为有轨式。有轨式操作机的大车行走机构是由电动机或液压马达驱动的，而液压马达驱动又分为集中驱动和分别驱动。如图2—21所示为液压马达驱动的大车行走机构简图。

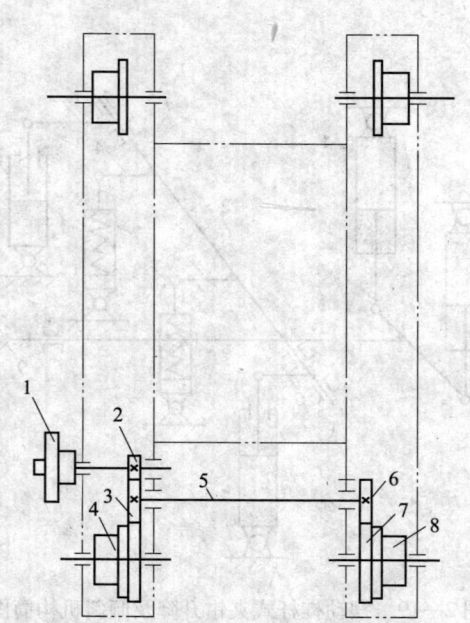

图2—21 液压马达驱动的大车行走机构简图
1—液压马达 2，3，4，6，7—齿轮 5—传动轴 8—主动轮

6）缓冲装置。操作机钳杆与车架之间一般均装有垂直缓冲器和水平缓冲器。特别是上下提升和水平位置的前后方向必须有缓冲器，用以吸收锻造变形的位移和大车运行时产生的冲击振动。机械传动操作机有些也用弹簧缓冲器。弹簧缓冲器结构简单，制造、维修方便，但体积较大，而且使操作机工作时不够稳定。因此，大、中型操作机采用液压缓冲器。液压缓冲器结构紧凑，工作平稳，但制作复杂，维修不便，成本高。

（2）选用

锻造操作机与锻锤吨位匹配关系见表 2—11，锻造操作机与液压机匹配关系见表 2—12。

表 2—11　　　　　　　　锻造操作机与锻锤吨位匹配关系

锻锤吨位（t）	0.56	0.75	1	2	3	5
操作机吨位（t）	0.2	0.2~0.6	0.6~1	1~2	1~3	2~4

表 2—12　　　　　　　　锻造操作机与液压机匹配关系

液压机压力（MN）	3.5	5	6.3	8	12.5	16	25	31.5	60	80	125
操作机吨位（t）	1~2	2~3	2~4	3~5	5~10	10~20	20~40	20~40	40~60	60~120	80~120

（3）使用、维护和保养

1）操作人员必须通过专业培训，经考试合格后持证上岗。

2）工作前必须检查紧固件，对需润滑的部分必须加注润滑油（注意润滑油的种类）。

3）工作前必须先排气，以检查换气阀动作，打开吸油管路阀门，用手盘动油泵，确认各部位良好，各动作正常，方可启动电动机，并按铃通知有关人员。

4）冬天工作前需预热钳头。应注意清理周围障碍物和人，以防止事故的发生。

5）工作中注意蓄能器的压力，观测仪表盘，若压力过低应及时予以补充。

6）工作中注意油温，观测仪表盘，不能超过规定的温度。

7）工作中发现异常声音和情况应立即停机检修。

8）工作中禁止悬空锻造，禁止用钳头作为支点。

9）工作后，设备停在规定的位置，钳体置于最低位置，然后切断电源，关闭蓄能器出油端的截止阀。

10）工作后清扫场地，做好交接班工作。

保养内容除上述使用要求外，还应定期清洗油箱，更换液压油，全面检查设备，更换磨损的零部件及电气元件等。

(4) 常见故障及其排除措施

锻造操作机常见故障的产生原因及排除措施见表2—13。

表2—13 锻造操作机常见故障的产生原因及排除措施

常见故障	产生原因	排除措施
液压泵噪声大	1. 过滤器堵塞或吸入阻力大 2. 液压泵磨损	1. 清洁过滤器或更换新油；适当增大吸油管内径，减少管道弯曲 2. 更换液压泵
夹紧、升起动作无力或不能长时间保持	1. 液压缸与活塞配合的间隙过大 2. 液压油泄漏严重，压力无法建立或保持 3. 轴销连接处间隙过大 4. 液压泵磨损，压力上不去 5. 系统压力不稳	1. 根据缸径配活塞，更换活塞 2. 更换密封圈，拧紧接头，清除泄漏物 3. 重新修配间隙 4. 更换液压泵 5. 重新调整或更换溢流阀、减压阀
旋转台旋转，大车和小车移动迟缓、无力	1. 系统压力不足 2. 液压马达磨损，效率低 3. 齿轮损坏，不能传动	1. 重新调整，建立系统正常压力 2. 更换液压马达 3. 更换齿轮
各动作有冲击振动现象	1. 液压缸与液压马达及机体连接松动 2. 液压系统内有气体 3. 液压缸与活塞不同轴或活塞杆弯曲 4. 液压泵损坏	1. 紧固液压缸、液压马达 2. 放气 3. 修复或更换活塞杆，使其与液压缸同轴 4. 更换液压泵

2. 装料、出料机

装料、出料机是坯料装炉、出炉以及将坯料运送到锻压设备上的机械。使用装料、出料机可以缩短辅助时间，提高劳动生产率，减轻劳动强度，改善劳动条件及节省人力。

(1) 结构

钳杆能伸缩的装料、出料机的结构如图2—22所示。

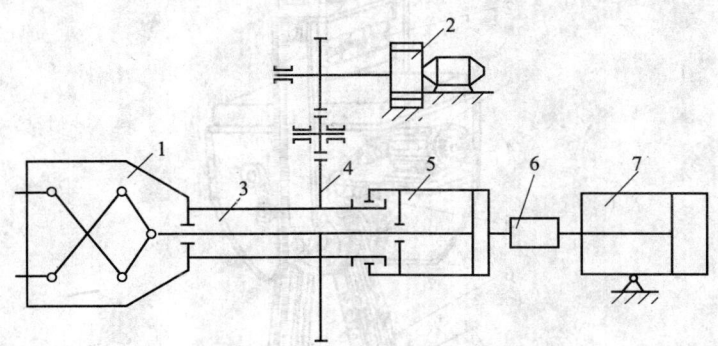

图2—22 装料、出料机的结构

1—钳头 2—减速机 3—钳杆 4—大齿轮 5—夹紧缸
6—旋转滑阀 7—钳杆伸缩液压缸

(2) 装料、出料机与锻锤的匹配关系

装料、出料机与锻锤的匹配关系见表2—14。

表2—14　　　　　装料、出料机与锻锤的匹配关系

装料、出料机吨位（t）	0.3		0.6		1	1.5
锻锤吨位（t）	自由锻	模锻	自由锻	模锻	自由锻	
	0.5~2	5~16	1~3	10~16	2~5	2~5

(3) 装料、出料机的操作、维护和保养

装料、出料机的操作、维护和保养与锻造操作机基本相同，这里不再叙述。

3. 翻料机

翻料机吊挂在天车的小车吊钩上，用来翻转重型坯料。翻料机主要由电动机、减速机构、缓冲器和无端链条组成。其结构如图2—23所示。

减速机构采用蜗杆传动和齿轮传动，并通过链轮带动无端链条做正向、反向运动，以满足锻造工序的要求。

翻料机由天车司机直接操作。在工作过程中，翻料机的无端链条应保持在坯料的重心上，禁止用人体去压套筒或大钳的尾部，不准在套筒上行走。

对翻料机必须进行认真的维护和保养，要按规定进行加油润滑；工作前和工作中应对链条或链板进行仔细检查，如有裂纹则严禁使用；严禁超负荷使用翻料机。

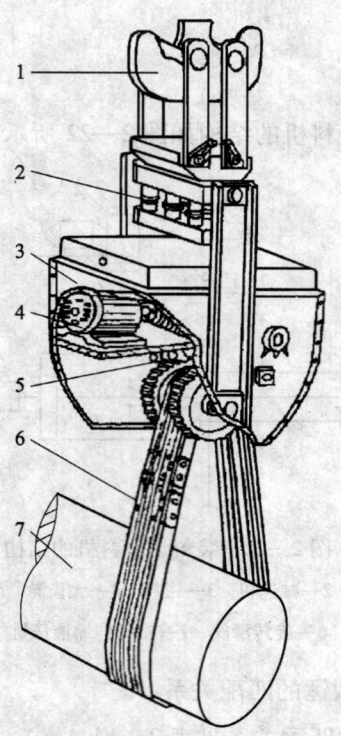

图 2—23 翻料机的结构

1—天车吊钩 2—缓冲器 3—外壳 4—电动机 5—减速机构 6—无端链条 7—坯料

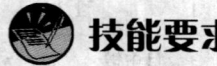 技能要求

一、工件名称

风动机曲轴，材料为 40Cr 钢，零件质量为 1.5 kg，其锻件图如图 2—24 所示。

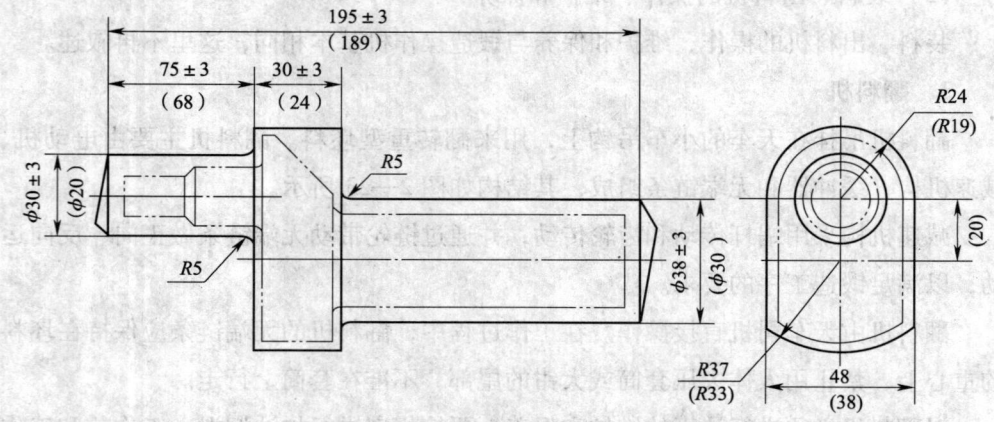

图 2—24 风动机曲轴锻件图

二、工作任务

根据锻件图计算得到锻件质量为 2.5 kg，再由锻件质量，考虑料头、火损后确定毛坯质量为 3.2 kg，确定锻锤为 0.5 t 空气锻锤，确定毛坯下料尺寸（ϕ65 mm × 120 mm），准备相关工具、量具及检验样板。

三、工作过程

1. 毛坯加热

始锻温度为 1 200℃，终锻温度为 800℃。

2. 锤上锻造

（1）锻方

将圆形毛坯锻成 130 mm × 81 mm × 48 mm。

（2）切肩

在长度方向上截取 70 mm，用三角剁刀双向切肩，锻长颈部分，倒棱、撖圆、延伸，摔出直径为 38 mm 的圆柱部分；倒头留出 30 mm，用三角剁刀单向切肩，锻短颈部分，错移、倒棱、撖圆、延伸，摔出直径为 30 mm 的圆柱部分，留出长度 75 mm，其余部分用切断剁刀切除。

（3）局部锻造

将锻件二次加热，用漏盘套入直径为 30 mm 的圆柱部分，另一端放入带有圆孔的垫铁上，锻造中间曲柄部分（厚度为 30 mm）。两端形成过渡圆弧，去掉漏盘和垫铁，在平砧上锻造曲柄部分（宽度为 48 mm）。

3. 检验

锻件锻造后采用钢直尺、外卡钳检测各部分尺寸，采用样板检测各部分相互之间的位置，以满足锻件的技术要求。风动机曲轴检验样板如图 2—25 所示。

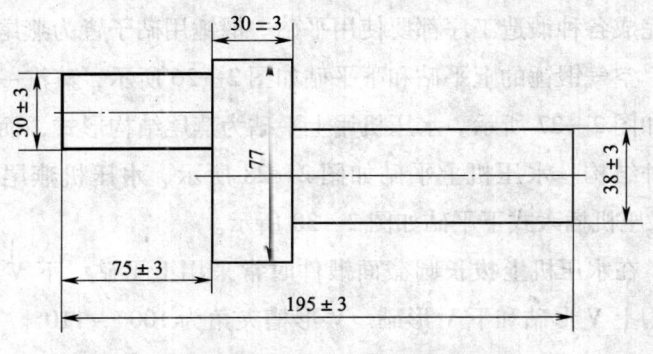

图 2—25　风动机曲轴检验样板

四、注意事项

1. 该锻件需要两次加热，一次加热后，锻造时应注意锻件温度，二次加热的温度及时间应根据后面的工作量来决定。

2. 该锻件在锻造过程中应注意随时进行修整，特别要注意两端轴颈应与中间曲柄部分垂直，中间曲柄部分应平整，不应出现翘曲。

学习单元3 自由锤锻用工具、模具和量具

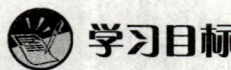

➢ 掌握锤锻工具、模具的安装与调整
➢ 能由自由锻件表面质量判断工具、模具的磨损程度
➢ 掌握量具和样板的使用方法

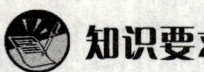

一、自由锤锻用工具和模具的安装与调整

1. 锤锻工具

（1）砧子（砧块）

1）分类。常用的砧子有平砧、V形砧和特殊用途砧（宽平砧、窄平砧和轮砧）等。砧子的圆角半径 R 约为砧子宽度 B 的10%，即 $R=0.1B$。

①平砧。完成各种锻造工序都要使用平砧。锻锤用砧子皆为燕尾结构形式的上平砧和下平砧。空气锻锤的上平砧和下平砧如图2—26所示，蒸汽—空气锻锤的上平砧和下平砧如图2—27所示。水压机用上平砧为燕尾结构形式，而下平砧有燕尾式和插入式两种结构。水压机上平砧如图2—28所示，水压机燕尾式下平砧如图2—29所示，水压机插入式下平砧如图2—30所示。

②V形砧。在水压机上拔长圆截面锻件时常采用上平砧、下V形砧，少量特殊锻造工艺采用上V形砧和下V形砧。V形槽夹角为100°~110°。上V形砧都是整体式燕尾结构，如图2—31所示。小型下V形砧采用整体式插入结构，如图2—

32 所示为整体式下 V 形砧。大、中型下 V 形砧采用组合式插入结构，如图 2—33 所示为组合式下 V 形砧。

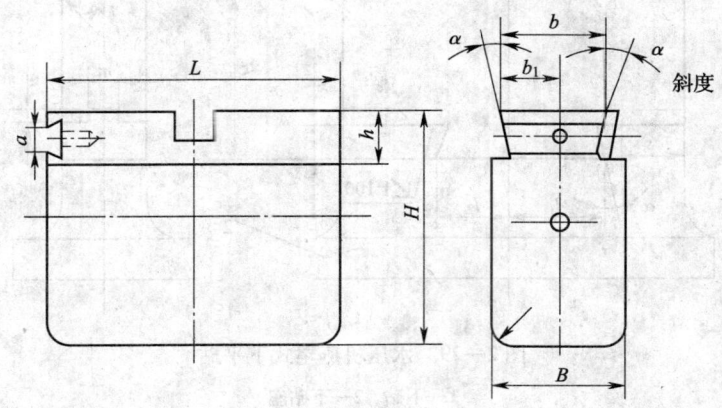

图 2—26　空气锻锤的上平砧和下平砧

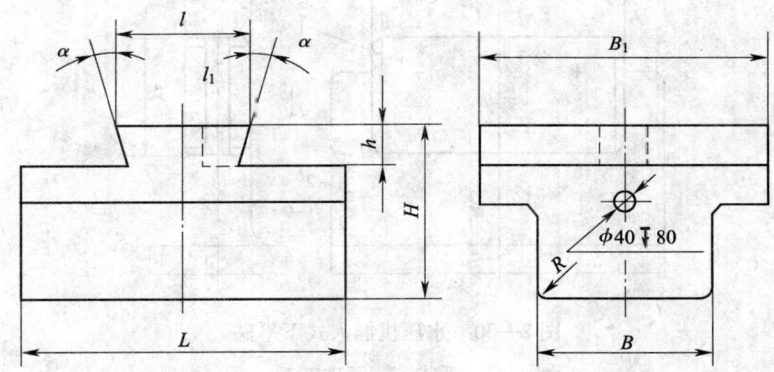

图 2—27　蒸汽—空气锻锤的上平砧和下平砧

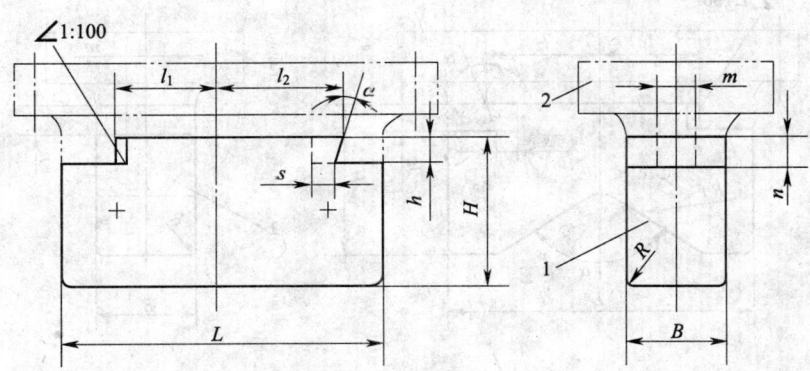

图 2—28　水压机上平砧
1—上砧　2—上砧座

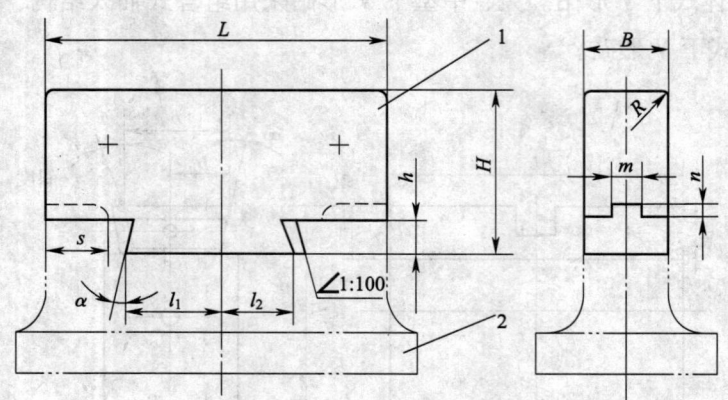

图 2—29　水压机燕尾式下平砧
1—下砧　2—下砧座

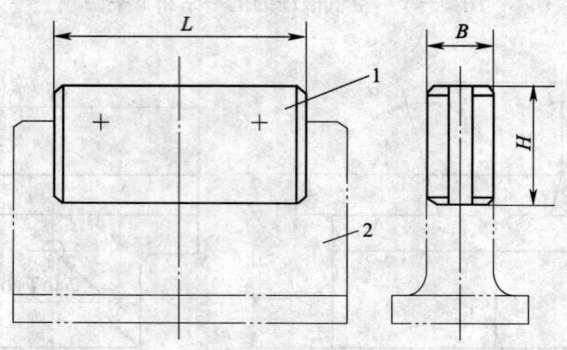

图 2—30　水压机插入式下平砧
1—下砧　2—下砧座

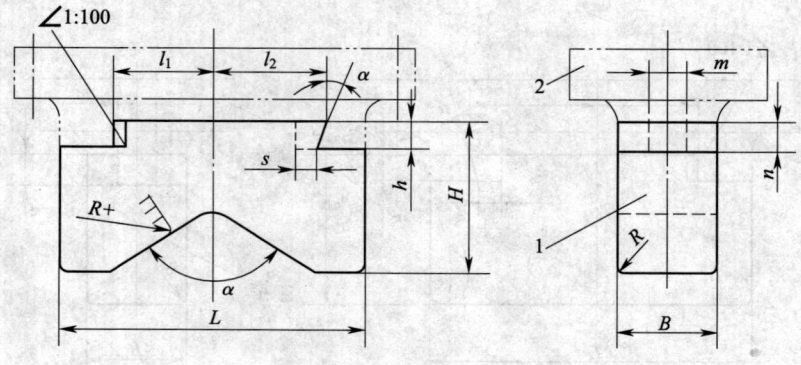

图 2—31　上 V 形砧
1—上砧　2—上砧座

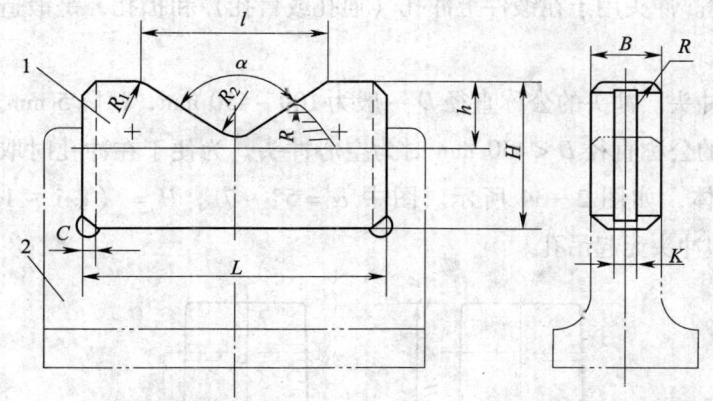

图 2—32　整体式下 V 形砧

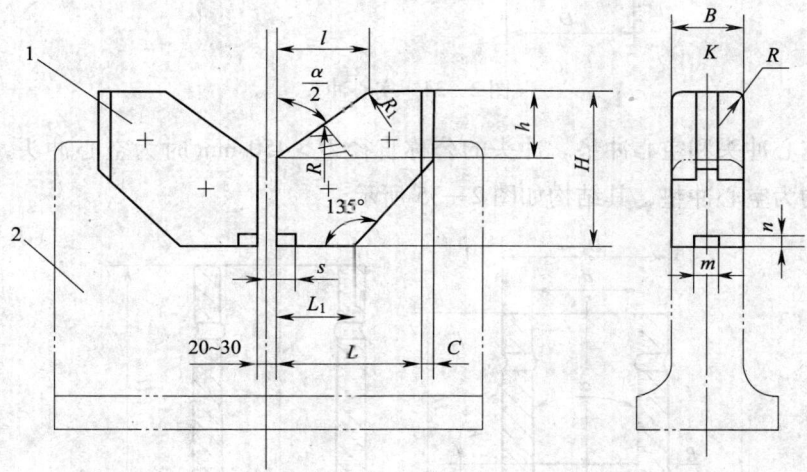

图 2—33　组合式下 V 形砧

2）砧子的使用、维护和保养。砧子因其工作条件差，易损坏，所以在使用时应注意对砧子进行必要的保养。

①砧子安装要正确，紧固牢靠。

②冬季使用前应预热。

③砧子使用后温度过高，应适当冷却或暂缓使用。

④保持砧面的平面度，严重不平的砧面应刨平。砧边的圆角半径要圆滑，如圆角变成尖锐状，应进行修理。

⑤不允许空击砧面，尤其不允许重击。

⑥工作中应经常清扫砧面上的氧化皮。

（2）冲头（冲子）

1) 分类。冲头用于在锻件上冲孔（通孔或盲孔）和扩孔，是锻造空心锻件必备的工具。

①实心冲头。冲头的公称直径 D 一般为 100～450 mm，每隔 5 mm 或 50 mm 为一级。冲头的公称直径 $D<450$ mm 时为空心冲头。为便于在冲孔时取出冲头，将冲头做成锥体，如图 2—34 所示。图中 $\alpha=5°～7°$，$H=(1.1～1.5)D$，$R≈0.08D$。小型冲头无起吊孔。

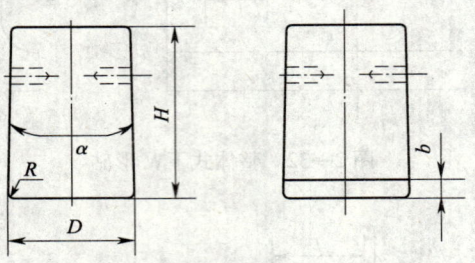

图 2—34　实心冲头

②空心冲头和空心冲垫。冲头的公称直径 $D>450$ mm 时为空心冲头，与其配合使用的为空心冲垫，其结构如图 2—35 所示。

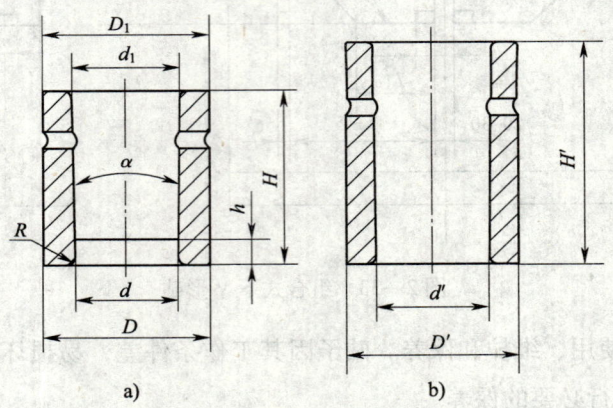

图 2—35　空心冲头和空心冲垫的结构
a）空心冲头　b）空心冲垫

空心冲头与空心冲垫的尺寸关系见表 2—15。

表 2—15　　空心冲头与空心冲垫的尺寸关系　　　　　　mm

空心冲头	空心冲垫
$H=(0.75～1)D$	$H'=(0.5～1.5)D'$
$d=(0.5～0.6)D$	$d'=d+(40～50)$
$d_1=d+20$	$D'=D-(30～40)$

续表

空心冲头	空心冲垫
$D_1 = D - 20$	
$R = 0.05D$	
$h = 80 \sim 100$	
$\alpha = 5°$	

2）冲头的使用、维护和保养

①若冲头温度太高，应适当用水冷却或更换。

②对损坏的冲头应修整，有裂纹的冲头不能再使用。

③冬季使用前应预热。

④冲头应经常保持清洁，不得有油污，用后应摆放在指定的位置。

(3) 剁刀

1) 切断剁刀

①切断剁刀的结构。切断剁刀是切割锻件或坯料的工具，其结构如图 2—36 所示。

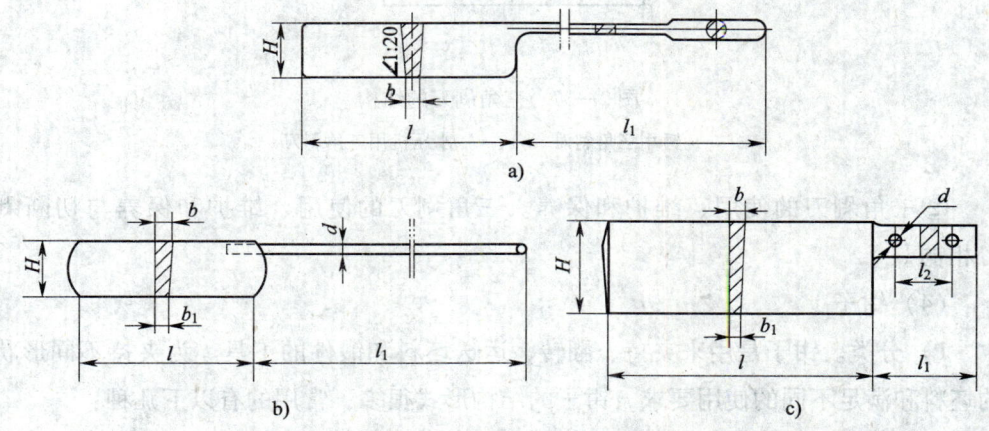

图 2—36 切断剁刀的结构
a) 锤用切断剁刀　b)，c) 水压机用切断剁刀

如图 2—36a，b 所示的切断剁刀由人工操作，图 2—36c 所示的切断剁刀由工具提升机构或剁刀操作机操作。

②切断剁刀的使用和保养

a. 冬季使用前应预热。

b. 按被剁切截面大小选择合适的剁刀。

c. 使用前应对剁刀进行检查，有裂纹的禁止使用。

d. 剁切应摆放整齐，保证无油污。

2) 三角剁刀

①三角剁刀的结构。三角剁刀是锻造相邻截面较大时的分料压肩（压出分料标记并使部分金属分离），用以减少拉缩的工具，其结构如图 2—37 所示。如图 2—37a，b 所示的三角剁刀由人工操作，图 2—37c 所示的三角剁刀由工具提升机构或剁刀操作机操作。

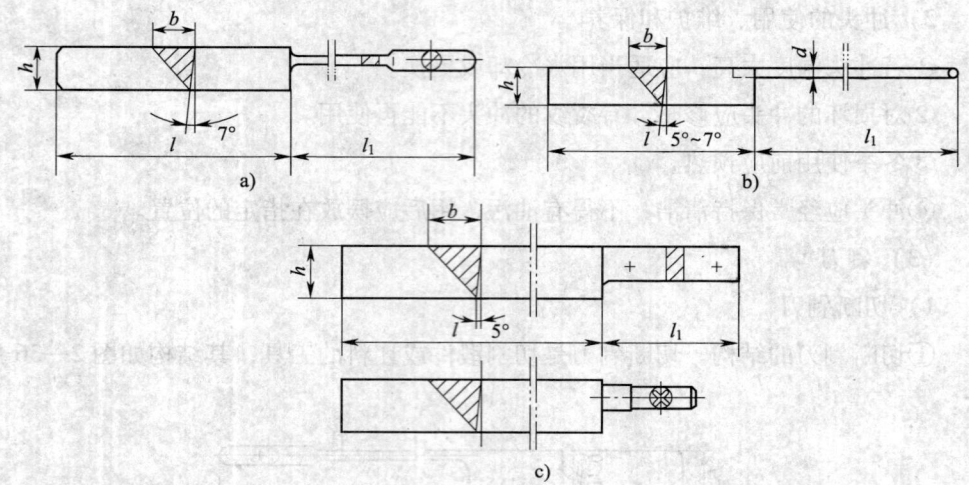

图 2—37　三角剁刀的结构
a) 锤用三角剁刀　b)，c) 水压机用三角剁刀

②三角剁刀的使用、维护和保养。三角剁刀的使用、维护和保养与切断剁刀相同。

(4) 钳子

1) 分类。钳子是用来夹持、翻转、运送坯料和锻件的工具。为夹持不同形状的坯料和满足不同的使用要求，钳子的结构形式很多，常用的有以下几种：

①锤锻用操作钳子。它用于小锻件的锻造操作，其结构如图 2—38 所示。

②简单自紧夹钳。其结构如图 2—39 所示，用于搬动大坯料和锻件。

③四爪吊钳。其结构如图 2—40 所示。小链环挂在天车副钩上，当副钩提升时，钳爪就张开。大链环挂在天车主钩上，当主钩上升时，钳爪就闭合，夹住坯料并提升。主要用于装料、出料以及坯料和锻件的运输，使用方便，灵活可靠。

④自动翻转吊钳。它主要用于圆饼形锻件的翻转以及钢锭、钢坯的直立，也可用于锻件的搬运，其结构如图 2—41 所示。

2) 钳子的使用、维护和保养

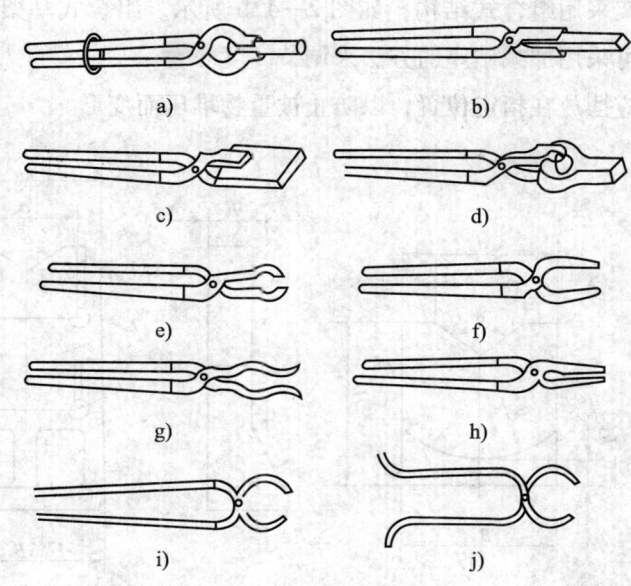

图 2—38 锤锻用操作钳子的结构

a) 圆口夹钳 b) 方口夹钳 c) 扁口夹钳 d) 方钩夹钳
e) 圆钩夹钳 f) 大尖口夹钳 g) 小尖口夹钳 h) 圆尖口夹钳 i) 抱钳 j) 抬料钳

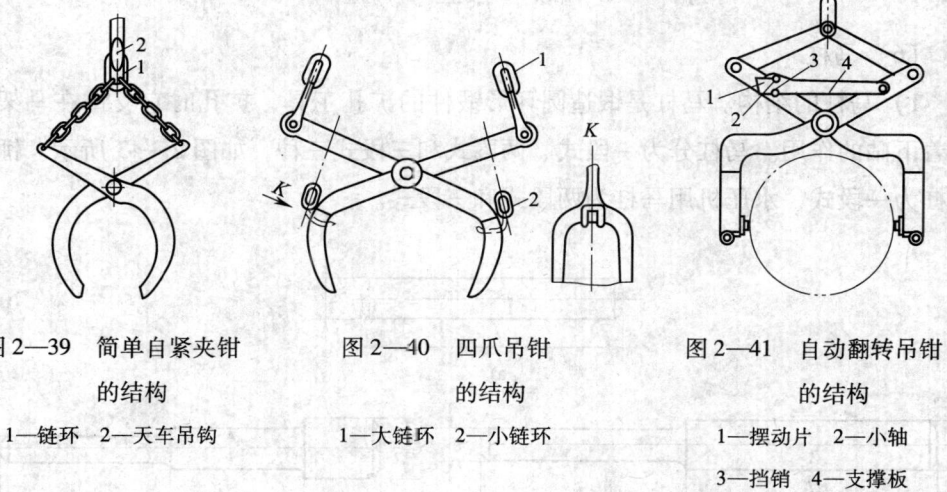

图 2—39 简单自紧夹钳的结构

1—链环 2—天车吊钩

图 2—40 四爪吊钳的结构

1—大链环 2—小链环

图 2—41 自动翻转吊钳的结构

1—摆动片 2—小轴 3—挡销 4—支撑板

① 经常检查钳子、链环，对磨损严重的应进行修复，有裂纹的必须更换。
② 不能超负荷或超范围使用钳子。
③ 不用的钳子应摆放在指定位置，避免被重物堆压而变形或破裂。

（5）马架

马架是支撑马杠进行扩孔的工具。小型马架采用整体式结构，如图 2—42a 所示;大、中型马架采用组合式结构,如图2—42b所示。组合式马架不但开档可任意调节,而且还可采用加减砧座的方法来调节高度。

不用的马架应摆放在指定位置,以防止被重物堆压而变形。

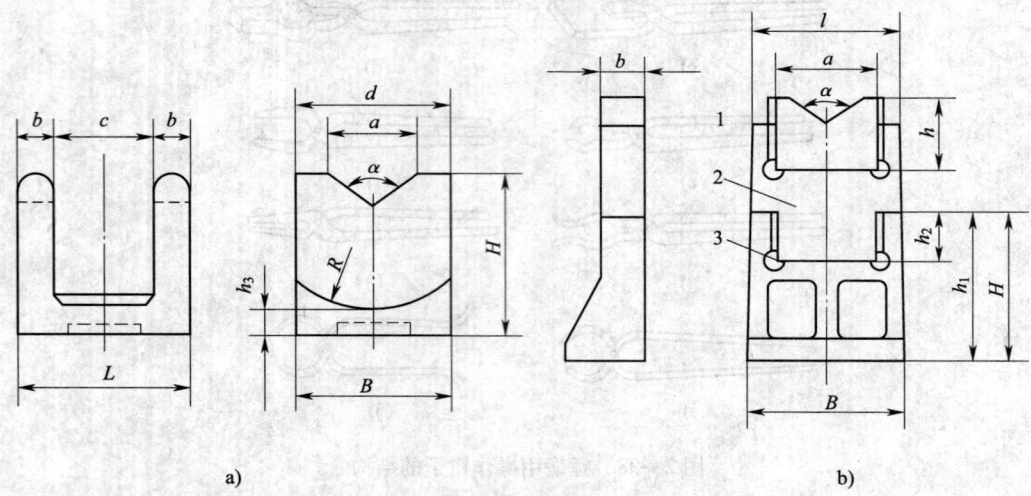

图2—42 马架

a) 整体式 b) 组合式

1—砧块 2—砧座 3—底座

(6) 马杠

1) 马杠的结构。马杠是锻造圆环形锻件的扩孔工具,扩孔时它支撑在马架上起着下砧的作用。马杠分为一段式、两段式和三段式三种,如图2—43所示。锤用马杠为一段式,水压机用马杠为两段式和三段式。

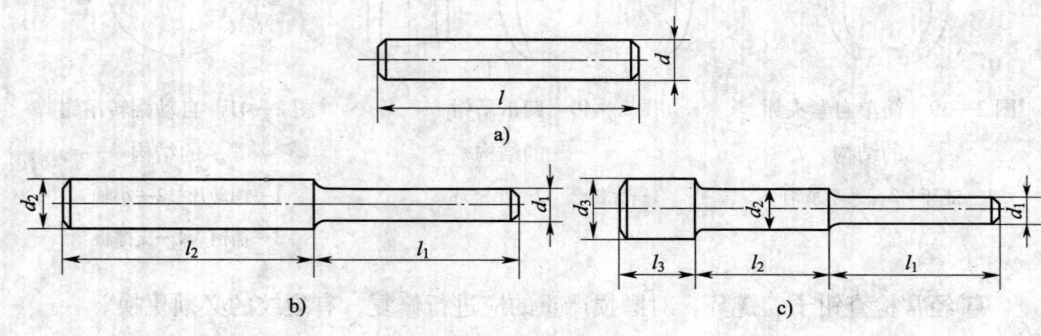

图2—43 马杠

a) 一段式 b) 两段式 c) 三段式

2) 马杠的使用、维护和保养

①使用前应认真检查,有裂纹的马杠不能使用。

②使用前必须选择合适的马杠，工作中随着内孔的扩大，应随时更换直径较大的马杠。

③冬季在使用马杠前应进行预热。

④不用的马杠应整齐地摆放在架子上，上面禁止放重物，以免变形。

（7）心轴

1）心轴的结构。心轴又称心棒，是用于拔长筒形锻件的工具，其结构分为实心心轴和空心心轴两种，如图2—44所示。除小型心轴采用实心心轴外，一般都采用空心心轴，以便使用时通水冷却。

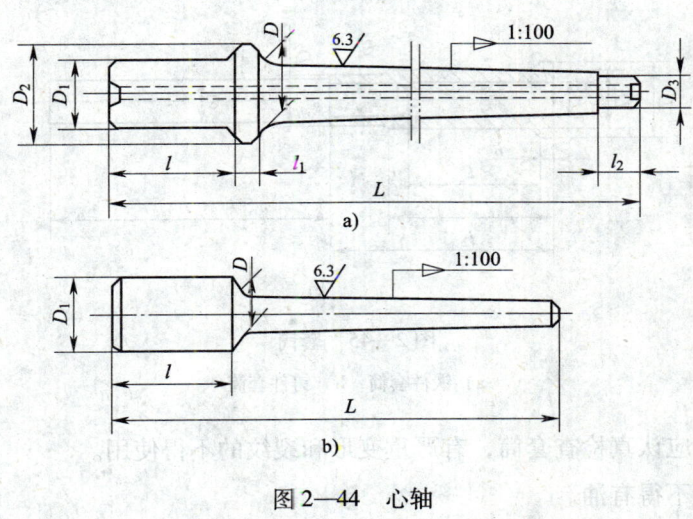

图 2—44 心轴
a) 空心心轴 b) 实心心轴

2）心轴的使用、维护和保养

①使用前，参照锻件内孔尺寸选用尺寸合适的心轴。

②空心心轴使用时必须通水冷却。

③心轴使用中不应受锤击，以防止变形。

④吊运时，应防止心轴从高空落下，需确保安全。

⑤冬季使用心轴前应预热。

⑥使用前应涂润滑油。

（8）套筒

1）套筒的结构。套筒是钳口套筒的简称，用来套持钢锭的小端，完成压钳口工作，或套持已压出的钳口，完成坯料的旋转和进退的工具，如图2—45所示。其结构有整体式和分装式两种，但多数为分装式套筒和套杆一般采用热装配合。套筒的内孔有圆形、方形和八角形（套持钢锭小端用）。套筒的材料为35钢铸件或锻件。

2）套筒的使用、维护和保养

①使用前应根据钢锭类型选择合适的套筒。

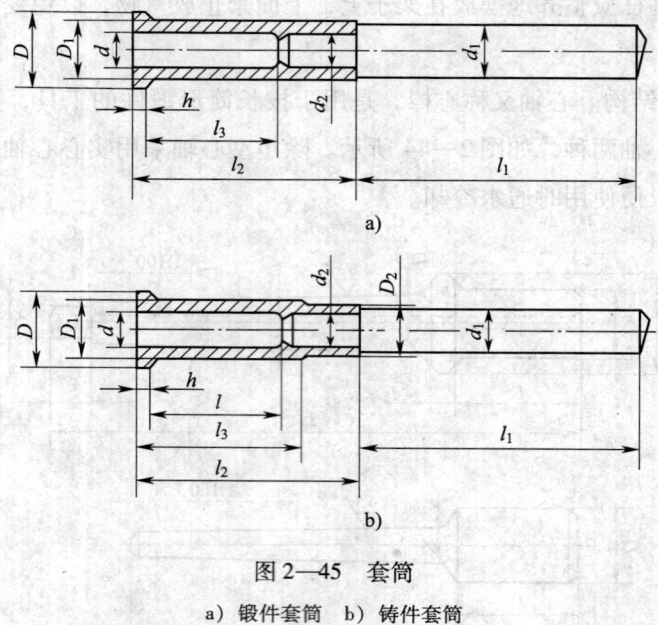

图 2—45 套筒

a）锻件套筒 b）铸件套筒

②使用前应认真检查套筒，有严重变形和裂纹的不得使用。

③套筒上不得有油。

④使用时锤头不得误压套筒。

⑤冬季使用前应预热。

⑥不用的套筒应放在架子上。

（9）手工锻造中常见的部分工具

手工锻造作为机器锻造的辅助操作，常用于锻件的局部修整、细小锻件的成型和安装，更换工具等。因此，它也是锻造加工初学者必不可少的基本技能训练之一。

1）钳子及其操作。钳子主要用来夹持锻件，其类型同图 2—38 所示的锤锻用操作钳子。

①掌钳的姿势。如图 2—46 所示，掌钳时，首先站正位置，左脚离铁砧约半步，右脚在左脚后半步，上身稍向前倾，眼睛注视工作物的锻打点，如图 2—46a 所示。右手操锤子指挥大锤打击，如图 2—46b 所示。左手握住钳杆中部，另一人用大锤打击，如图 2—46c 所示。

②掌钳的方法。在锻打过程中随时掌握好钳位的高度，使坯料始终平稳地放在砧面上，而且不断地翻转或移动坯料，如图2—47所示。不同的翻动方向有不同的握钳方法，如图2—47所示为翻料时几种握钳的方法。

图2—46 掌钳的姿势

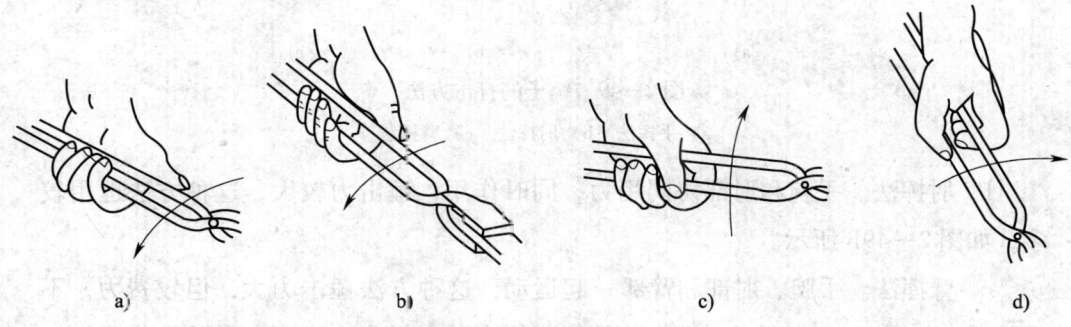

图2—47 翻料时几种握钳的方法

必须强调指出的是：锻打时掌钳者不得随意将坯料强行抬高或压低；否则，轻则坯料被打弯，并振痛手掌，重则造成"跳钳"或"脱钳"的伤人事故。

2）锤子及其操作

①锤子及打法。锤子通常有圆头、直头和横头三种，如图2—48所示，其中圆头锤用得较多。锤子的质量一般为1~2 kg。

圆头锤一般不作为变形工具使用，在配合锻打时，掌钳工主要用它来指示大锤的打击落点和轻重。作为变形工具的横头锤和直头锤分别用来加速拔长和增宽。

锤子的打击方法有手挥法、肘挥法和臂挥法三种，如图2—49所示。

a. 手挥法。只靠手腕的运动，锤击力不大，用于指挥大锤的打击点和打击轻重，如图2—49a所示。

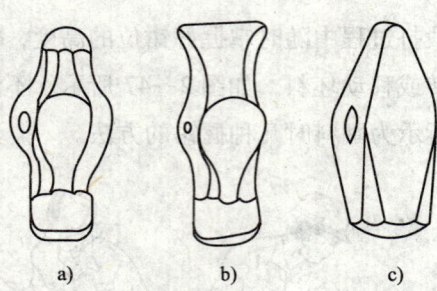

图2—48 锤子
a) 圆头锤 b) 直头锤 c) 横头锤

图2—49 锤子的打击方法
a) 手挥法 b) 肘挥法 c) 臂挥法

b. 肘挥法。手腕和肘部协同用力，同时作用，锤击力较大，这种方法运用较多，如图2—49b所示。

c. 臂挥法。手腕、肘部和臂部一起运动，这种方法锤击力大，但较费力，不易掌握，如图2—49c所示。此方法用于掌钳者独立操作，或配合大锤快速锻打坯料而加大变形量，起到"趁热打铁"的辅助作用。

②大锤及打法。大锤一般分为直头锤、横头锤和平头锤三种，如图2—50所示。它是直接使金属产生变形的基本工具。大锤的质量一般为4~7 kg。

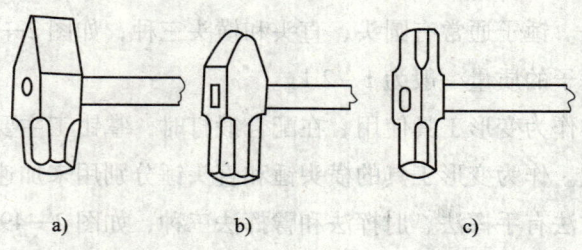

图2—50 大锤
a) 直头锤 b) 横头锤 c) 平头锤

大锤的打击方法有抱打法、抡打法和横打法三种。大锤是手工锻造的主要工具，学会打大锤是锻工的基本技能之一。打大锤时，打击是否准确有力，这与打锤姿势和方法有直接关系。能否掌握得好，全凭平时刻苦练习。

a. 抱打法。这是最普通的打击方法，抱打的姿势如图2—51所示。

抱打时人应平稳地站在铁砧的斜角前方，使身体对着工作物，右脚向前迈出半步，并与左脚约成直角，右手向前伸，握在锤柄的中间处，左手紧紧握住柄端。如图2—51a所示为刚把大锤举上去时的姿势。然后将锤举起至右后方，并使上身微向后弯，如图2—51b所示为把大锤举到右肩上刚要打下去时的瞬间姿势，用左手控制锤头的打击位置，右手尽全力按锤，看准目标急速打下。为使锤头准确地打击在坯料上，同时右手急向柄端抽回，如图2—51c所示为锤头打在坯料上的瞬间并撤回了腕力的姿势。此时，若利用锤头对坯料迅猛打击而产生的回弹力，则可轻易地举起大锤，继续进行抱打。

图2—51 抱打的姿势
a) 开始举锤 b) 开始落锤 c) 打击坯料

抱打要领：举锤时应使身体的重心移到左脚，能较容易地举起大锤。打击时，锤把举起的高度应适中，过高时，则两腕伸出过长，打击时右手难以用力，容易打不准；过低时，则打击无力，以至于减弱打击效果。在猛力打击时，把身体向前弯，用右脚支撑身体质量，使身体和大锤成一体，对着坯料锤击，打下速度要快，用力要猛，并利用锤头回转惯性力打在坯料上。

b. 抡打法。它的速度快，锤击力大，在需要猛烈打击时常采用此法。抡打时，左脚在前，脚尖对着工作物，右脚在后，并与左脚约成直角。左手紧握锤柄末端，右手握在左手前方约柄长的1/4处。打击时，将锤头从前下方向身后抡起。当锤头从上落下时，右手猛力向下按锤柄，集中全力打击坯料，同时右手抽滑到左手旁。

在锤击坯料的瞬间,利用打击时的回弹力,右手又向前滑到锤柄的 1/4 处,再举起大锤做连续打击。如图 2—52 所示为抢打的姿势。

c. 横打法。它是用于打击面处于垂直位置时的打击方法。横打法可分为水平横打法和过肩横打法两种。

当采用水平横打法时,锤头的运动路线为一水平圆弧形,如图 2—53a 所示。此法容易打准目标。

图 2—52 抢打的姿势

当采用过肩横打法时,锤头做空间曲线运动,如图 2—53b 所示。其锤击力大,不易掌握。

横打时的站立姿势和握锤方法与抢打时基本相似。无论是水平横打还是过肩横打,最后落点都要对准打击物,并确保准确、有力,如图 2—53c 所示。

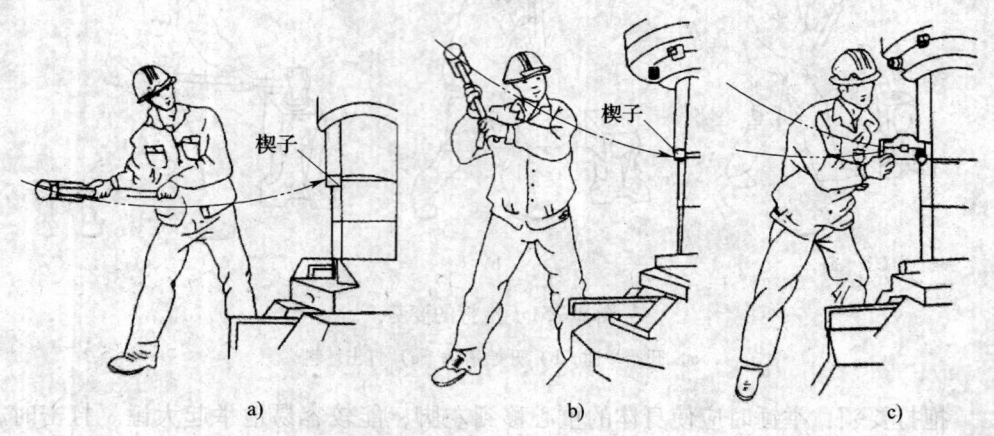

图 2—53 横打的姿势
a) 水平横打法 b) 过肩横打法 c) 横打时的最后落点

2. 锤锻模具

(1) 钳子

锤锻所用钳子与自由锻钳子相同,这里不再叙述。

(2) 键与楔铁

键是用于使锤模安装及定位的工具,如图 2—54 所示。楔铁是用于安装及紧固锻锤模的工具,如图 2—55 所示。燕尾型模具与砧子等工具都用楔铁紧固。楔铁坚固可靠，使用楔铁使得装拆模具方便，应用广泛。楔铁两端细而硬度高，中间粗而硬度低，楔铁的斜度都相同，通常为1:100，即0°34′，仅宽度、长度不相同。

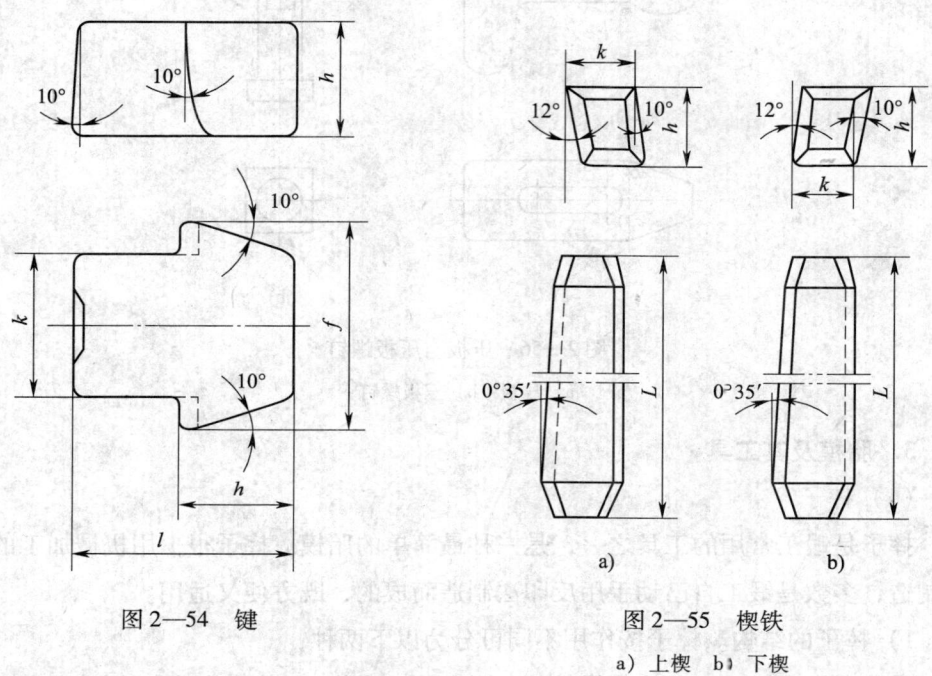

图 2—54　键　　　　　图 2—55　楔铁
　　　　　　　　　　　　a）上楔　b）下楔

（3）撬棒

撬棒用来撬起锻模和移动锻模。其头部较尖，具有一定的刚度，操作方便。

（4）压板与压板螺钉及垫圈

压板与压板螺钉及垫圈均为紧固非燕尾形锻模、切边模、冲孔模的工具，安装在工作台面的T形槽内，再用长扳手拧紧螺母即可。压板与压板螺钉如图2—56所示，垫圈为平垫圈，是标准件。

（5）垫片

在模锻时，为了调整模具的错模量，可用薄钢片做成垫片，垫片的厚度分成几挡，根据需要选用。

（6）大锤及撞铁

为了将楔铁撞进或撞出，必须用大锤敲击，这种大锤前已述及。如果大锤撞击力不够，可改用撞铁。撞铁为专用的楔紧或松楔工具，是圆柱形钢柱，中间有固定的吊环，用行车（天车）吊起撞铁，利用惯性猛烈撞击楔铁，使其楔紧或松楔。

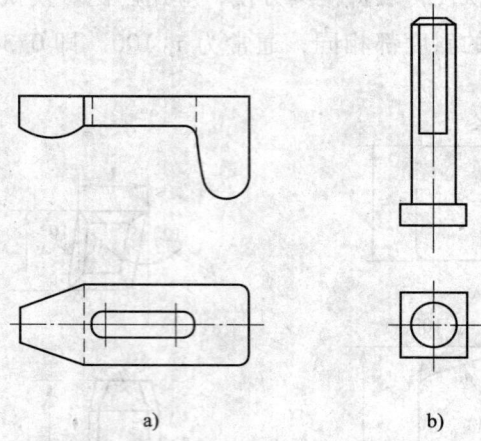

图 2—56 压板与压板螺钉
a) 压板 b) 压板螺钉

3. 胎模及其工具

（1）摔子

摔子是锻工常用的工具之一，是一种最简单的胎模。摔子很少用机械加工的方法制造，多数是锻工自己动手用反印法制造而成的，既方便又适用。

1）摔子的结构。摔子按作用不同可分为以下两种：

①整形摔子。用于已成型锻件的整形及校正工作，以保证锻件的同轴度和直线度。坯料在模腔中变形不大，整形摔子的结构如图 2—57 所示。

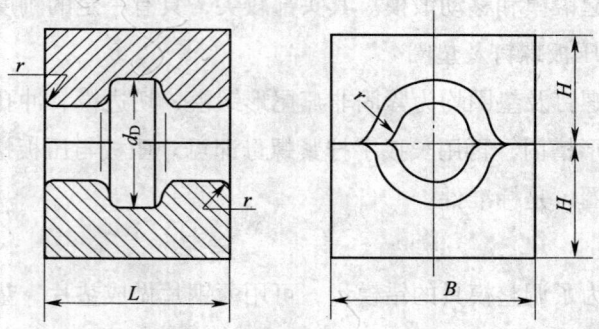

图 2—57 整形摔子的结构

②制坯摔子。用于滚坯工作。坯料在模腔中变形较大，成型时不断旋转锻件，不产生毛边和纵向毛刺，主要用于回转体锻件的成型。

摔子的口部是关键部位，为了防止"夹肉"、卡模现象的产生，口部都用圆弧过渡。对于变形量大的制坯摔子，横断面不应做成圆形，而应做成椭圆形，其结构如图 2—58 所示。

对于大型摔子（如锻件直径 $D > 100$ mm），为了减小摔子的质量，可将摔子制成如图 2—59 所示的形状。

如果用机械加工方法制造摔子，其口部的形状如图 2—60 所示。

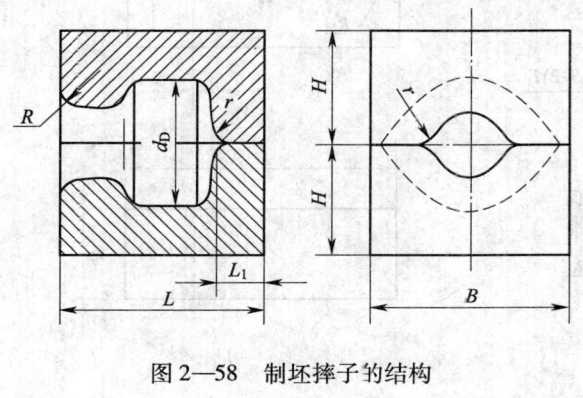

图 2—58　制坯摔子的结构　　　　　图 2—59　大型摔子的形状

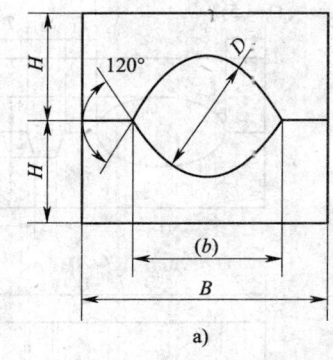 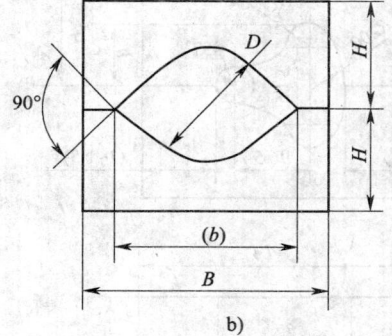

图 2—60　机械加工摔子口部的形状
a）整形摔子　b）制坯摔子

2）摔子的使用和维护。将热坯料在摔子内反复转动，直到上、下摔子打靠为止；摔子与摔子柄焊接要牢固；摔子如变形严重，应予以修理或报废；摔子用后应定点堆放。

（2）扣模

扣模用来锻制简单非回转体锻件，也可为全模制坯。

扣模分为开口式和闭口式两种。用于锻制锻件的扣模常采用导锁定位，以防止错模。用于合模制坯的扣模一般情况可不用定位装置。扣模的基本形式如图 2—61 所示。

使用扣模时，将热坯料放进扣模内成型，操作时不转动，上、下模打靠。

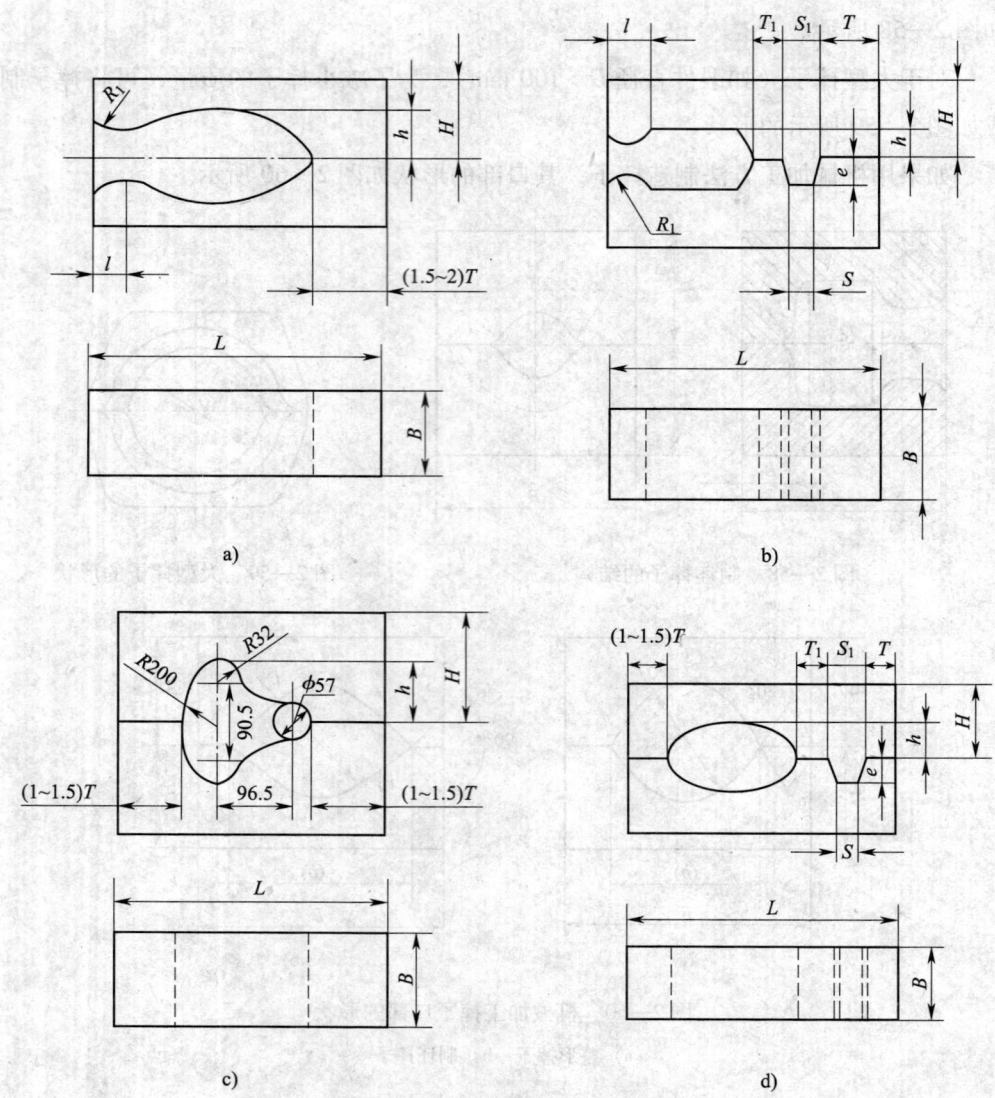

图 2—61 扣模的基本形式
a) 无定位开口扣模　b) 导锁定位开口扣模　c) 无定位闭口扣模　d) 导锁定位闭口扣模

扣模与模柄焊接要牢固；变形严重的要修理或报废；用后定点堆放。

(3) 弯曲模

弯曲模由上模和下模组成，常用来为弯曲轴线的合模制坯和锻件的成型。其形式、使用和维护与扣模相同。

(4) 套筒模

1) 分类。套筒模简称套模，主要分为开式套模和闭式套模两大类型。

①开式套模。又称模垫，其结构如图 2—62 所示。

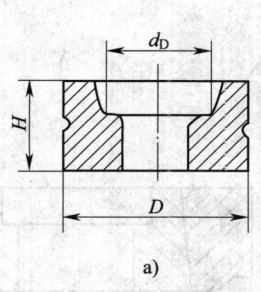
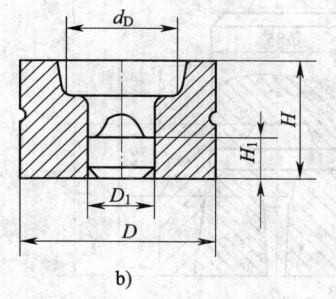

图2—62 开式套模的结构
a) 通底式 b) 有模垫式

② 闭式套模。其结构如图2—63所示。

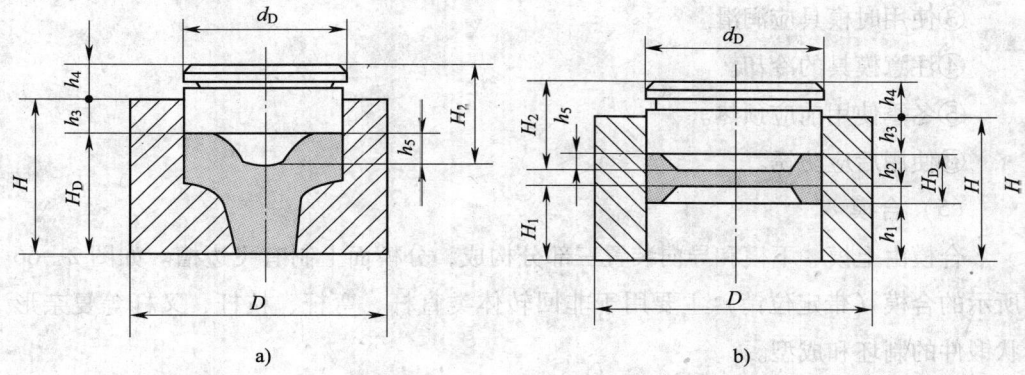

图2—63 闭式套模的结构
a) 无模垫式 b) 有模垫式

③ 其他结构形式的套模

a. 内锥式套模。内锥式套模的结构如图2—64所示。这种模具与不带内锥的套模相比有以下优点：取件时可借助杠杆将套模抬起，不需用冲头将套筒与工件分离，因而减轻劳动量；取件时间短，可提高生产效率，延长模具的使用寿命。

b. 组合式套模（镶套式）。如图2—65所示为组合式套模（漏盘），其内套、外套采用热压配合。组合式套模的优点如下：

第一，仅在内层用模具钢，外层可用一般材料，故可节省模具钢，而且内套磨损后外套还可以用。

第二，由于内套被箍紧，不易开裂，故内套可以获取较高的硬度，因而可以延长模具的使用寿命。

2）套筒模的使用和维护

① 坯料放进模内前应先除净氧化皮。

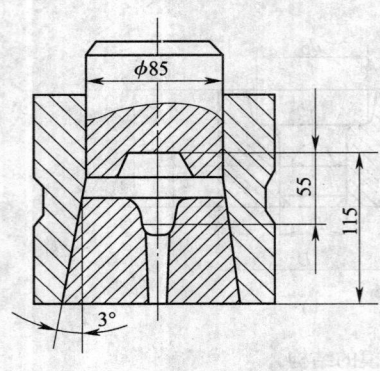

图 2—64 内锥式套模的结构

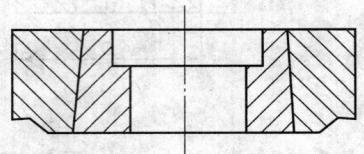

图 2—65 组合式套模

②配合面间隙要均匀,不生成纵向毛刺,出模要顺利。

③使用时模具应润滑。

④注意模具的冷却。

⑤冬季使用前应预热。

⑥使用后应防锈。

（5）合模

合模由上模、下模和导向装置三部分构成,分模面上制有飞边槽。如图2—66所示的合模（带定位销）主要用于非回转体类直杆、弯杆、枝杆、叉杆等复杂形状锻件的制坯和成型。

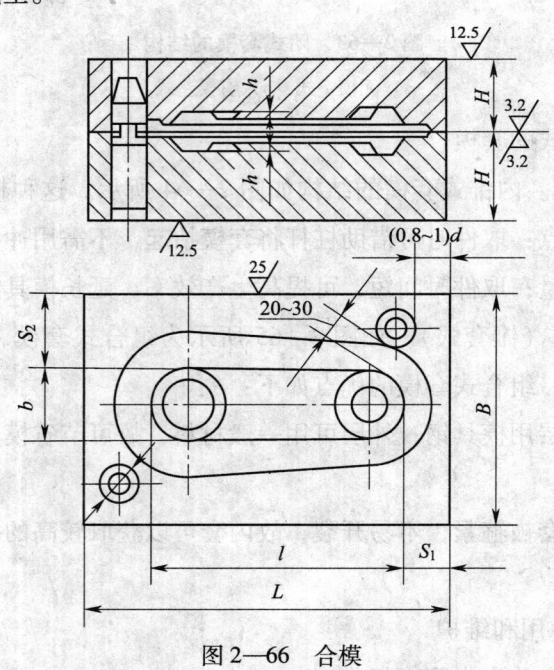

图 2—66 合模

1）合模的定位方式。按导向定位结构的不同，合模又分为采用导锁定位、采用定位销定位和采用导套定位三种方式。

①采用导锁定位。由于采用导锁定位有许多优点，如定位可靠，防止错移力强，不易损坏及起模方便等，因此多用在分模面为曲面、错移力较大的合模上；但导锁加工麻烦，增大模块质量，锻模成本高。

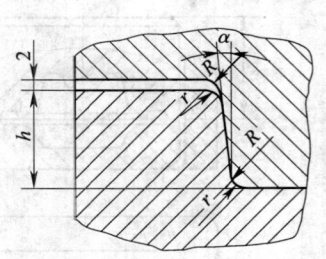

图 2—67　水平分模面导锁

导锁的常见形式有水平分模面导锁（见图 2—67）、斜分模面导锁（见图 2—68）和环状导锁（见图 2—69）。

②采用定位销定位。定位销多用在分模面为水平面的合模上。常用定位销 a 型和 b 型的结构如图 2—70 所示。

③采用导套定位。导套（见图 2—71）一般用在小型胎模上。其导向效果良好，不易损坏，但模块周围表面加工精度要求较高，导套有矩形与圆形两种。有锥度的下模与导套配合的套模如图 2—72 所示。

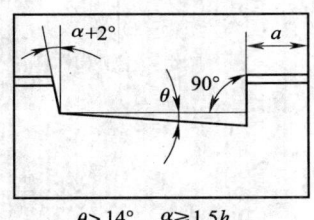

图 2—68　斜分模面导锁

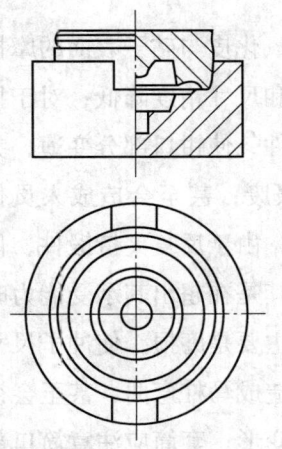

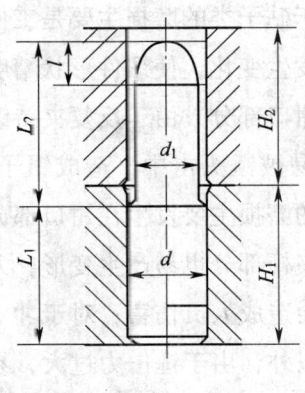

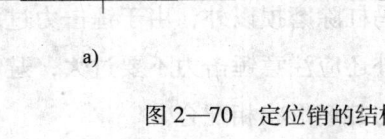

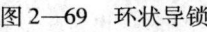

图 2—69　环状导锁

图 2—70　定位销的结构
a）a 型　b）b 型

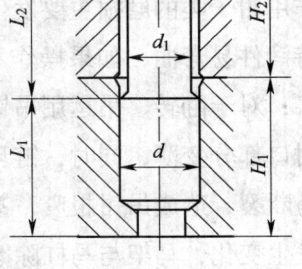

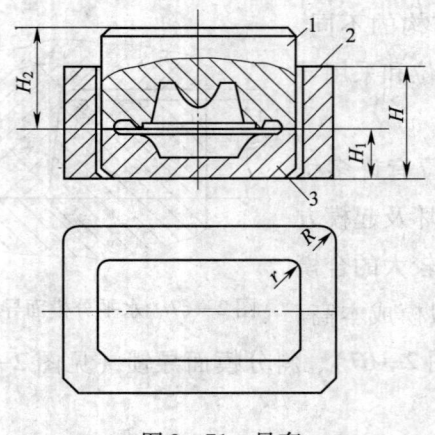

图 2—71 导套　　　　　图 2—72 有锥度的下模与
1—上模　2—导套　3—下模　　　导套配合的套模

2) 合模的使用与维护
①使用前应预热。
②每件都应润滑。
③坯料必须除净氧化皮。
④模具要注意冷却。
⑤使用后模具要防锈。

二、工具、模具的磨损

1. 工具、模具磨损的方式

自由锻工具种类很多，对于砧子类的磨损主要是工件氧化皮与砧子表面的摩擦造成砧子表面磨损，砧子尺寸发生变化，使锻件形状精度和尺寸精度降低；对于操作用钳子类的磨损主要发生在钳口部分，由于反复夹持锻件，使钳口部分变薄，夹持锻件易弯曲，如果操作不当易被锤头击中，造成钳子报废，甚至会造成人员伤害；对于翻转、吊运用吊钳类的磨损主要发生在钳口部分，由于反复夹持锻件，使钳口部分变薄，同时，链环、夹杆部分也易产生变形，尤其是在超出其承受能力时易断裂，造成吊钳报废，甚至会造成人员伤害；对于冲子主要是磨损，使冲子尺寸发生变化，马架与马杠除磨损以外，由于锤击力过大，易造成马杠弯曲，甚至会被剪断；心轴除磨损外还应注意锤击力不要过大，避免心轴变形；套筒应注意筒口部分的磨损，以保证与锭坯形状相配合。

胎模具的损耗方式主要是磨损，型槽制造精度低、锻造温度偏低是造成胎模具磨损的主要原因，胎模具选择不当或锤击力过大易造成胎模具错模、断裂，导致胎模具报废。

2. 自由锻件表面质量与工具、模具损耗程度的关系

自由锻件表面质量除与加热方法有关以外，与工具、模具的损耗程度有直接关系，对于筒类锻件的拔长，若心轴磨损会造成锻件内孔不圆、筒壁厚度不均匀、尺寸不准确；马杠弯曲变形后使环形锻件难以锻造，尤其是胎模具型腔表面磨损、塑性变形、热蚀缺陷等直接影响锻件的表面质量，导致锻件外形尺寸超出锻件公差、外形不对称、出现错移、表面粗糙度值大，严重时造成锻件报废。

三、量具和样板的使用

1. 常用量具

常用的测量工具有钢直尺、木尺、钢卷尺、游标卡尺、卡钳和样板等。

（1）钢直尺

常用钢直尺有150，300，500和1 000 mm等规格。

（2）木尺

常用木尺为折叠式，其规格一般为1 000 mm。

（3）钢卷尺

常用钢卷尺有1 m和2 m等规格。

（4）游标卡尺

游标卡尺属于比较精密的锻件量具，只用于冷状态下测量锻件，常用规格有150，200，250和300 mm等。

（5）卡钳

卡钳有内卡钳、外卡钳和双卡钳三种，如图2—73所示。内卡钳用来测量锻件的内孔尺寸；外卡钳用来测量坯料和锻件的外形尺寸；双卡钳用来同时测量锻件的内孔和外形尺寸。常用卡钳主要规格尺寸见表2—16。

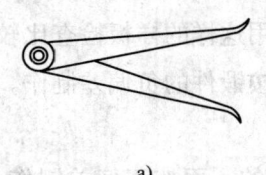 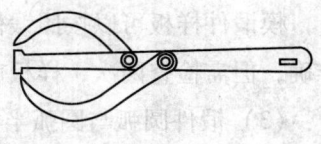

图2—73 卡钳

a）内卡钳　b）外卡钳　c）双卡钳

卡钳的连接处采用铆钉、垫圈铆接而成，铆接时不能铆紧，卡钳杆的孔径应比铆钉直径大 0.5 mm。

表 2—16　　　　　　　　常用卡钳主要规格尺寸　　　　　　　　　　mm

代号	内卡钳	外卡钳	双卡钳
L	150～1 000	150～1 200	250～1 200
l	—	—	200～700
R	—	70～500	100～300
R1	—	—	50～150

（6）样板

样板是一种间接测量工具，一般用薄钢板或硬纸板按照锻件或零件图样制作而成。样板除了在锻造过程中用来控制锻件形状、尺寸外，还可以用来检查锻件。

2．量具的使用规则和保养

（1）热锻件应用卡钳来测量，使用时间要短，不能使其温度过高，测量时不能用力过大，推力过猛，以保证测量准确。

（2）不能用游标卡尺来测量热锻件和粗糙的毛坯，使用后应将其放入盒内。

（3）钢卷尺、木尺不能用于测量热锻件。

3．样板的使用

对于多角、弯曲、形状复杂的锻件，尺寸验收的主要及常用的方法是用样板和局部样板检查。

（1）带机械加工余量的锻件样板

为保证加工尺寸，样板可以按零件图的外形尺寸绘制。这种样板使用时可以直接放在锻件外表面上，直观地看出锻件各部分的加工余量，但余量的数值只能估计。这种样板一般只适用于自由锻件，特别是较大型的自由锻件。

（2）锻件生产批量大、尺寸比较规矩的模锻件样板

模锻件样板可以按照锻件的正、负偏差绘制两套样板，用这样的样板检查比较准确，但需检查两次，样板前部按锻件的正偏差制作，后部按锻件的负偏差制作。

（3）锻件圆弧与圆弧半径的检验样板

锻件圆弧与圆弧半径的检验样板如图 2—74 所示，样板的一面按正偏差制作，另一面按负偏差制作。

（4）锻件内孔检验塞尺与样板

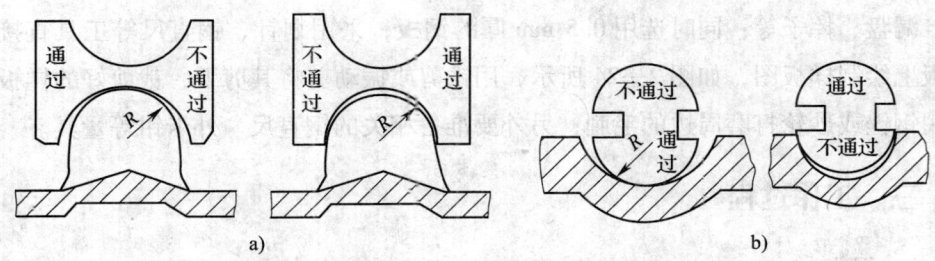

图 2—74 锻件圆弧与圆弧半径的检验样板
a) 外圆弧　b) 内圆弧

当锻件所冲孔有斜度时,可采用如图 2—75a 所示的极限塞尺检验孔径;而如图 2—75b 所示的这种样板则用来检验内孔较大的成批锻件。内孔样板应制成尺寸为 $D+\Delta$ 的不通过样板,D 为锻件的公称尺寸,Δ 为锻件内孔的上偏差。

（5）其余多角、弯曲类锻件

一般在锻件弯曲或多角的投影视图上选用样板。可以选用几个视图投影外形,也可选用一个视图的部分尺寸。

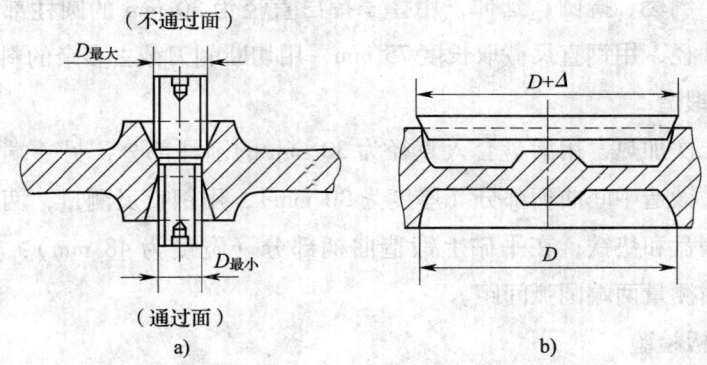

图 2—75 锻件内孔检验塞尺与样板
a) 用极限塞尺检验锻件孔径　b) 用样板检验轮缘半径

技能要求

下面通过典型实例来分析锤锻的工具、模具、量具的使用。

一、工件名称

风动机曲轴,材料为 40Cr 钢,零件质量为 1.5 kg,锻件图如图 2—24 所示。

二、工作任务

根据锻件图,需准备相关工具,主要包括操作用的圆口钳、切断剁刀、三角剁刀、漏盘、摔子等；同时选用 0.5 mm 厚的钢板，采用划针、钢直尺等工具直接在钢板上绘制样板图，如图 2—24 所示，用铁剪或振动剪将其剪下，裁剪好的样板还需用钢锉或砂轮打磨周边的毛刺；另外要准备相关的钢直尺、外卡钳等量具。

三、工作过程

1. 锻方

用圆口钳将加热好的圆形毛坯夹起，在锤上锻成 130 mm × 81 mm × 48 mm 的方形。

2. 切肩

用扁口钳夹持方坯，用三角剁刀在方坯上双向切肩，其长度用钢直尺在方坯上截取 70 mm，在锤上锻长颈部分，倒棱、撼圆、延伸，用摔子摔出直径为 38 mm 的圆柱部分，并用外卡钳检测其外径，用钢直尺检测其长度部分；掉头后用圆口钳夹持长颈部分，用钢直尺在方坯上截取 30 mm，用三角剁刀单向切肩，在锤上锻短颈部分，错移、倒棱、撼圆、延伸，用摔子摔出直径为 30 mm 的圆柱部分，并用外卡钳检测其外径，用钢直尺截取长度 75 mm，用切断剁刀截去多余的料头部分。

3. 局部锻造

将锻件二次加热，用漏盘套入直径为 30 mm 的圆柱部分，另一端放入带有圆孔的垫铁上，锻造中间曲柄部分（厚度为 30 mm），用钢直尺测量，两端形成过渡圆弧；去掉漏盘和垫铁，在平砧上锻造曲柄部分（宽度为 48 mm），用钢直尺测量，用外卡钳测量两端圆弧间距。

4. 用样板检验

锻件锻造完成后，用样板检验两端轴颈是否平行，与中间曲柄部分是否垂直，轴颈长度、曲轴总长度及中间曲柄部分的尺寸是否正确，平视样板周边应可见锻件表面。

四、注意事项

1. 采用钢直尺、外卡钳测量时，在锻件上停留时间不宜过长，以免量具受热变形或烫伤手部。

2. 采用样板检验时，应将锻件平放，放靠样板时应用眼平视样板周边，锻件外表面应均匀可见。

第 2 节 工 件 锻 造

 **学习单元 1　两端带法兰盘的传动轴自由锻造**

 学习目标

➢ 掌握影响锻件加工余量和锻造公差的因素
➢ 了解钢坯、钢锭的缺陷特点，掌握钢坯、钢锭的锻造规范
➢ 掌握锻造温度和锻造工艺过程对锻件内部组织的影响
➢ 能对两端带法兰盘的传动轴的锻件进行自由锻造

 知识要求

一、锻件加工余量和锻造公差

1. 加工余量

自由锻造一般不是制件的最后工序，锻造后需要通过机械加工来达到所需要的零件尺寸，因此，在绘制锻造图时要留有后续机械加工的余量，以保证达到零件所要求的最终尺寸，在锻件图中零件的尺寸加上加工余量就是锻件图的基本尺寸。

2. 锻造公差

由于锻造加工的工件尺寸不可能正好等于锻件的基本尺寸，要有一个允许公差范围，且由于自由锻造工件的尺寸不好控制，公差也较大，一般应根据锻造工艺、锻件形状、尺寸查表确定锻造公差。

3. 影响锻件的加工余量和锻造公差的因素

（1）加热温度

为提高金属的塑性，降低金属变形抗力，使之易于成型，应根据不同的材质确定锻造温度，准确实施给定的加热规范，如加热温度、速度、时间和保温等加热条件，以防止产生过热、过烧等缺陷；另外，加热方法、加热次数对金属表面上产生

的氧化层、脱碳层的大小也会影响锻件的加工余量和锻造公差。

(2) 胎模具的选择

在自由锻造工艺中很多情况下采用胎模锻造，在选择胎模具时应注意型腔尺寸与锻件尺寸的关系，选择摔子闭合后的尺寸应小于锻件轴颈的尺寸，扣模的内径尺寸不能超过锻件的最大外部尺寸，冲子的外径尺寸应与锻件上冲孔的最小内径尺寸相一致。为此，胎模具的选择对锻件的加工余量和锻造公差也有一定影响。

(3) 工艺余块

由于自由锻造是使用简单的工具来成型的，其很多部分很难被锻出，为此，将锻件图上很难锻出的部分添加的一些大于加工余量的金属称为工艺余块。设置工艺余块能使锻造过程变得更容易，但增加锻件的加工余量，会造成材料的浪费。加工余量的具体数值及确定方法可参考有关资料。

(4) 检验样板

检验样板是对锻件进行检验的专用工具，在制作样板时，应根据锻件的形状和锻造公差的范围确定样板的尺寸（上极限尺寸、下极限尺寸、各部分过渡尺寸），故样板尺寸的确定决定锻件的最终尺寸，所以，检验样板对锻件的加工余量有一定影响。

(5) 其他方面

影响锻件加工余量和锻造公差的其他因素见表2—17。

表2—17　　　　影响锻件加工余量和锻造公差的其他因素

影响因素	加工余量和锻造公差的数值	
	小	大
锻件的形状	简单	复杂
锻件的尺寸	小	大
锻件机械加工后零件表面粗糙度	要求低	要求高
原材料种类	钢坯	钢锭
工具的质量	好	差
设备情况	好	差
生产批量	大	小
工人操作水平	高	低
原材料表面质量	好	差
原材料材质	一般钢号	特殊钢号

4. 有关自由锻件加工余量和锻造公差的国家标准

(1) 锤上钢质自由锻件机械加工余量和锻造公差

锤上钢质自由锻件机械加工余量和锻造公差可查阅下列国家标准：

《锤上钢质自由锻件机械加工余量与公差 一般要求》（GB/T 21469—2008）；

《锤上钢质自由锻件机械加工余量与公差 盘、柱、环、筒类》（GB/T 21470—2008）；

《锤上钢质自由锻件机械加工余量与公差 轴类》（GB/T 21471—2008）。

（2）水压机锻件的锻出条件及机械加工余量与锻造公差

水压机锻件的锻出条件及机械加工余量与锻造公差可查阅下列机械行业标准：

《水压机上自由锻件机械加工余量与公差 一般要求》（JB/T 9179.1—1999）；

《水压机上自由锻件机械加工余量与公差 圆轴、方轴和矩形截面类》（JB/T 9179.2—1999）；

《水压机上自由锻件机械加工余量与公差 台阶轴类》（JB/T 9179.3—1999）；

《水压机上自由锻件机械加工余量与公差 圆盘和冲孔类》（JB/T 9179.4—1999）；

《水压机上自由锻件机械加工余量与公差 短圆柱类》（JB/T 9179.5—1999）；

《水压机上自由锻件机械加工余量与公差 模块类》（JB/T 9179.6—1999）；

《水压机上自由锻件机械加工余量与公差 筒体类》（JB/T 9179.7—1999）；

《水压机上自由锻件机械加工余量与公差 圆环类》（JB/T 9179.8—1999）。

二、钢锭和钢坯的缺陷

1. 钢锭

锻造用钢锭是根据锻件的材质和质量要求经过冶炼，浇注在锭模内而得的。锻造用钢锭绝大部分是镇静钢锭，因此其内部气泡、空穴相对较少。

（1）钢锭的结构

钢锭从外部形状上看可分为上部的冒口、中部锭身和底部三部分。

镇静钢钢锭宏观组织如图2—76所示，其表层因冷却较快，为细小晶粒区（又称激冷区），向里为柱状结晶区，而心部则为粗大等轴晶区。在心部上端是气泡和夹杂聚集处，并形成大的缩孔，四周还有疏松（缩松）等，心部底端则沉积一些密度大的夹杂和合金元素。因此，钢锭的上部冒口和底部都要切除。切除部分冒口处占钢锭质量的18%~25%，底部占5%~7%；而合金钢切除部分冒口处占钢锭质量的25%~30%，底部占7%~10%。

（2）钢锭的内部缺陷

钢锭的内部缺陷有偏析、夹杂、气体、气泡、缩孔、疏松、溅疤等。

1）偏析。钢锭内部化学成分和杂质分布的不均匀性叫做偏析。高于钢锭平均成分的称为正偏析，低于钢锭平均成分的称为负偏析。偏析是钢液进行选择结晶和钢锭特有凝固过程的必然产物。一般来说，钢锭尺寸越大，偏析就越严重。偏析可以分为树枝偏析（即显微偏析）和区域偏析（即低倍偏析）两种。

2）夹杂。主要是指冶炼时产生的氧化物、硫化物、硅酸盐等非金属夹杂，非金属夹杂物的主要特征见表2—18。有时也包括浇注系统不洁净、耐火材料质量不良带入的外来夹杂物。夹杂是一种异相质点，它的存在对热锻过程和锻件质量均有不良影响，它破坏金属的连续性，在应力作用下，在夹杂处产生应力集中，会引发显微裂纹，成为锻件疲劳破坏的疲劳源。如低熔点夹杂物过多地分布于晶界上，在锻造时会引起热脆现象。可见，夹杂不利于铸锭的锻造性能和锻后的力学性能。

夹杂按照生成原因的不同可以分为内在夹杂和外来夹杂。内在夹杂是指在冶炼、浇注过程中因化学反应而形成的夹杂物，它是夹杂的主要来源。外来夹杂是指在冶炼、浇注过程中由外界带入的夹杂物（如耐火材料、炉渣碎粒等）。一般它占夹杂总含量的百分之几到30%。

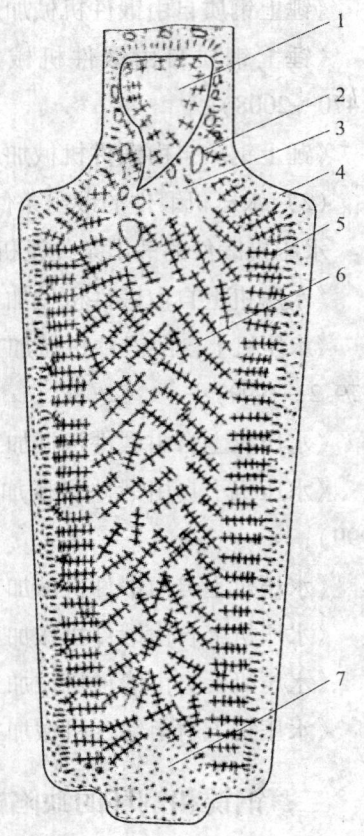

图2—76 镇静钢钢锭宏观组织
1—缩孔 2—气泡 3—疏松
4—表面细晶区 5—柱状晶粒区
6—中心等轴晶区 7—下部锥体

表2—18 非金属夹杂物的主要特征

类别	组成	熔点（℃）	分布状况	锻造塑性
硅酸盐类	$2MnO \cdot SiO_2$ $2FeO \cdot SiO_2$ $(Fe \cdot Mn)SiO_4$ 等	1 300～1 340 1 180～1 380 1 380～1 700	不定	具有可塑性，能够变形，但次于硫化物
硫化物类	FeS MnS $(Fe \cdot Mn)S$ 等	1 170～1 197 1 620	FeS多分布在树枝晶间；MnS多分布在区域偏析处	具有可塑性，容易变形，顺变形方向拉长

续表

类别	组成	熔点（℃）	分布状况	锻造塑性
氧化物类	FeO；(Fe·Mn)O MnO Al_2O_3	1 420 1 780 2 030	FeO 有时沿晶界分布；MnO 与 (Fe·Mn)O 常成群聚集	塑性很低，性脆，不能变形

3）气体。钢锭中总会含有一定量的气体，这是由于在炼钢过程中经常有一些气体（如氢、氧、氮等）通过炉料和炉气溶入钢液。当钢液凝固成钢锭时，这些气体虽然析出一些，但最后在固态钢锭里面仍然还会残存一定量的气体。

其中，氧和氮在钢锭中最终是以氧化物和氮化物的形式存在，形成了钢锭的夹杂。但是，氢在钢锭中最后是以质子状态存在的，也可能形成一部分分子状态的氢和氢化物。

氢是钢锭中危害最大的气体。如果钢锭中的氢含量超过一定极限以后，则锻后冷却过程中在锻件内部会产生白点。除此以外还会产生"氢脆"现象。

4）气泡。它主要产生在钢锭的冒口、底部及中心部位。在切除冒口和底部后，只要气泡不是敞开的或气泡内壁未被氧化，通过锻造可以焊合；否则，在锻造时会产生裂纹。

5）缩孔。它是在最后凝固的冒口区形成的，是由于冷凝结晶时没有钢液补充而形成的孔洞性缺陷组织，同时含有大量杂质，因此必须切除。

6）疏松。它主要集中在钢锭的中心部位，产生的原因与缩孔相同，它使钢锭组织致密度降低，锻造时要求采用大变形才能消除疏松；否则，对锻件的力学性能会产生不良影响。

7）溅疤。当采用上注法浇注时，钢液因冲击模底而飞溅到模壁上，溅珠和钢锭不能凝固成一体，形成溅疤。在锻造前必须铲除溅疤；否则，会在锻件上形成严重的夹层。

综上所述，钢锭的冶金缺陷与冶炼和浇注过程、冷凝结晶条件、钢锭模具设计及耐火材料质量等有关。

2. 钢坯

锻造用钢坯有锻坯和轧坯两种。锻坯是由钢锭开坯后锻制而成的；轧坯则是开坯后经轧制而成的。一般中、小型自由锻件采用方形截面和圆形截面的轧制钢坯，如图 2—77 所示。模锻件除常用的方形截面和圆形截面的轧坯外，也有采用轧制型材的。

经过轧制、挤压和锻造而成的钢材和钢坯常有划痕、折叠、结疤、开裂、非金属夹杂、碳化物偏析、白点等内部、外部缺陷。对于材料表面的外部缺陷,在锻造前应去除,以避免在加热和锻造过程中扩展或残留在锻件表面,降低锻件的质量,甚至使其报废。碳化物偏析、非金属夹杂和白点等材料的内部缺陷会使可锻性变差并降低锻件质量,严重时会导致锻件报废。因此,需要在锻造前加强质量检验,排除不合格材料。

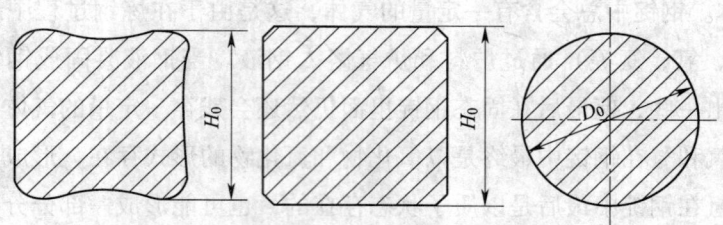

图 2—77　方形截面和圆形截面的轧制钢坯

三、锻造温度对锻件内部组织的影响

锻造前金属的加热是一个重要的工序。其目的是改善金属的塑性,降低变形抗力,以利于金属变形和获得良好的锻后组织。金属在加热过程中,其组织结构、力学性能、热导率和外形尺寸等都会发生一些变化,了解和掌握这些变化规律,采用正确的方法解决加热中出现的问题,制定合理的加热工艺等都具有重要的作用。

1. 加热对钢物理性能的影响

(1) 金属几何尺寸的变化

金属有热胀冷缩的规律,因此,金属在加热时尺寸就要增大,为能正确地控制锻件要求的尺寸,就必须考虑冷却后的尺寸收缩问题。

(2) 金属导热性的变化

金属的导热能力是随着温度的升高而变化的。金属材料的导热性取决于其本身的化学成分、加热温度和加热方法,一般来说,碳钢的含碳量越高,导热性越差;合金钢合金元素的含量越高,导热性越差;合金钢的导热性比碳钢差。

(3) 金属颜色的变化

金属表面颜色的亮度是随着温度的升高而增加的。

2. 加热对钢组织的影响

钢在室温下的组织根据其含碳量的不同而不同,钢在加热时组织发生转变,下面以 45 钢为例说明钢在加热时随温度升高其组织状态的转变情况。

(1) 加热时的状态转变

如图 2—78 所示为铁—渗碳体相图，从图中可知，45 钢为亚共析钢，室温组织为铁素体和珠光体。当加热温度超过 727℃（Ac_1）时，珠光体转变为奥氏体，此时 45 钢由铁素体和奥氏体构成双相组织。当温度继续升高时，铁素体开始溶入奥氏体中。随着温度的升高，奥氏体的量越来越多，直至加热温度超过 Ac_3 时铁素体全部溶于奥氏体中，钢的组织变成单相奥氏体。当温度继续升高，超过 AE 线时固态的奥氏体开始溶化。直至与 AC 线相交时，奥氏体全部熔化成钢液。

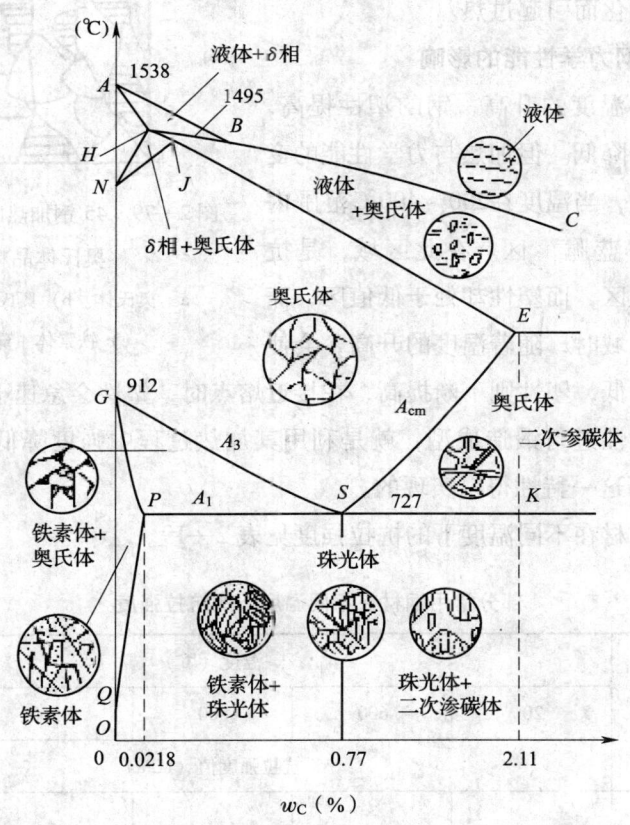

图 2—78 铁—渗碳体相图（钢的部分）

(2) 加热时奥氏体晶粒的长大

钢在加热时不仅发生组织变化，而且晶粒还会长大，如图 2—79 所示为 45 钢加热时组织转变与奥氏体晶粒的变化。当温度升到 Ac_1 时，原组织内珠光体转变为细小的奥氏体晶粒。当温度升到 Ac_3 时，铁素体全部溶入奥氏体，组织全部为细小的奥氏体晶粒。而温度继续升高时，则奥氏体晶粒也随着逐渐长大，长大过程开始时较快，后来渐渐缓慢。奥氏体晶粒的大小与保温时间也存在一定的关系，但如果再延长加热时间，晶粒大小变化就不大了。

加热温度是使奥氏体晶粒长大的主要因素，并且与钢中含碳量和合金元素的含量也有一定关系。一般规律是若含碳量增加，晶粒长大也加快。但合金元素中有的能够抑制晶粒长大，如钨、钛、钼、铌等；有的也会促使晶粒长大，如锰和磷等。所以，锰钢加热时须特别注意防止晶粒粗化而引起过热。

3. 加热对钢力学性能的影响

随着钢加热温度的升高，钢的塑性提高，而强度和硬度会降低。但加热与力学性能的变化并不是均匀的，当温度在200～400℃范围内时，属于钢的"蓝脆"区。在此区域，是抗拉强度的高峰值区，而塑性却处于低值区；而当温度超过此区域时，随着温度的升高，会使钢的抗拉强度降低，塑性则不断提高，在接近熔点时，塑性会急速下降。所以，根据金属材料的塑性进行锻造成型，就是利用其加热过程中强度降低（变形抗力降低）和塑性提高这一特性得以实现的。

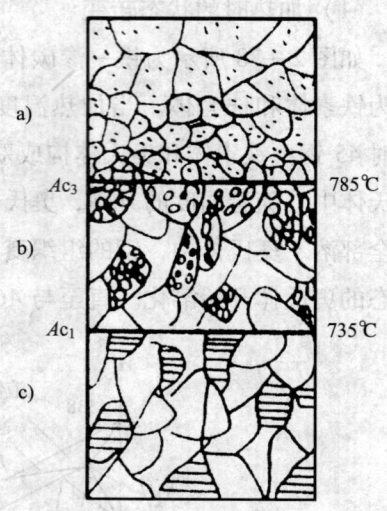

图2—79　45钢加热时组织转变与奥氏体晶粒的变化

a) 奥氏体　b) 奥氏体+铁素体
c) 铁素体+珠光体

部分常用钢材在不同温度下的抗拉强度见表2—19。

表2—19　　　　部分常用钢材在不同温度下的抗拉强度

钢种	钢号	温度（℃）				
		20	600	800	1 000	1 200
		抗拉强度值（MPa）				
碳素结构钢	15	439	126	58	28	14
	30	570	270	100	49	21
	45	600	320	110	51	21
合金结构钢	18CrNiWA	1 220	644	113	49	19
	40Cr	1 000	—	140	60	27
	30CrMnSiA	711	186	74	36	18

续表

钢种	钢号	温度（℃）				
		20	600	800	1 000	1 200
		抗拉强度值（MPa）				
工具钢	T7	637	192	61	31	11
	T12A	600	—	69	24	13
	W18Cr4V	780	347	114	68	21
不锈钢	1Cr13	538	165	66	37	12
	1Cr18Ni9	640	—	122	39	16
	1Cr18Ni9Ti	544	—	186	55	18

四、锻造工艺过程对锻件内部质量的影响

锻造工艺过程是利用金属的塑性变形达到锻制一定形状的金属锻件的目的。金属经过塑性变形后，其性能发生很大的变化。这些性能的变化是由塑性变形后金属内部组织结构发生变化造成的。其性能和组织的变化包括以下几个方面：

1. 塑性变形对金属性能的影响

塑性变形的金属在力学性能方面的变化是造成加工硬化。

加工硬化是指塑性变形的金属随着金属变形程度的增加，强度、硬度显著提高，塑性和韧性变差的现象。如图2—80所示为纯铜和低碳钢产生加工硬化后，随着变形程度的增加，其力学性能变化的情况。

金属材料经过塑性变形后的加工硬化可以提高材料的强度和硬度，因此，可以通过加工变形来提高材料的性能，如冷拉钢丝、冷卷弹簧和拖拉机履带片等，都是利用变形提高其强度、弹性极限、硬度、耐磨性的。但是，在进一步加工时金属的加工硬化也会使它的变形抗力增大，再变形困难，有时甚至断裂。为此，在经过塑性变形后，对工件进行再加工时往往要安排中间退火，通过加热，使其组织改变，消除加工硬化，以便进行下一步加工。

塑性变形后的金属除力学性能变化，产生加工硬化外，其某些物理、化学方面的性能随着变形程度的增加也会发生变化，如电阻值增加，耐腐蚀性降低等。

2. 塑性变形对金属组织的影响

金属受力产生塑性变形，在变形量不太大的情况下，晶粒内出现很明显的滑移痕迹，即滑移带。

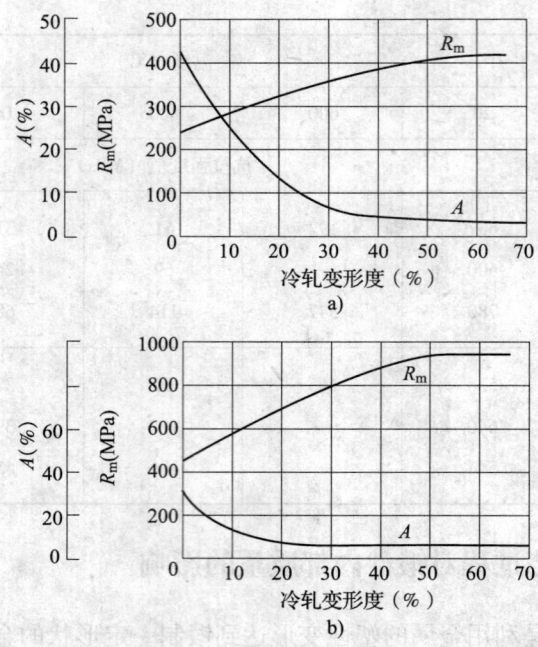

图 2—80 金属材料的加工硬化
a) 纯铜　b) 低碳钢

随着变形量的增加，滑移带也逐渐增多。由于晶粒在变形过程中产生转动并受到晶界的约束，使晶粒逐渐"碎化"成许多位向差很小的小晶块，这种小晶块称为亚晶粒，如图 2—81 所示为亚晶粒结构。从图中可见，在亚晶粒边界上聚集大量的位错，使得晶粒内部存在较严重的晶格畸变。变形量越大，晶粒的破碎程度增大，亚晶粒的边界也增多，位错密度增大，使得亚晶粒被拉长，由于晶粒破碎和被拉长，在亚晶界上位错密度不断增大，使滑移很难继续进行，金属的塑性变形抗力迅速增大，在宏观上就形成"加工硬化"现象。

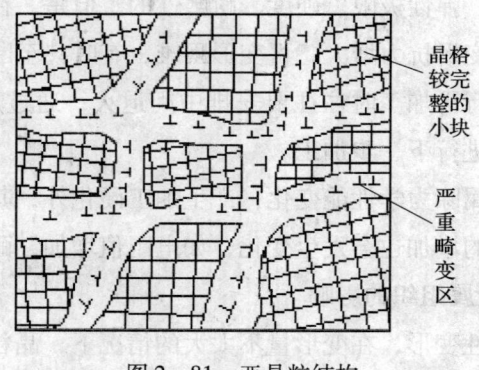

图 2—81 亚晶粒结构

3. 形变织构

在塑性变形量很大时，由于变形过程中的晶粒破碎和被拉长，并伴随晶格位向也沿变形方向出现转动，使它转向与外力相近的方向，尤其是在塑性变形量达到一定程度时（70%~90%），金属多晶体中原来处于任意位向的各个晶粒会逐渐调整其取向而趋于接近一致，即形成"择优取向"现象。这种经择优取向的组织称为形变织构，如图2—82所示。

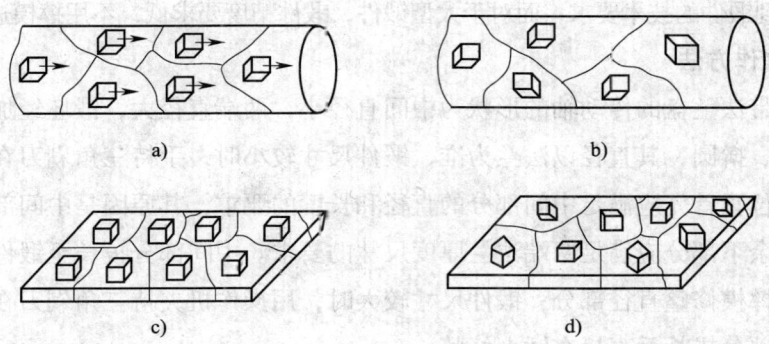

图2—82 形变织构
a）丝织构 b），d）无织构 c）板织构

形变织构组织的出现会使金属性能出现明显的方向性。在某些情况下，利用织构组织可使其性能得到改善。

4. 形变内应力

晶内和晶间的变形不均匀会产生附加的应力，在变形结束后留在晶体内，称为残留应力。残留应力的存在往往使金属的强度降低，有时在零件受到外力时，内、外应力叠加在一起引起应力集中而使材料较易破坏。但如能很好地控制，使残留应力与外加载荷造成的应力互相抵消，就能提高材料的负荷能力，这在实际生产上也有应用。形变内应力的存在会降低金属的耐腐蚀性，使材料加速腐蚀。故金属在塑性变形之后通常要进行退火，以消除或降低这些内应力。

金属材料经过锻造后可以改善组织，提高力学性能。铸态材料经过锻造可使铸态组织的一些缺陷（如气孔、缩孔等）压合，晶粒细化，性能提高。金属材料经过锻造后还应及时进行热处理，消除或降低锻造后在金属内部产生的内应力和加工硬化。

 **技能要求**

下面通过典型实例介绍对两端带法兰盘的传动轴进行锻造的方法。

一、工件名称

两端带法兰盘的传动轴。

1. 工具的选择

锻造传动轴类的锻件时一般常用工具为三角刹刀，摔模的使用应视锻件的大小及锻件精度要求来决定，对于小型锻件，锻件精度要求高时，锤上撵圆后常用摔模进行修整，以达到锻件的技术要求；而对于大型锻件，锻件精度要求低，不用摔模进行修整。

2. 操作方法

两端带法兰盘的传动轴的形状为中间直径小，两端直径大，锻坯经加热后先在锤上拔长、撵圆，其直径以法兰为准，锻件尺寸较小时，手持三角刹刀在锻坯上压痕，压痕位置首先应满足中间部分的直径和长度的要求，其原因是中间部分还要继续拔长，余下部分应满足两端法兰厚度尺寸的要求。中间部分拔长至锻件尺寸要求时，可用摔模修整直径部分；锻件尺寸较大时，用操作机夹持三角刹刀在锻坯上压痕，中间部分拔长后直接在锤上修整。

二、工作任务

锻坯材料：45 钢；

锻件单件质量：1 053 kg；

加热炉：台车式加热炉，加热温度为 800～1 250℃；

批量：单件；

锻件图：如图 2—83 所示为两端带法兰盘的传动轴。

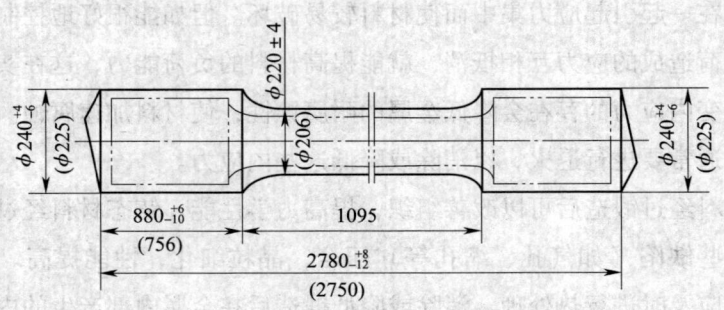

图 2—83　两端带法兰盘的传动轴

三、工作过程

两端带法兰盘的传动轴锻造工艺卡见表 2—20。

表 2—20　　　　　　　　两端带法兰盘的传动轴锻造工艺卡

锻件名称	两端带法兰盘的传动轴
锻件材料	45 钢
锻件质量（kg）	1 053
坯料规格（mm）	$\phi270 \times 1\,840$
锻造设备	5 t 锤

火次	温度（℃）	操作说明	变形简图	设备
1	1 250～800	拔长一端		5 t 锤
2	1 250～800	掉头拔长另一端		5 t 锤
3	1 250～800	压痕		5 t 锤
4	1 250～750	拔出中间凹档后修整到锻件尺寸		5 t 锤

四、注意事项

1. 锻件拔长

两端带法兰盘的传动轴的长度较大，对所选用的毛坯需要进行拔长，在掉头拔长另一端时，应注意中间衔接部分保持平滑过渡，以保证两端拔长直径（$\phi240$ mm）一致。

2. 压痕

两端带法兰盘的传动轴的中间部分与两端直径相差不大，压痕时应注意不宜过深，采用三角剁刀时，其斜刃面朝向中间部分（见表 2—20 中的工艺图），压痕位置应满足拔长后中间部分的直径和长度的要求。

3. 整形

由锻件图可见，该锻件属于较大型锻件，锤上锻造后要进行锻件整形，批量生产可以采用摔模整形，用样板检测，以达到锻件尺寸和精度的要求；单件生产时在锤上修整，边修整边检测，以满足锻件尺寸和精度的要求。

 学习单元2　双拐曲轴、环形和筒形零件的自由锻造

 学习目标

➤ 能对双拐曲轴进行自由锻造
➤ 能对环形和筒形锻件进行自由锻造

 知识要求

一、双拐曲轴锻件的自由锻造

在自由锻造中双拐曲轴一般属于大型锻件，是机械设备中的关键零件，其工作条件和受力情况极为复杂而繁重。因此，这类大型锻件技术条件严格，综合力学性能要求高，并要具有良好的内部组织。这类锻件一般为实心轴，沿其轴线有截面形状和面积的变化，且轴线有多方向弯曲。大型锻件一般用钢锭直接锻成，因此，为保证锻件的质量和性能，必须从钢的冶炼、浇注、热处理以及随后的钢锭加热和锻造层层把关，精心操作，以得到合格的锻件。大型锻件的工艺特点包括以下几个方面：

1. 钢锭质量大

钢锭质量大，其中存有缺陷，如偏析、疏松、气泡、夹杂等较为严重。这与大型锻件质量要求高之间形成矛盾。

2. 锻件尺寸大

锻件尺寸增大，锻造过程中产生各种缺陷的可能性也加大，例如，加热时温度应力、组织应力等很大，加热时间过长引起晶粒粗大，锻造时变形较难延伸到锻件中心等，故一般采用中心压实法锻造。

3. 冷却和热处理

锻后冷却和热处理时，因大型锻件晶粒粗大而不均匀，去氢和消除应力较困难，使锻件冷却和热处理工艺更为复杂。

4. 内部缺陷多

大型锻件内部缺陷多，取样和质量检验困难。

二、环形和筒形锻件的自由锻造

环形和筒形锻件在自由锻造工艺中是比较常见的零件，属于空心类锻件，这类锻件都有中心孔，一般为等壁厚，有时在轴向有台阶，如图2—84所示，这类锻件包括各种圆环、齿圈、轴承环和各种圆筒、缸体、空心轴等，其所采用的基本工序有镦粗、冲孔、扩孔或心轴拔长等；辅助工序和修整工序有倒棱、滚圆、校正等。

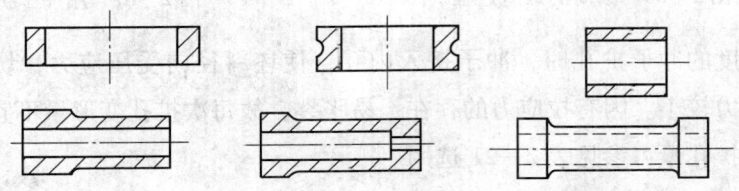

图2—84　空心类锻件

如图2—85所示为圆环的锻造过程，图2—86所示为圆筒的锻造过程。

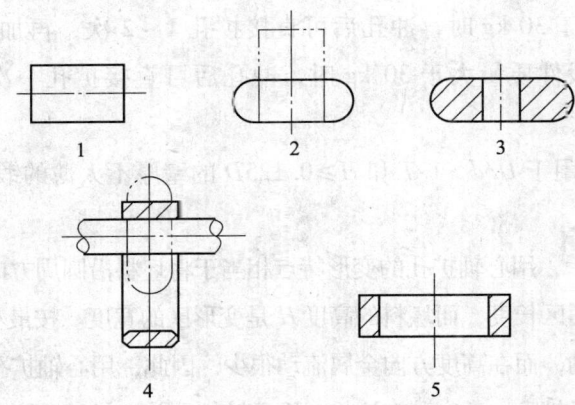

图2—85　圆环的锻造过程

环形锻件的锻造一般是在镦粗和冲孔之后进行的，采用扩孔工序减小空心坯料的壁厚，增加其内、外直径。常用的扩孔方法有用冲子扩孔和用心轴扩孔。

1. 用冲子扩孔

用直径比空心坯料内孔直径大，并带有锥度的冲子进行胀孔称为用冲子扩孔，如图2—87所示。

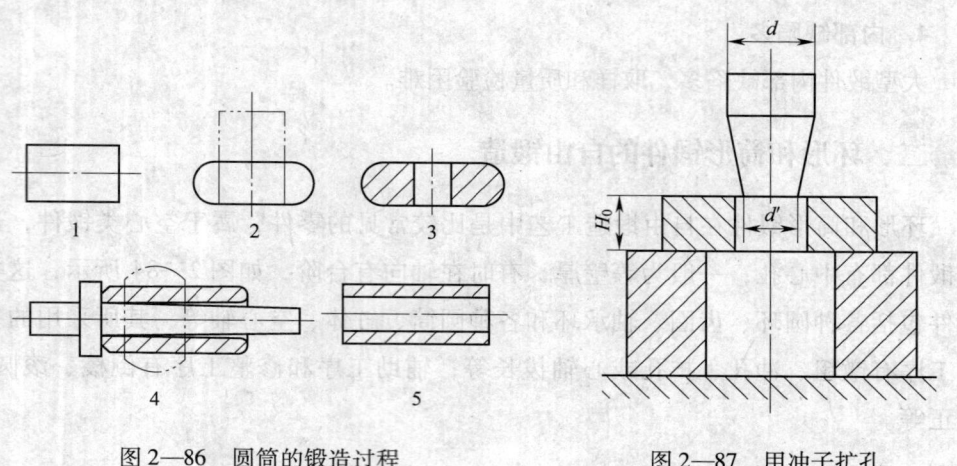

图 2—86 圆筒的锻造过程　　图 2—87 用冲子扩孔

用带锥度的冲子扩孔时,冲子挤入内孔,使坯料径向受压应力,切向受拉应力,轴向受力较小。因有拉应力的存在,易胀裂,故每次扩孔变形量不宜太大,用冲子扩孔的扩孔量可参见表 2—21 选用。

表 2—21　　　　　　　　用冲子扩孔的扩孔量　　　　　　　　　　mm

坯料预冲孔直径	扩孔量	坯料预冲孔直径	扩孔量
30~115	25	120~270	30

在锻件质量小于 30 kg 时,冲孔后可直接扩孔 1~2 次,再加热一火,允许再扩孔 2~3 次。当锻件质量大于 30 kg 时,冲孔后可直接扩孔一次,再加热一火,允许再扩孔 2~3 次。

用冲子扩孔适用于 $D/d > 1.7$ 和 $H \geqslant 0.125D$ 的壁厚不太薄的锻件。

2. 用心轴扩孔

如图 2—88 所示,用心轴扩孔的变形特点相当于将坯料沿圆周方向拔长。坯料与工具的接触弧长是变形区长度,而坯料的高度 H 是变形区的宽度。按最小阻力定律,金属主要沿坯料切向流动,而在高度方向金属流动很少,因此,用心轴扩孔时,随着壁厚的减薄,内、外径同时扩大,高度稍有增加。用心轴扩孔前坯料尺寸按以下方法确定:

(1) 坯料高度 H_0

扩孔后坯料高度略有增加,因此,H_0 应比锻件高度略小,可按下式估算:

$$H_0 = 1.05kH$$

式中　1.05——修正系数;

　　　k——展宽系数,用心轴扩孔展宽系数选择图如图 2—89 所示;

　　　H——锻件高度,mm。

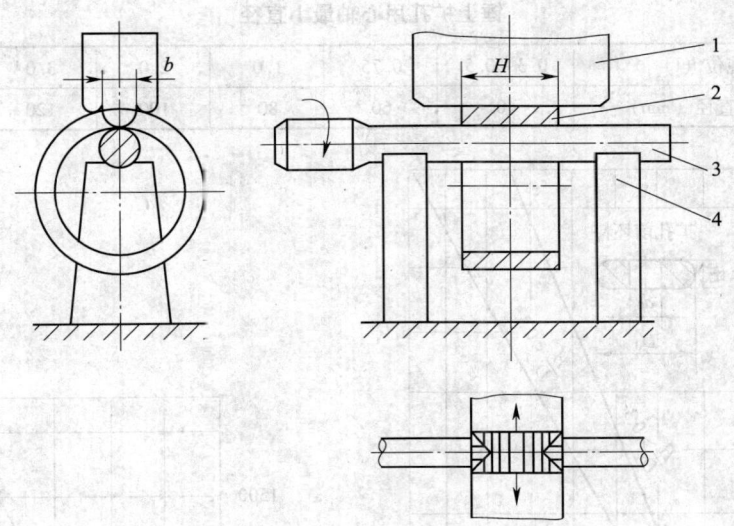

图 2—88 用心轴扩孔
1—扩孔砧子 2—锻件 3—心轴（杠） 4—支架（架）

(2) 坯料外径 D_0

按体积不变定律（不考虑展宽，但应考虑火耗）进行计算：

$$D_0 = 1.13\sqrt{\frac{V_{锻}}{H}}$$

式中 $V_{锻}$——锻件体积，mm^3。

(3) 冲孔直径 d_0

冲孔直径 d_0 按下式计算：

$$d_0 = \frac{1.1}{3}D_0$$

式中 1.1——考虑冲孔芯料和金属烧损的系数。

扩孔用心轴的直径要保证其强度和锻件质量。心轴过细易折断，还会使锻件内壁形成梅花压痕。为获得内壁光滑的锻件，心轴直径应随孔径的扩大而增大，一般可更换三次心轴。锤上扩孔用心轴最小直径可参见表 2—22 选取。水压机上扩孔用心轴最小直径的选择如图 2—90 所示。

用心轴扩孔时应力状态较好，不易产生裂纹，适用于锻造扩孔量大的薄壁环形锻件。

3. 心轴拔长

筒形锻件的锻造一般是在镦粗和冲孔之后，采用心轴拔长工序减小空心坯料外径（壁厚），以增加其长度，如图 2—91 所示。

表 2—22　　　　　　　　　　　锤上扩孔用心轴最小直径

锻锤吨位（t）	0.3~0.5	0.75	1.0	2.0	3.0	5.0
心轴最小直径（mm）	40	60	80	100	120	160

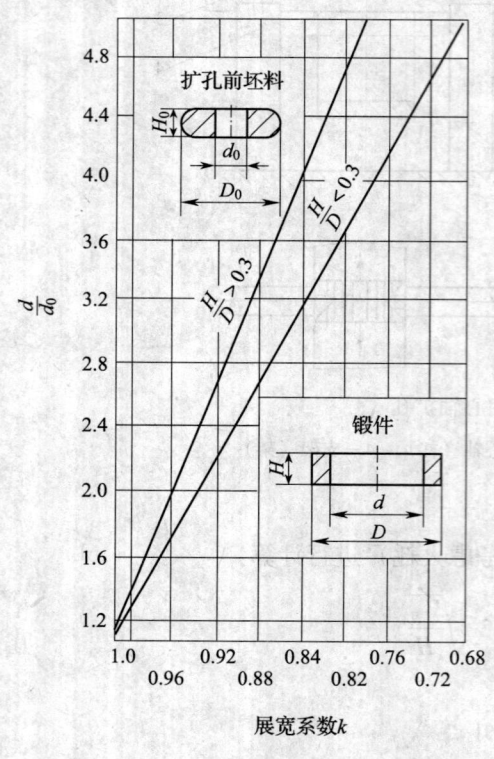

图 2—89　用心轴扩孔展宽系数选择图

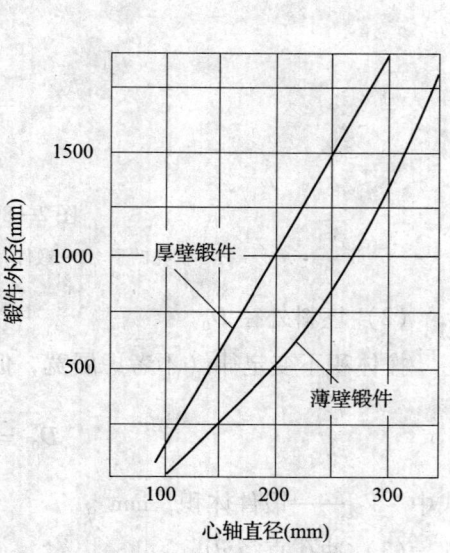

图 2—90　水压机上扩孔用心轴
　　　　　最小直径的选择

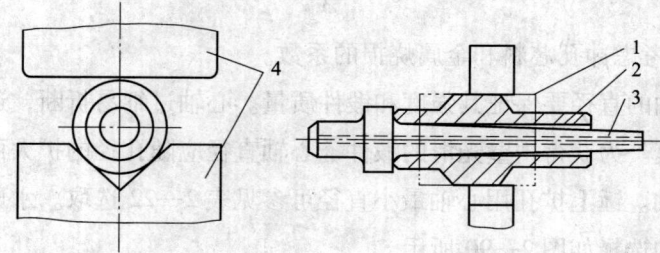

图 2—91　心轴拔长

1—坯料　2—锻件　3—心轴　4—砧子

心轴拔长是拔长工序的类型之一，在拔长时，坯料的内孔、外圆均与工具接触，温度下降较快，摩擦阻力较大，金属流动困难，为增强金属轴向流动，减少径向流动，提高心轴拔长效率，常采取以下措施：

（1）拔长前将心轴预热到150~250℃。

（2）在心轴上加工出1/150~1/100的斜度，表面光滑，拔长时涂上石墨等润滑剂。

（3）用型砧拔长，以提高效率，改善应力状态。

（4）尽可能采用较高的坯料，常取 $H_0 = (0.6 \sim 1) D_0$ 的坯料（H_0 和 D_0 分别为坯料的高度和直径）。

心轴拔长的主要质量问题是：锻件壁厚不均匀，内壁易产生裂纹。为此，要求坯料加热均匀，每次转动的角度和压下量也要均匀。

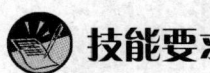 技能要求

一、实例一

1. 工作名称

双拐曲轴自由锻造。

（1）工具的选择

根据双拐曲轴的锻造工艺，需要准备相关工具：摔子、切断剁刀、三角剁刀、垫铁；准备相关量具：卡钳、钢直尺。

（2）操作方法

三角剁刀用于锻坯的分段压肩，切断剁刀用于切断料头，锻坯错移时需用垫铁支撑，精整轴颈时可用摔子摔圆。

2. 工作任务

锻坯材料：45钢；

锻坯单件质量：4.5 t；

加热炉：采用台车式加热炉加热钢锭，加热温度为800~1 200℃；

批量：单件；

锻件图：如图2—92所示为双拐曲轴锻件图。

（1）识读锻件图

从锻件图中看懂锻件的尺寸、加工余量和锻造公差，对技术要求、材质、生产批量、热处理做全面了解和掌握。

（2）原材料的准备

确定选用钢锭的质量及外形尺寸。

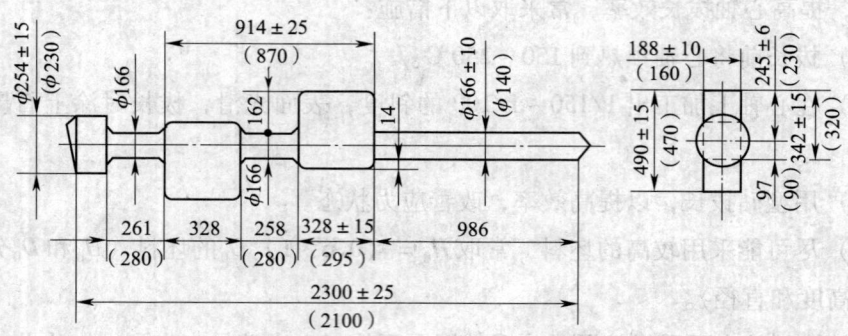

图 2—92 双拐曲轴锻件图

(3) 锻造用工具和量具

按照锻造工艺要求准备相关工具、量具。

3. 工作过程

(1) 加热

对所选用的钢锭采用台车式加热炉加热，加热温度为 800~1 200℃。

(2) 锻造

双拐曲轴自由锻造的锻造工艺卡见表 2—23。

表 2—23　　　　　　双拐曲轴自由锻造的锻造工艺卡

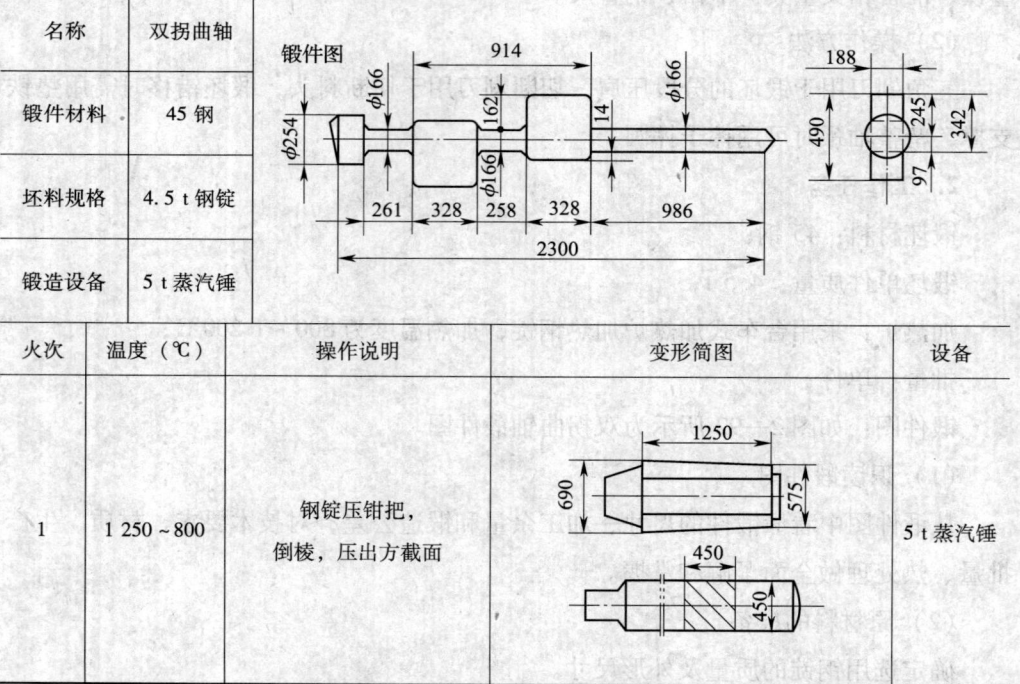

名称	双拐曲轴
锻件材料	45 钢
坯料规格	4.5 t 钢锭
锻造设备	5 t 蒸汽锤

火次	温度（℃）	操作说明	变形简图	设备
1	1 250~800	钢锭压钳把，倒棱，压出方截面		5 t 蒸汽锤

续表

火次	温度（℃）	操作说明	变形简图	设备
2	1 250~800	切底部，压成扁方，压肩	锻法兰用	5 t 蒸汽锤
3	1 250~800	错移，一端拔长，另一端切下余料		5 t 蒸汽锤
4	1 220~750	掉头压肩，拔至对边 270 mm 的八方后再压痕		5 t 蒸汽锤
5	1 220~750	锻出 φ166 mm 的凹档及 φ254 mm 的法兰，修正Ⅰ拐		5 t 蒸汽锤
6	1 220~750	掉头，锻出两拐间轴颈，锻出右端，修正Ⅱ拐，整体校直		5 t 蒸汽锤

4. 注意事项

（1）锻造前应仔细阅读锻件有关技术文件、锻坯材质、加热温度、操作规程。

（2）准备必要的锻造用工具、量具、检具。

（3）注意Ⅰ拐和Ⅱ拐的相对位置，保证各轴颈部分在同一轴线上，必要时可制作样板，用样板检验。

（4）正确选用锻后热处理方法。

二、实例二

1. 工作名称

轮圈自由锻造。

（1）工具的选择

根据轮圈的锻造工艺，需要准备相关工具：冲子、心轴、马架；准备相关量具：卡钳、钢直尺。

（2）操作方法

冲子用于锻坯镦粗后的冲孔或用心轴扩孔前的胀孔，心轴和马架用于锻坯冲孔后的扩孔。

2. 工作任务

锻坯材料：50 钢；

锻坯单件质量：322 kg；

加热炉：采用台车式加热炉加热钢坯，加热温度为 800～1 200℃；

批量：多件；

锻件图：如图 2—93 所示为轮圈锻件图。

（1）识读锻件图

从锻件图中看懂锻件的尺寸、加工余量和锻造公差，对技术要求、材质、生产批量、热处理做全面了解和掌握。

（2）原材料的准备

确定选用钢坯的质量及外形尺寸。

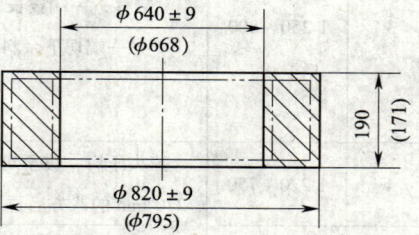

图 2—93 轮圈锻件图

（3）锻造用工具和量具

按照锻造工艺要求准备相关工具、量具。

3. 工作过程

（1）加热

对所选用的钢坯采用台车式加热炉加热，加热温度为 800～1 200℃。

（2）锻造

轮圈自由锻造的锻造工艺卡见表 2—24。

表 2—24　　　　　　轮圈自由锻造的锻造工艺卡

名称	轮圈		
钢号	50		
锻件质量（kg）	298	锻件图	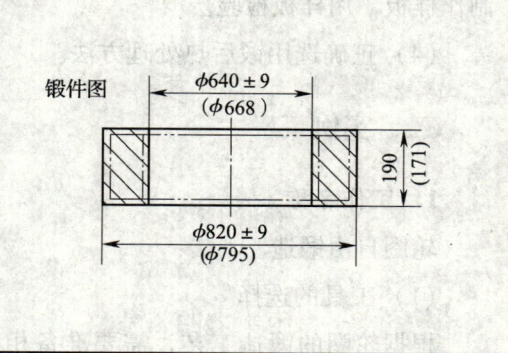
火耗（kg）	11.5		
切头（kg）	—		
芯料（kg）	12.5		
坯料质量（kg）	322		
锻件占总质量（%）	92.5		
坯料规格（mm）	$\phi300 \times 580$		
冷却方法	空冷		

续表

火次	温度（℃）	操作说明	变形简图	设备	工具
1	1 200~800	镦粗、冲孔	φ200, 168	5 t 锤	冲头
2	1 200~800	扩孔		5 t 锤	心轴马架
		平整端面		5 t 锤	平砧

4. 注意事项

（1）锻造前应仔细阅读锻件有关技术文件、锻坯材质、加热温度、操作规程。

（2）准备必要的锻造用工具、量具、检具。

（3）心轴过细易折断，还会使轮圈内壁形成梅花压痕，随着扩孔直径的增大，应注意更换心轴直径，心轴直径可查表2—22确定。

（4）轮圈锻造后应平整，保证两端面平行。

三、实例三

1. 工作名称

氧化反应器筒体自由锻造。

（1）工具的选择

根据氧化反应器筒体的锻造工艺，需要准备相关工具：切断剁刀、心轴、冲子；准备相关量具：卡钳、钢直尺。

（2）操作方法

切断剁刀用于切除钢锭料头，冲子用于锻锭镦粗后的冲孔或用心轴拔长前的胀孔，心轴用于锻件胀孔后的拔长。

2. 工作任务

锻锭材料：24CrMo10 钢；

锻锭单件质量：49 t；

加热炉：采用台车式加热炉加热钢锭，加热温度为 800~1 200℃；

批量：单件；

锻件图：如图2—94所示为氧化反应器筒体锻件图。

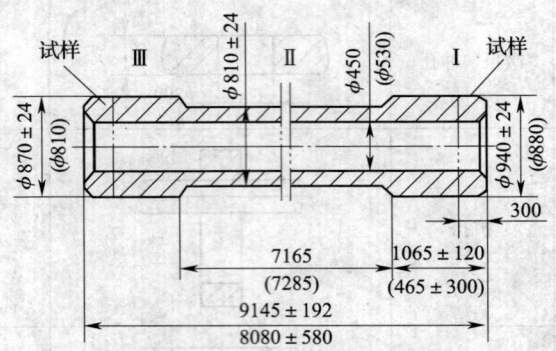

图2—94 氧化反应器筒体锻件图

（1）识读锻件图

从锻件图中看懂锻件的尺寸、加工余量和锻造公差，对技术要求、材质、生产批量、热处理做全面了解和掌握。

（2）原材料的准备

确定选用钢锭的质量及外形尺寸。

（3）锻造用工具和量具

按照锻造工艺要求准备相关工具、量具。

3．工作过程

（1）加热

对所选用的钢锭采用台车式加热炉加热，加热温度为800~1 200℃。

（2）锻造

氧化反应器筒体的锻造工艺卡见表2—25。

表2—25 氧化反应器筒体的锻造工艺卡

名称	氧化反应器筒体
类型	I
钢号	24CrMo10
锻造比	5.1
钢锭质量（t）	49
锻件质量（t）	27.67
锻件占总质量（%）	56.5
每锭钢件数	1

续表

火次	温度（℃）	操作说明	变形简图	设备	工具
		钢锭	φ1455，φ1357，557，2914，322		
1	1 200～800	(1) 压钳把 (2) 倒棱 (3) 拔长 (4) 下料	φ830，φ1360，3050，80	6 000 t 水压机	上平砧 下V形砧 套筒 剁刀
2	1 200～800	(1) 镦粗 (2) 冲孔	冒口向下，φ500，1430，φ1950	6 000 t 水压机	平面镦粗板 冲子 平台
3	1 200～700	在心轴上 拔长～4 000	φ1220，～4000	6 000 t 水压机	上平砧 下V形砧 过水心轴 套筒
4	1 200～700	拔长Ⅰ部 拔长Ⅲ部 拔长Ⅱ部	Ⅲ Ⅱ Ⅰ，φ940，600，～1300； Ⅲ Ⅱ Ⅰ，φ870，～1000； Ⅲ Ⅱ Ⅰ，φ810，915，7165，1065，9145	6 000 t 水压机	上平砧 下V形砧 过水心轴 套筒

4. 注意事项

（1）锻造前应仔细阅读锻件有关技术文件、锻锭材质、加热温度、操作规程。

（2）准备必要的锻造用工具、量具、检具。

（3）注意坯料应加热均匀，锻造时每次转动的角度和压下量要均匀，保证锻件壁厚一致，内壁不产生裂纹。

（4）用心轴拔长时应注意心轴的温度，随时观察循环水的温度，以保证心轴的强度。

学习单元3　自由锻造工具的制作

- ➢掌握自由锻造工具的制作方法
- ➢能制作钳子、錾子和锤子等工具

一、实例一

1. 工件名称

圆嘴钳子。

2. 工作过程

（1）画草图

锻工用圆嘴钳子及锻造过程如图2—95所示。根据圆嘴钳子零件图或实物零件，首先计算或测量长钳体的展开长度、各段长度、截面、弯曲角度、形状及尺寸、中间穿钉孔的大小和位置、钳口圆弧半径，徒手画圆嘴钳子零件草图。

（2）选料

圆嘴钳子选用35钢。

（3）锻造

1）如图2—95b中Ⅱ所示，先在圆棒料的 m 点压槽，再把圆棒料转过90°，并在 n 点压槽，圆棒料从压槽处分为两部分，长的部分做钳腿，短的部分做钳嘴，钳子的两半体一样。

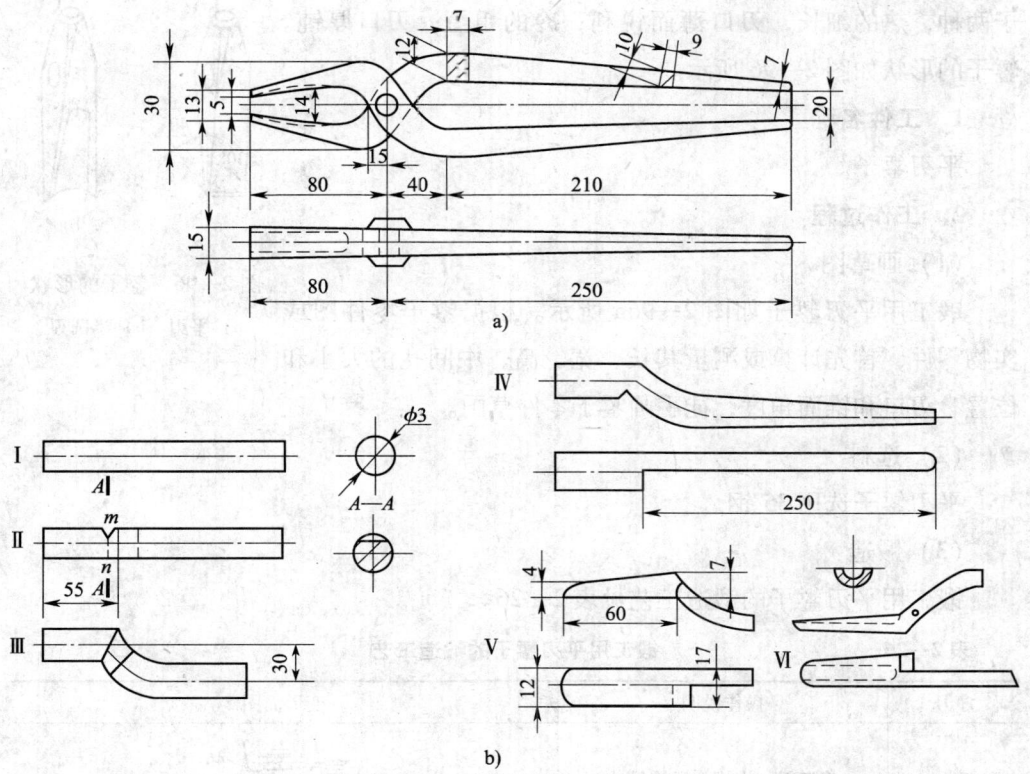

图 2—95 圆嘴钳子及锻造过程
a) 圆嘴钳子 b) 锻造过程

2) 把钳腿部分弯成如图 2—95b 中Ⅲ所示的形状，小钳子在砧面或砧角处弯成。

3) 如图 2—95b 中Ⅳ所示，把钳子腿部拔长。

4) 将钳子两腿部均拔长至同样长以后，再按图 2—95b 中Ⅴ所示把钳嘴部分拔长。

5) 如图 2—95b 中Ⅵ所示，在钳嘴部分打出小圆弧，并冲出钳眼（或用钻床钻出）。

6) 用铆钉将钳子的两半体铆在一起即得到成品。

(4) 热处理

在钳子的两半体铆在一起之前，对钳子的两半体进行低温退火，将钳子的两半体随炉缓慢加热（100～150℃/h）至 500～650℃（在 A_1 以下），经一段时间保温后，随炉缓慢冷却（50～100℃/h）至 200℃以下出炉。

二、实例二

錾子是手工锻造的常用工具，用于切断或去除锻件残留的毛刺，有冷、热錾子两种,热的细长,刃口薄而锐利;冷的粗短,刃口厚钝。錾子的形状如图2—96所示。

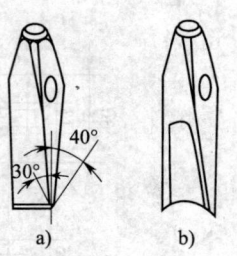

图 2—96 錾子的形状
a) 平刃 b) 半圆刃

1. 工件名称

平刃錾子。

2. 工作过程

(1) 画草图

锻工用平刃錾子如图2—96a所示。根据錾子零件图或实物零件,首先计算或测量其长、宽、高、中间孔的大小和位置、刃口和锥面角度,徒手画錾子零件草图。

(2) 选料

平刃錾子选用35钢。

(3) 锻造

锻工用平刃錾子的锻造工艺见表2—26。

表 2—26　　　　　锻工用平刃錾子的锻造工艺

序号	操作说明	变形简图
1	将坯料一端拔至所需尺寸	
2	冲孔	
3	锻出锥部	
4	将錾子锻成所需的尺寸	
5	切下锻好的錾子	
6	修整錾子边角	
7	磨削錾面和锥端	

（4）热处理

锻工用平刃錾子主要用于切断或去除毛刺，平刃一端应具有一定硬度，采用局部淬火，淬火温度一般选为 Ac_3 + (30~50)℃，冷却介质为盐水，其浓度为 10%~15%；头部一端应具有一定弹性，淬火硬度不易过高，淬火后的平刃錾子还应进行低温回火，回火温度不超过 200℃。

三、实例三

锤子是手工锻造的常用工具，用于单手打击锻件，其形状如图 2—97 所示。

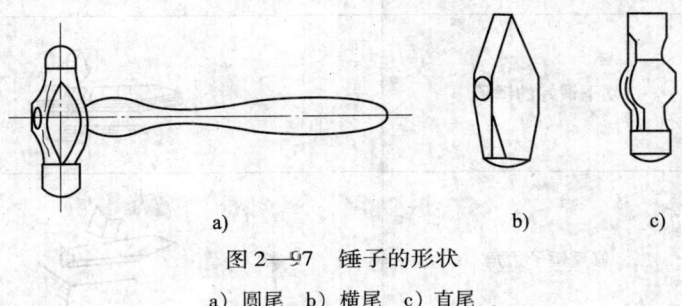

图 2—97 锤子的形状
a) 圆尾　b) 横尾　c) 直尾

1. 工件名称

横尾锤子。

2. 工作过程

（1）画草图

锻工用横尾锤子如图 2—97b 所示。根据锤子零件图或实物零件，首先计算或测量其长、宽、高、中间孔的大小和位置、横尾夹角，徒手画锤子零件草图。

（2）选料

横尾锤子选用 45 钢。

（3）锻造

锻工用横尾锤子的锻造工艺见表 2—27。

表 2—27　　　　　锻工用横尾锤子的锻造工艺

序号	操作说明	变形简图
1	将坯料一端拔至所需的尺寸	45 / 40
2	冲孔	

续表

序号	操作说明	变形简图
3	锻出尖部	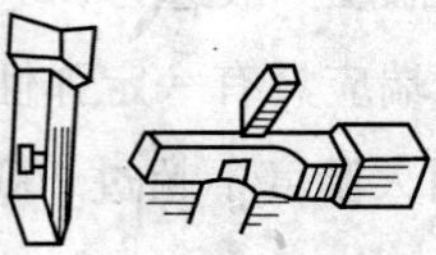
4	将锤子锻成所需的尺寸	
5	切下锻好的锤子	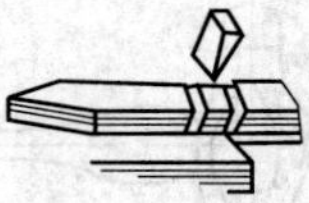
6	修整锤子边角	
7	磨削锤面和尖端	

(4) 热处理

锻工用横尾锤子主要用于手工打击小型锻件，其尾部一端应具有一定硬度，采用局部淬火，淬火温度一般选为 $Ac_3+(30\sim50)$℃，冷却介质为盐水，其浓度为 10%~15%；头部一端应具有一定弹性，淬火硬度不易过高，以防止锤击时锤头崩裂。淬火后的横尾锤子还应进行低温回火，回火温度不超过200℃。

四、注意事项

1. 手工锻造用工具一般不经过机械加工，而是锻后经热处理后直接使用，所以，锻件尺寸就是实际工具尺寸，锻造时应注意随时测量和修整，以达到手工锻造用工具的要求。

2. 手工锻造用工具各部分使用情况不同，其热处理所要求的硬度也不同，应注意正确选用热处理方法。

3. 钳子类工具与锻件接触时间长，易受热变形，故钳口部分锻造厚度不宜过薄。钳腿部分的拔长可以适当长一些，以便于夹持锻件，方便锤上操作。

 **学习单元 4　常用模具钢的自由锻造**

 学习目标

➢ 掌握冷作模具钢的特点，加热、锻造及冷却方法
➢ 掌握热作模具钢的特点，加热、锻造及冷却方法
➢ 掌握热作模具钢和冷作模具钢模具毛坯的锻造操作

 知识要求

一、冷作模具钢自由锻造的特点

1. 冷作模具钢的性能

冷作模具钢是用于制造各种使金属在冷态下变形的模具钢。冷作模具在使用过程中要承受很大的压力、弯曲力、冲击及摩擦，而且冷变形加工后的零件一般不再加工或很少加工，因而模具也要求有较高的尺寸精度、表面质量、表面硬度。冷作模具钢应具有以下性能：

（1）高的硬度

模具的硬度必须高于金属坯料的硬度，才能保证成型过程的顺利进行。

（2）高的耐磨性

高的耐磨性可以保证模具的尺寸精度，延长其使用寿命。而耐磨性不仅与硬度有关，也与马氏体基体上的碳化物形态分布有关。

（3）足够的强度和韧性

足够的强度和韧性可以保证模具在工作过程中不会因承受冲击载荷、弯曲载荷等而发生崩刃或出现裂纹及断裂等现象，从而造成模具报废。

（4）热处理时变形小

热处理时变形小可以保证某些形状复杂、不便于切削加工的模具不会因淬火变形超差而报废。

（5）较高的淬透性

较高的淬透性可使尺寸较大的模具也能达到所需的硬度，而且淬火时可使用冷却较缓慢的冷却介质，从而减小模具淬火时的变形。

2. 常用冷作模具钢

冷作模具钢一般含有较高的含碳量，以保证获得较高的硬度和耐磨性。除在冲击条件下工作的刃口单薄的模具要求钢的含碳量为 0.4%～0.6% 外，其他冷作模具钢的含碳量大多在 0.85% 以上，甚至在 2% 以上。铬、锰、硅等合金元素的加入主要可提高钢的淬透性及强度。钨、钒则可进一步提高钢的耐磨性，并防止加热时产生过热。对于冷挤压模具，如果要求有较高的强度及韧性，则可采用低碳高速钢（W6Mo5Cr4V2）和基体钢（化学成分相当于高速钢正常淬火后基体成分的钢）。

几种常用冷作模具钢的化学成分见表 2—28。

表 2—28　　几种常用冷作模具钢的化学成分　　　　%

钢号	w_C	w_{Si}	w_{Mn}	w_{Cr}	w_{Mo}	w_W	w_V
9Mn2V	0.85～0.95	≤0.40	1.70～2.00	—	—	—	0.10～0.25
9CrWMn	0.85～0.95	≤0.40	0.90～1.20	0.50～0.80	—	0.50～0.80	—
Cr12	2.00～2.30	≤0.40	≤0.40	11.50～13.50	—	—	—
Cr12MoV	1.45～1.70	≤0.40	≤0.40	11.00～12.50	0.40～0.60	—	0.15～0.30
Cr6WV	1.00～1.15	≤0.40	≤0.40	5.50～7.00	—	1.10～1.50	0.50～0.70
Cr4W2MoV	1.12～1.25	0.40～0.70	≤0.40	3.50～4.00	0.80～1.20	1.90～2.60	0.80～1.10
Cr2Mn2SiWMoV	0.95～1.05	0.60～0.90	1.80～2.30	2.30～2.60	0.50～0.80	0.70～1.10	0.10～0.25
6W6Mo5Cr4V	0.55～0.65	≤0.40	≤0.60	3.70～4.30	4.50～5.50	6.00～7.00	0.70～1.10
4CrW2Si	0.35～0.45	0.80～1.10	≤0.40	1.00～1.30	—	2.00～2.50	—
6CrW2Si	0.55～0.65	0.50～0.80	≤0.40	1.00～1.30	—	2.20～2.70	—

3. 常用冷作模具钢的锻后热处理

常用冷作模具钢的锻后热处理规范见表 2—29。

表 2—29　　常用冷作模具钢的锻后热处理规范

钢号	退火		用途举例
	温度（℃）	硬度 HBW	
9Mn2V	750～770	≤229	滚丝模、冷冲模、冷挤压模、塑料模
9CrWMn	760～790	190～230	冷冲模、塑料模
Cr12	870～900	207～255	冷冲模、拉延模、压印模、滚丝模
Cr12MoV	850～870	207～255	冷冲模、压印模、冷镦模、冷挤压软铝零件模、拉延模

续表

钢号	退火		用途举例
	温度（℃）	硬度 HBW	
Cr6WV	830~850	≤229	代替 Cr12MoV 钢
Cr4W2MoV	850~870	240~255	代替 Cr12MoV 钢
Cr2Mn2SiWMoV	840~870	≤269	代替 Cr12MoV 钢
6W6Mo5Cr4V	850~870	179~229	冷挤压模（钢件、硬铝件）
4CrW2Si	710~740	179~217	剪刀、切片冲头
6CrW2Si	700~730	229~285	剪刀、切片冲头

以 Cr12 型钢为例，Cr12 型钢一般多采用等温退火。Cr12MoV 钢的等温退火工艺为：在 850~870℃ 保温 2~4 h，然后在 730~750℃ 等温 6~8 h，炉冷至 500~600℃ 后出炉空冷。退火后的显微组织为粒状索氏体基体上均匀分布着合金碳化物颗粒，退火后硬度为 207~225HBW。

二、热作模具钢自由锻造的特点

1. 热作模具钢的性能

热作模具钢是用以使各种高温下的金属或液态金属获得所需变形的模具钢（如热锻模、热镦模、热挤压模、压铸模等）。热作模具在工作过程中承受着很大的压力和冲击力，并在反复加热和冷却的条件下工作。下面以热锻模为例说明其特点：

（1）高温下能保持较高的力学性能

要求模具在高温下具有足够的强度、韧性、硬度和耐磨性，并要求具有较高的回火稳定性。这种特性俗称"红硬性"，这是热作模具钢的基本要求之一。

（2）良好的耐热疲劳性

锻模在工作中反复升温和降温后，具有抗模具热疲劳及表面出现网状裂纹（龟裂）的性能。

（3）高的淬透性

锻模尺寸较大，为了使其整个截面上性能一致，热作模具钢应有高的淬透性。

（4）良好的导热性

导热性能好，模具所受热量能较快散开，从而使模具表面温度不至于过高。而热镦模及热挤压模在工作时与加热金属的接触时间比热锻模长，模具受热更多，因而要求模具钢有更高的耐热疲劳性和回火稳定性。

2. 常用热作模具钢

热作模具钢一般为中碳钢，其含碳量为 0.3% ~ 0.6%，含碳量过高，塑性、韧性变差，导热性也较差；含碳量过低，则硬度和耐磨性达不到要求。

在热作模具钢中一般还加入铬、硅、锰等元素，以提高钢的淬透性、强度和韧度。为了细化晶粒，提高回火稳定性以及减小回火脆性，还加入钨、铝、钒等元素。常用热作模具钢的化学成分见表 2—30。

表 2—30　　　　　常用热作模具钢的化学成分　　　　　　　　　　%

钢号	w_C	w_{Si}	w_{Mn}	w_{Cr}	w_{Mo}	w_W	w_V	其他
5CrMnMo	0.50 ~ 0.60	0.25 ~ 0.60	1.20 ~ 1.60	0.60 ~ 0.90	0.15 ~ 0.30	—	—	
5CrNiMo	0.50 ~ 0.60	≤0.40	0.50 ~ 0.80	0.50 ~ 0.80	0.15 ~ 0.30	—	—	w_{Ni} = 1.4 ~ 1.8
3Cr2W8V	0.30 ~ 0.40	≤0.40	≤0.40	2.20 ~ 2.70	—	7.50 ~ 9.00	0.20 ~ 0.50	—
4Cr5MoVSi	0.32 ~ 0.42	0.80 ~ 1.20	≤0.40	4.50 ~ 5.50	1.00 ~ 1.50		0.30 ~ 0.50	
3Cr3Mo3V	0.25 ~ 0.35	≤0.50	≤0.50	2.50 ~ 3.50	2.50 ~ 3.50		0.30 ~ 0.60	w_{Ti} = 0.1 ~ 0.2
4Cr3W4Mo2VTiNb	0.37 ~ 0.47	≤0.50	≤0.50	2.50 ~ 3.50	2.00 ~ 3.00	3.50 ~ 4.50	1.00 ~ 1.40	w_{Nb} = 0.1 ~ 0.2
5Cr4W5Mo2V	0.40 ~ 0.50	≤0.40	0.20 ~ 0.60	3.80 ~ 4.50	1.70 ~ 2.30	4.50 ~ 5.30	0.80 ~ 1.20	—

3. 常用热作模具钢的锻后热处理

常用热作模具钢的锻后热处理规范（退火）见表 2—31。

为了消除锻造应力、细化晶粒和降低硬度，5CrMnMo 和 5CrNiMo 钢一般采用的退火工艺为：加热温度为 780 ~ 800℃，保温时间按每毫米模具高度 1.5 min 计算（电炉加热），一般为 4 ~ 7 h，保温后随炉冷却到 500℃ 或以下出炉空冷。退火组织为珠光体和铁素体，硬度为 197 ~ 241HBW。

表 2—31　　　　　常用热作模具钢的锻后热处理规范（退火）

钢号	退火		用途举例
	温度（℃）	硬度 HBW	
5CrMnMo	780 ~ 800	197 ~ 241	中型锻模（模高为 275 ~ 400 mm）
5CrNiMo	780 ~ 800	197 ~ 241	大型锻模（模高大于 400 mm）
3Cr2W8V	830 ~ 850	207 ~ 255	压铸模、精锻或高速锻模、热挤压模
4Cr5MoVSi	840 ~ 900	190 ~ 229	热镦模、压铸模、热挤压模、精锻模
3Cr3Mo3V	845 ~ 900	190 ~ 229	热镦模
4Cr3W4Mo2VTiNb	850 ~ 870	180 ~ 240	热镦模
5Cr4W5Mo2V	850 ~ 870	200 ~ 230	热镦模、温挤压模

 **技能要求**

下面通过典型实例来分析热作模具钢和冷作模具钢模具毛坯的锻造操作。

一、实例一

1. 工件名称

热作模具钢模块。

2. 工作任务

热作模具钢模块是热作模具的坯料，热锻模的尺寸较大，应使其性能尽可能均匀一致。

（1）识读锻件图

从锻件图中看懂锻件的尺寸、加工余量和锻造公差，对技术要求、材质、生产批量、热处理做全面了解和掌握。

（2）原材料的准备

按照热作模具坯料的材质、尺寸大小、生产批量准备原材料（钢锭）。

（3）锻造用工具和量具

按照锻造工艺要求准备相关工具、量具。

3. 工作过程

（1）加热

采用台车式加热炉加热钢锭，加热温度为 800~1 200℃。

（2）锻造

以典型的制造热锻模的 5CrMnMo 和 5CrNiMo 钢为例。5CrMnMo 和 5CrNiMo 等钢虽是经轧制及退火的钢材，但一般锻模的尺寸较大，而大型轧材又具有各向异性，为了使其性能尽可能均匀并得到所需要的尺寸，还必须对钢材进行锻造，锻后缓慢冷却，以防止产生白点。

热锻模的锻造方法有以下两种：

1）钢锭拔长后分段切下坯料，再逐个进行镦粗和精锻。拔长截面尺寸约为成品截面尺寸的 0.8 倍。坯料的镦粗比为 1.8~2.0。镦粗后高度为模块成品长度的 0.7 倍。这种锻造方法的纤维方向较好，切头损失较少，但不能锻造长度超过最短长度尺寸 1.75 倍的模块。

2）钢锭先进行镦粗，然后拔长至比成品截面稍大的尺寸，以补偿切断拉伸的变形量。拔长时可采用宽砧强压拔长或上平砧、下平台的强压拔长，拔长后分段切槽，再精锻至成品尺寸，最后逐个切下成品锻件。这种方法的最大优点是操作方便、快速，不受模块尺寸限制。这种锻造方法的模块锻造工艺卡见表2—32。

表2—32　　　　　　　　　　模块锻造工艺卡

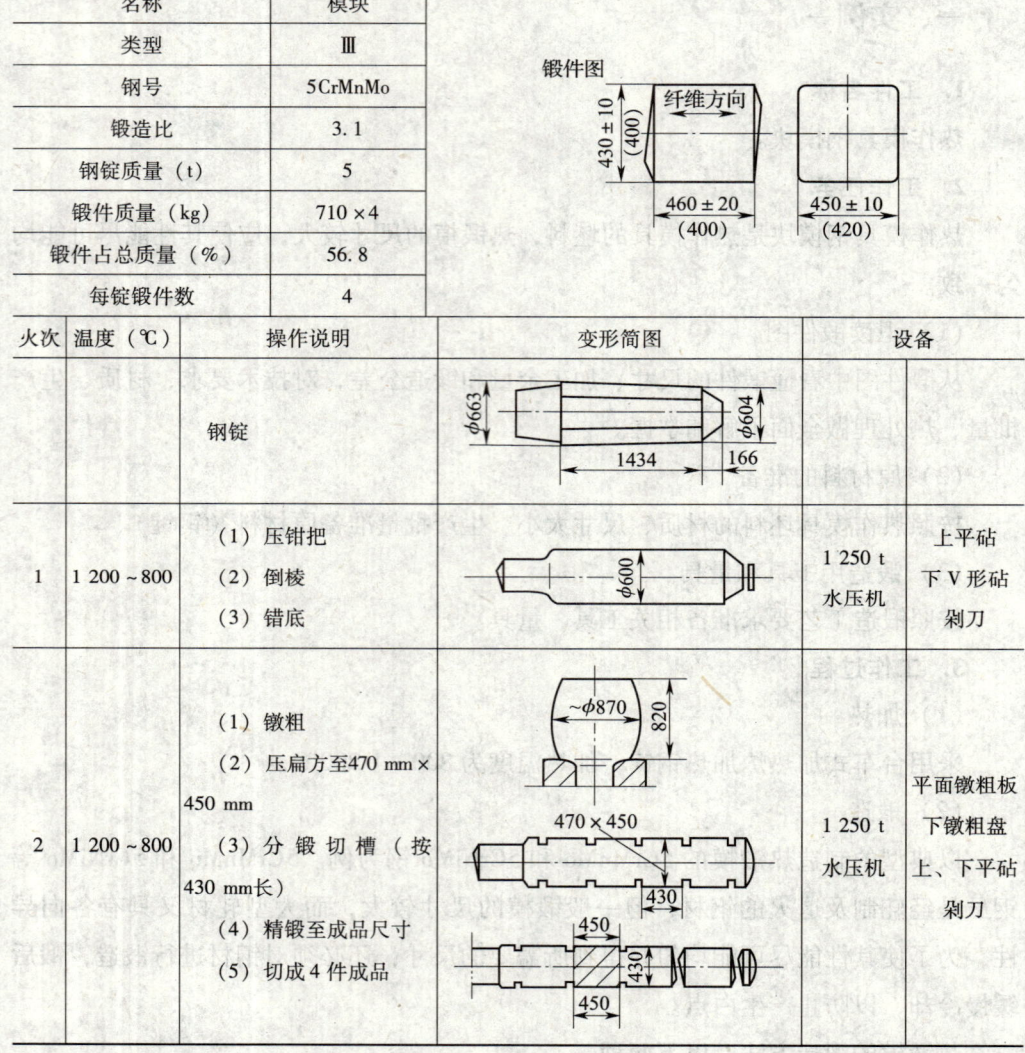

名称	模块
类型	Ⅲ
钢号	5CrMnMo
锻造比	3.1
钢锭质量（t）	5
锻件质量（kg）	710×4
锻件占总质量（%）	56.8
每锭锻件数	4

火次	温度（℃）	操作说明	变形简图	设备
1	1 200~800	钢锭 （1）压钳把 （2）倒棱 （3）错底		1 250 t 水压机 上平砧 下V形砧 剁刀
2	1 200~800	（1）镦粗 （2）压扁方至470 mm×450 mm （3）分锻切槽（按430 mm长） （4）精锻至成品尺寸 （5）切成4件成品		1 250 t 水压机 平面镦粗板 下镦粗盘 上、下平砧 剁刀

模块锻造比应不低于3。锻后热态送往炉内进行等温退火，以使组织均匀，消除层片状结构缺陷。

4．注意事项

（1）钢锭拔长并压扁方后，应在扁方上、下两面切槽，切槽位置上下应一致。

（2）沿切槽位置切断时，应上、下两面分别进行，先切上面，切断剁刀深度大于扁方高度的一半，翻转钢锭再切下面，直到切断为止。

(3) 切断下来的模块需要在锤上进行修整，以保证锻件尺寸正确、形状规整。

(4) 模块锤后热处理时应尽可能一炉进行，既保证模块质量，又节省能源。

二、实例二

1. 工作名称

冷作模具钢模具毛坯，其外形尺寸为 30 mm × 140 mm × 220 mm，材料为 Cr12 钢。

锻件尺寸为 36 mm × 145 mm × 225 mm，其锻件图如图 2—98 所示。

2. 工作任务

(1) 识读锻件图

从锻件图中看懂锻件的尺寸、锻造公差，对技术要求、材质、生产批量、热处理做全面了解和掌握。

(2) 原材料的准备

按照冷作模具坯料的材质、尺寸大小、生产批量准备原材料（型材或钢坯）。

(3) 锻造用工具和量具

按照锻造工艺要求准备相关工具、量具。

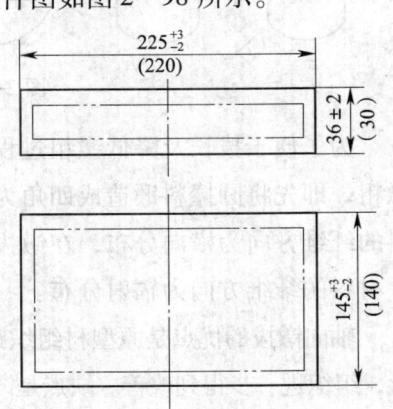

图 2—98　冷作模具钢模具毛坯锻件图

(4) 选择锻造设备

根据锻件体积的大小选择 750 kg 或 1 t 锻锤。

3. 工作过程

(1) 加热

坯料选用型材，用电炉加热，加热温度为 850～1 100℃。

(2) 锻造

以常用的 Cr12 型冷作模具钢为例进行介绍。

Cr12 型钢属于莱氏体钢，铸态下有网状的共晶碳化物。因此，需要经过充分的压力加工将共晶碳化物打碎，并使其均匀分布。由于 Cr12 型钢中含有数量较多的碳化物，虽经轧制，碳化物分布仍不均匀，多呈带状分布，从而导致力学性能的各向异性，引起热处理时模具的变形或开裂。因此，在制造模具时，特别对要求高的复杂模具，必须先将钢料进行反复镦粗、拔长，以消除碳化物的不均匀性。技术要求：锻件退火后硬度为 207～225HBW；碳化物不均匀度为 3～4 级。

其加热温度为 800～900℃，预热 90 min，然后加热到 1 100℃，加热时间为

5 min。始锻温度不超过 1 050℃，终锻温度为 850~900℃，锻后随即将其放入石棉灰（或干沙子）箱中缓慢冷却至 100~150℃，再取出空冷。

冷作模具钢锻件的锻造方式主要有三种，即轴向镦拔、横向镦拔和多向镦拔。

1）轴向镦拔。轴向镦拔又称纵向镦拔、单向镦拔或不变向镦拔，它是沿着钢材的轴向进行不变换方向的往复镦粗和拔长，每次镦拔的过程如图 2—99 所示。

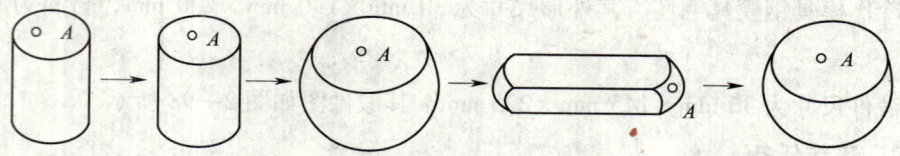

图 2—99 轴向镦拔的过程

为了便于拔长及降低镦粗过程中侧面开裂倾向，对于合金钢锻件广泛采用方柱镦粗，即先将圆棒料锻造成四角为圆弧状的方柱体，再进行镦粗。如果要求锻件材料的纤维方向为横向分布，在镦拔后应进行换向锻造。如果锻件是镦粗锻压，则锻件材料的纤维方向为辐射分布。

轴向镦拔的优点是原型材组织最致密的表面层在锻造过程中受到剧烈的锤击和变形，组织进一步得到改善。缺点是锻件端面开裂倾向大，又是锻件组织最差的部位。轴向镦拔适用于工作表面沿圆周分布的模具零件，如圆盘剪刀和滚丝轮类的零件等。

2）横向镦拔。横向镦拔又称径向镦拔，它是将钢料进行轴向镦拔之后，转 90°方向沿垂直于纤维方向的多次镦拔，最终在镦粗或拔长状态下进行整形。横向镦拔的过程如图 2—100 所示。

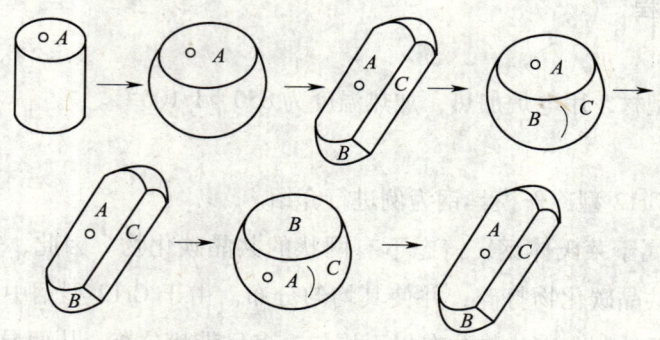

图 2—100 横向镦拔的过程

横向镦拔的优点是拔长时端面开裂倾向小，钢材最致密、塑性最好的表面始终处于拔长时的端面；纤维方向呈横向分布，锻件端面组织致密；锻件心部组织改善的效果好；锻造操作方便，有利于采用大镦粗比。横向镦拔的主要缺点是原钢材心部纤维流向为横向，锻件外圆组织不均匀；纤维方向不易掌握。它主要适用于冷镦模、冷挤压模以及工作型腔以及刃口在端面和中心处的凸模。不适用于工作部位在圆周的以及要求淬火微变形的精密模具。

3）多向镦拔。多向镦拔又称三向墩拔，它综合了轴向镦拔及横向镦拔的特点，对原棒料从三个方向轮番进行反复镦拔。常见的多向镦拔的过程如图2—101所示。

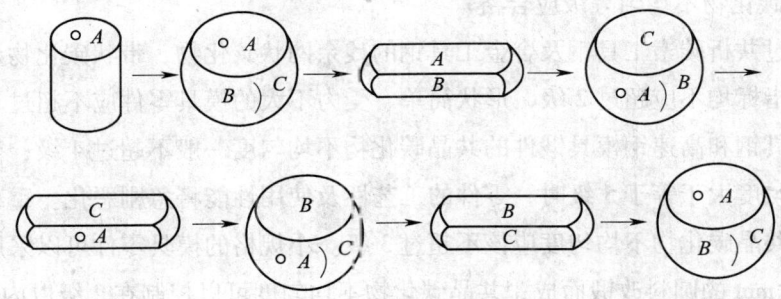

图2—101 多向镦拔的过程

多向镦拔是获得优质锻件坯料的一种常用锻造方法。它的特点是锻造变形均匀，容易锻透，组织得到全面改善，碳化物细碎。

冷作模具钢模具毛坯的锻造工艺见表2—33。

表2—33　　　冷作模具钢模具毛坯的锻造工艺

火次	操作说明	变形简图
1	镦粗、拔长一次	(φ220、φ105、200)
2	镦粗、拔长两次	
3	镦粗、拔长两次	(105、200)
4	镦粗、拔长两次	(105、200)
5	镦粗、拔长一次后按锻件图的要求成型	参考锻件图（见图2—98）

4. 注意事项

（1）锻件的特征

锻件的形状、尺寸应符合锻件图，机械加工余量应符合规定要求。

（2）锻件的表面质量

锻件的表面裂纹、折叠等缺陷及脱碳层深度应控制在机械加工余量的 1/3 以下。

（3）碳化物不均匀等级应合格

对于过共析碳素工具钢及合金工具钢的残余网状碳化物、带状碳化物及碳化物偏析三项指标均不应超过 2 级，形状简单、受力不大的模具零件应不超过 3 级。高碳高铬工具钢和高速钢模具锻件的共晶碳化物不均匀度一般不超过 4 级；当共晶碳化物不均匀度大于等于 5 级时，零件的工艺性及使用性能将急剧恶化。重载模具零件的锻件共晶碳化物不均匀度应该不超过 3 级。小规格的模具零件可以采用直径大于等于 40 mm 的圆料改锻而成，共晶碳化物不均匀度可以控制在 2 级以内。

（4）纤维方向的合理分布及钢材表面层的正确配置

圆棒料的表面层组织比较致密，越向中心组织越差，圆棒料锯割下料后两端面相当于心部组织，其力学性能差。因此，应将圆棒料的表面层配置在工作面上。锻造时，应避免圆棒料的端面置于工作型腔处。对于型腔尺寸要求严格，淬火后不再加工的精密模具零件，其纤维方向应以淬火变形小而均匀为主，锻件的纤维方向应平行于型腔的短轴，如图 2—102a 所示；或纤维方向垂直于型腔端面呈辐状放射分布，如图 2—102b 所示；最佳的纤维方向为无定向分布，如图 2—102c、d 所示，这种情况不仅各方向淬火变形量接近一致，便于控制，而且力学性能和耐磨性也达到较高的水平。

如图 2—102 所示为模具零件材料纤维方向的分布情况。

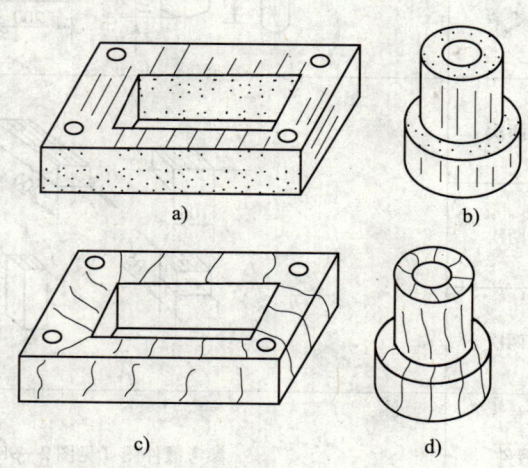

图 2—102　模具零件材料纤维方向的分布情况

对于重载模具或淬火后再进行尺寸加工的模具，其纤维方向应与最大拉应力方向平行，或者纤维方向在型腔部位不间断。

（5）锻件硬度及金相组织应达到要求

锻件在锻造之后应及时进行球化退火等热处理，以消除锻件内残留的片状碳化物，形成有利于提高强韧性和改善冷、热加工工艺性的球化组织。一般锻件在退火后磨去脱碳层，检查布氏硬度，精密复杂和重载模具还应检查金相组织。

第 3 章

模锻

第 1 节　工艺及工具的准备

 学习单元 1　模锻工艺

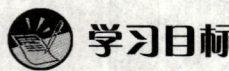 **学习目标**

➢ 了解锻件图的识图知识
➢ 掌握模锻件草图的绘制知识
➢ 能够识读连杆类锻件图
➢ 能够绘制连杆类模锻件检验样板草图
➢ 能够对模锻件进行工时和用料的计算

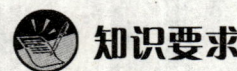 **知识要求**

一、锻件图

1. 锻件图的作用

锻件图是确定模锻件生产过程、制定工艺规范、设计锻模、检验锻件及制造锻模的依据，是模锻最重要的基本技术文件之一。锻件图分为冷锻件图和热锻件图。冷锻件图（即通常所称的"锻件图"）是供最终检验冷态锻件成品是否合格的技术文件。热锻件图就是终锻模膛图（两者一凸一凹），供制造和检验终锻模膛使用，所以又称"制模用锻件图"。

2. 制定锻件图

制定锻件图主要包括以下具体内容：

(1) 确定锻件的分模位置。

(2) 确定敷料、余量和公差。

(3) 确定模锻斜度。

(4) 确定圆角半径。

(5) 确定冲孔连皮。

(6) 绘制锻件图并确定锻件的技术条件。

3. 确定分模位置的要求

模锻件是在可分的模膛中成型的，组成模具型腔的各模块的分合面称为分模面；分模面与锻件表面的交线称为锻件的分模线。分模线是模锻件最重要、最基本的结构要素。

确定分模位置最基本的原则是：保证锻件形状尽可能与模膛形状相同，使锻件容易从锻模模膛中取出；此外，应争取以镦粗方式充填成型。因此，锻件的分模位置应选在具有最大水平投影尺寸的位置上，锻件图分模位置的设计见表3—1，为了提高锻件质量和生产过程的稳定性，在满足上述分模原则的基础上，确定开式模锻件的分模位置还应考虑以下要求：

(1) 为了便于发现上模和下模在模锻过程中的错移，锻件分模位置应选在锻件侧面的中部，如图3—1所示的 $A—A$ 线。而不应当选在 $B—B$ 线或 $C—C$ 线上。

(2) 为使锻模结构尽量简单，并防止上模和下模错移，确定锻件分模位置时应尽可能采用直线分模，如图3—2b所示，而不宜选用图3—2c所示的形式。

(3) 头部尺寸较大的长轴类锻件不宜用直线分模。为使尖角处能充满，应以折线分模，使上模和下模模膛深度大致相等。

(4) 为便于锻件切边模和锻模的制造，同时也为了节约金属材料，当圆饼类锻件的 $\frac{H}{D} \leq 3$ 时，则无论是在锻锤上锻造还是在曲柄压力机或螺旋压力机上锻造，都应考虑径向分模（见图3—3a），而不采用轴向分模（见图3—3b）。因为径向分模的锻模的模膛可车削而成，生产效率高，省工时，而且切边模刃口形状简单，制造方便。径向分模还可以锻出内腔，节约金属。但当 H/D 较大时，锤上模锻显然不能再考虑径向分模。因为若仍采用径向分模，则出模困难，模具高度尺寸太大，使得锻锤打击能量下降。

表 3—1　　　　　　　　　　锻件图分模位置的设计

分模形式	锻件 1	锻件 2	锻件 3
锤模锻分模			
胎模锻分模		镦一头 / 镦另一头 / 两半模	两半模

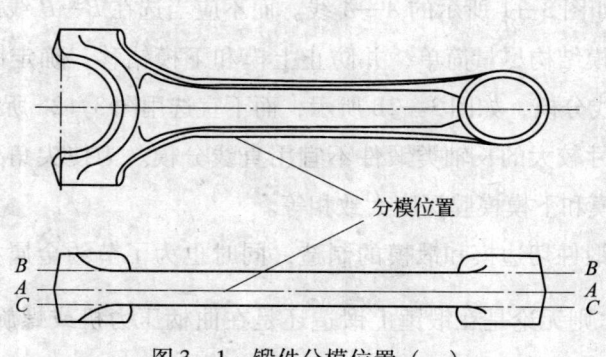

图 3—1　锻件分模位置（一）

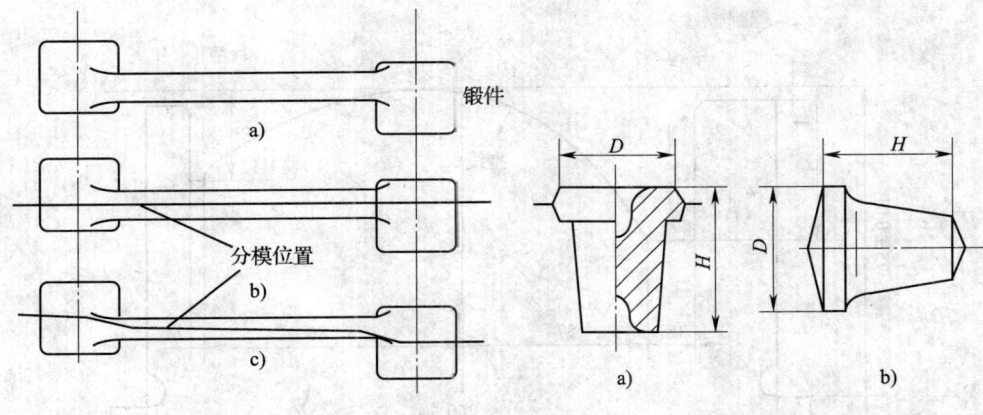

图3—2 锻件分模位置（二）　　图3—3 H/D 比值不同时分模线的选择
　　　　　　　　　　　　　　　　　a）径向分模 b）轴向分模

（5）对于金属流线方向有要求的锻件，为避免纤维组织被切断，应尽可能沿锻件截面外形分模，如图3—4 所示。同时，还应考虑锻件工作时的受力情况，应使纤维组织与剪应力方向相垂直。

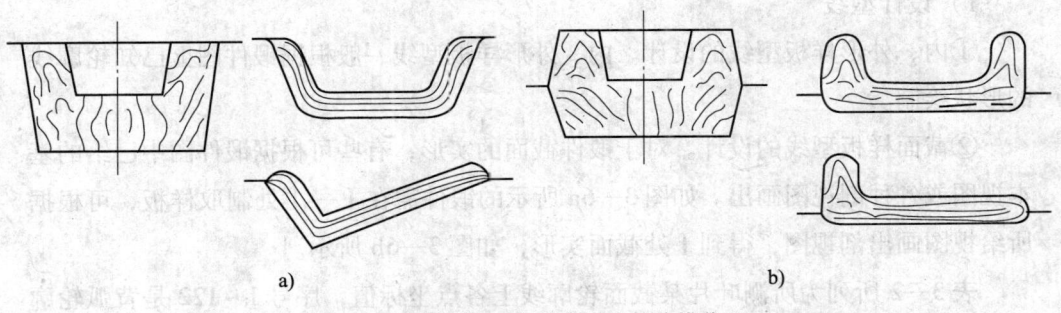

图3—4 有流线方向要求的锻件分模位置
a）正确 b）不正确

二、模锻件检验样板

1. 检验样板草图的绘制

（1）模锻件检验样板草图的绘制依据

作为用来检查锻件的样板，其设计依据是锻件图及通用或专用测具架。其中样板型线部分依据锻件图设计，样板外廓结构根据测具架设计。如图3—5 所示为模锻件截面样板，其型线部分与锻件相应截面轮廓线一一对应画出，外廓结构（如尺寸 $260_{-0.05}^{0}$，75 ± 0.01 和 20 mm 等）均根据测具架的结构设计。

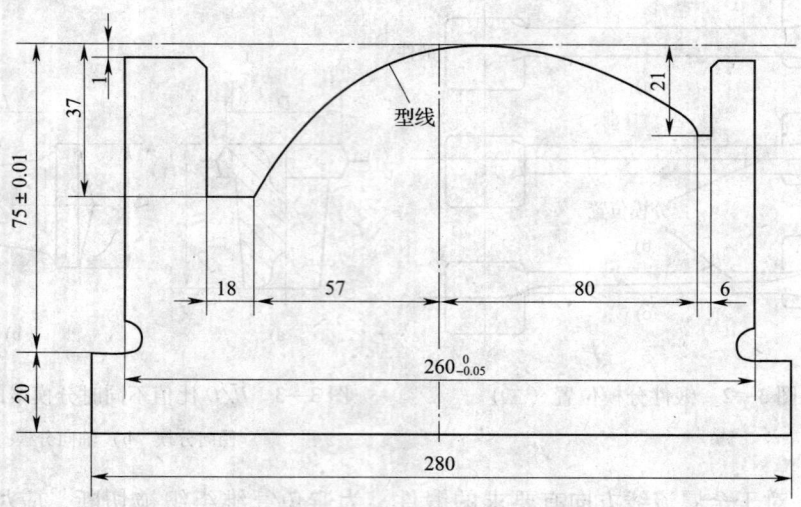

图 3—5 模锻件截面样板

（2）样板图的设计与绘制

1）设计型线

①内、外形样板型线的设计。内、外形样板型线一般根据锻件图上已知轮廓线的形状绘制。

②截面样板型线的设计。对于锻件截面的实形，有些可根据锻件图中已给的基本视图或各种剖视图画出。如图 3—6a 所示的锻件需在 I—I 处制取样板，可根据所给视图画出剖视图，得到 I 处截面实形，如图 3—6b 所示。

表 3—2 所列为所测叶片某截面轮廓线上各点坐标值，序号 1～122 是背弧轮廓线上的点，其余为内弧轮廓线上的点（仅选登了序号 123～153 的 31 个点）。根据截面轮廓线各点坐标值所画出的截面实形如图 3—7 所示。图中仅注出了第 1 点和第 153 点的坐标值及其位置，另外，图上 3 mm 与 5 mm 间隔的细实线为叶片进、排气边缘余量。$x'y'$ 坐标系为零件坐标系统，xy 坐标系为锻件坐标系统。按照这些截面实形的外轮廓线，即可对应画出样板型线。

在具体绘制样板型线时，考虑到大多数截面均为封闭的双向测量截面，这时应以基准线（一般仍为分型面上的线）为界，将截面轮廓线分为两部分，分别绘制型线，使之成为同一截面上的一组样板。如图 3—8 所示，A 为某截面实形，以基准线为界将轮廓线分为 I 和 II 两部分，可将 I 定义为外轮廓线，II 定义为内轮廓线。B 是依据截面外轮廓线画出的截面外形样板，C 是按截面内轮廓线画出的截面

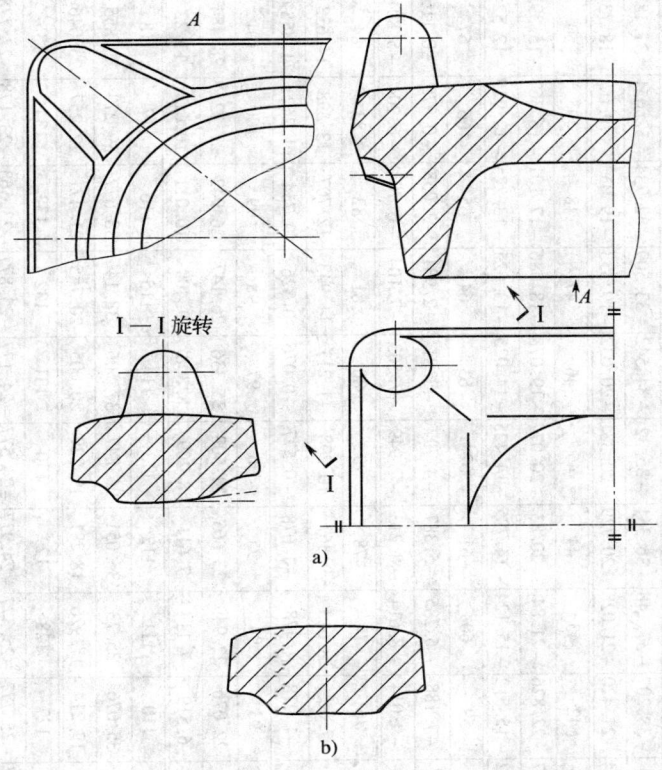

图 3—6 按锻件图画出所取截面的实形

内形样板,内、外型线以基准线为界分别画在两块样板上。对板主要用于检查样板的基准和型线。母板与样板型线的制取方向相同,画法一样,一般可不另行设计。

样板、对板和母板型线之间的关系如图 3—9 所示。画图时应根据被测截面轮廓线对合设计样板型线,再根据被测截面轮廓线按外形样板画出对板型线(即与样板型线对合)。母板型线与被测截面轮廓线对合画出(即与对板型线对合)。

2)设计外形结构。如图 3—10 所示,设计对板外形结构时主要考虑基准部分的结构,对板水平与垂直方向的基准相对应,并规定垂直方向以一端为基准画出凸台结构。如图 3—10 所示检验样板型线 mn 时,若某处漏光度超差,可不动样板型线,仅修改基准平面即可。

表3—2 叶片某截面轮廓线各点坐标值

序号	1	2	3	4	5	6	7	8	9	10	11	12	13	14	15	16	17
y	-61.135	-60.15	-59.224	-58.298	-57.373	-56.142	-55.221	-54.301	-53.384	-52.47	-51.559	-50.349	-49.446	-48.547	-47.653	-46.764	-45.879
x	-29.171	-28.852	-28.552	-28.252	-27.952	-27.551	-27.251	-26.951	-26.651	-26.35	-26.05	-25.65	-25.349	-25.049	-24.748	-24.448	-24.147
序号	18	19	20	21	22	23	24	25	26	27	28	29	30	31	32	33	34
y	-44.709	-43.838	-42.973	-42.1	-41.091	-40.095	-39.01	-38.207	-37.148	-36.361	-35.32	-34.542	-33.509	-32.734	-32.051	-31.187	-30.145
x	-23.973	-23.445	-23.145	-22.815	-22.481	-22.121	-21.724	-21.420	-21.028	-20.729	-20.331	-20.032	-19.333	-19.033	-19.07	-18.737	-18.336
序号	35	36	37	38	39	40	41	42	43	44	45	46	47	48	49	50	51
y	-29.363	-28.319	-27.276	-26.495	-25.456	-24.679	-23.647	-22.826	-21.84	-20.83	-20.077	-19.078	-18.086	-17.101	-16.367	-15.395	-14.429
x	-18.030	-17.635	-17.235	-16.934	-16.534	-16.233	-15.832	-15.512	-15.124	-14.725	-14.425	-14.025	-13.625	-13.225	-12.925	-12.524	-12.124
序号	52	53	54	55	56	57	58	59	60	61	62	63	64	65	66	67	68
y	-13.762	-12.734	-11.794	-10.86	-9.933	-9.012	-8.097	-7.188	-6.285	-5.387	-4.797	-3.81	-2.931	-2.058	-0.975	-0.116	-0.736
x	-11.845	-11.412	-11.013	-10.614	-10.214	-9.814	-9.414	-9.014	-8.614	-8.213	-7.949	-7.503	-7.104	-6.704	-6.204	-5.804	-5.403
序号	69	70	71	72	73	74	75	76	77	78	79	80	81	82	83	84	85
y	1.581	2.625	3.452	3.972	4.92	5.91	6.888	7.66	8.613	9.367	10.298	11.217	11.943	12.707	13.598	14.633	15.483
x	-5.002	-4.501	-4.099	-3.844	-3.372	-2.875	-2.377	-1.978	-1.478	-1.078	-0.577	-0.076	0.326	0.754	1.262	1.858	2.356
序号	86	87	88	89	90	91	92	93	94	95	96	97	98	99	100	101	102
y	16.321	17.147	17.962	18.924	19.713	20.491	21.074	22.076	22.949	23.665	24.508	25.336	26.147	26.942	27.721	28.484	28.977
x	2.855	3.355	3.855	4.457	4.959	5.462	5.845	6.519	7.114	7.611	8.209	8.808	9.409	10.011	10.615	11.22	11.62
序号	103	104	105	106	107	108	109	110	111	112	113	114	115	116	117	118	119
y	29.928	30.742	31.534	32.195	32.946	33.676	34.383	35.076	35.73	36.051	36.847	37.506	38.14	38.677	39.273	39.855	40.354
x	12.417	13.108	13.802	14.399	15.099	15.801	16.506	17.214	17.926	18.281	19.229	20.005	20.785	21.471	22.257	23.046	23.739
序号	120	121	122	123	124	125	126	127	128	129	130	131	132	133	134	135	136
y	24.533	25.329	26.073	27.296	26.877	26.577	26.177	25.377	25.377	24.977	24.577	24.177	23.877	23.563	23.178	22.778	22.378
x	40.917	41.475	41.993	65.104	64.097	63.376	62.415	61.454	60.493	59.533	58.572	57.612	56.892	56.138	55.213	54.254	53.295
序号	137	138	139	140	141	142	143	144	145	146	147	148	149	150	151	152	153
y	-21.978	-21.678	-21.278	-20.879	-20.479	-20.079	-19.831	-19.483	-9.083	-18.682	-18.282	-17.882	-17.482	-17.082	-16.683	-16.283	-16.05
x	-52.338	-51.621	-50.666	-49.714	-48.763	-47.815	-47.228	-46.404	-45.461	-44.52	-43.582	-42.647	-41.715	-40.785	-39.858	-38.934	-38.396

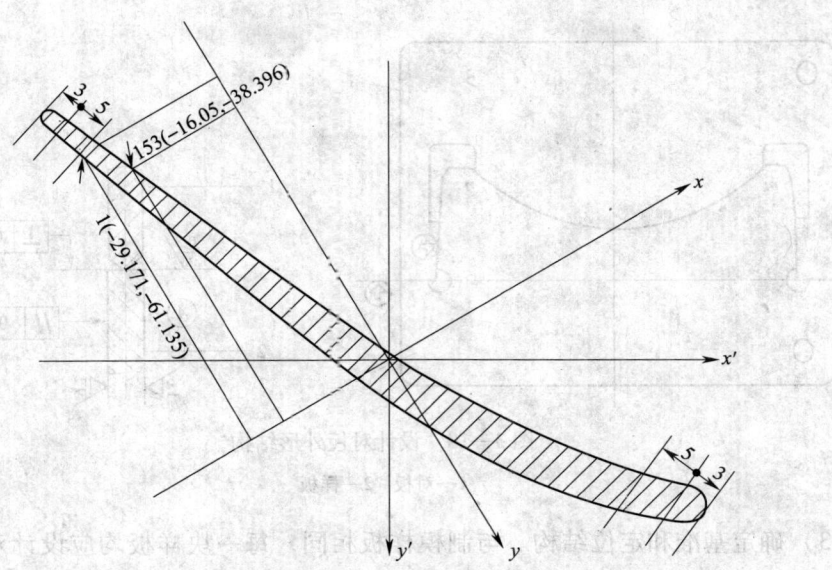

图 3—7 按截面轮廓线各点坐标值画出的截面实形

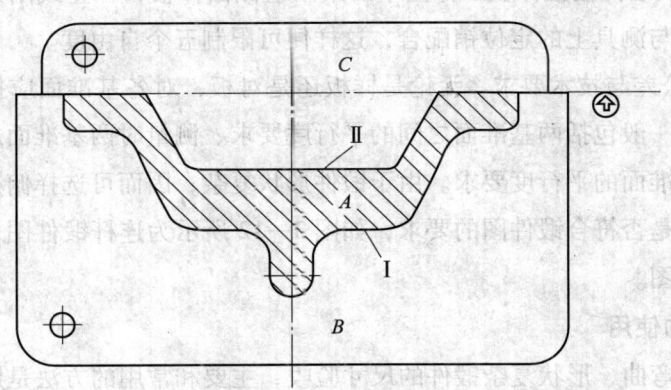

图 3—8 按截面内、外轮廓线分别画出样板内、外型线

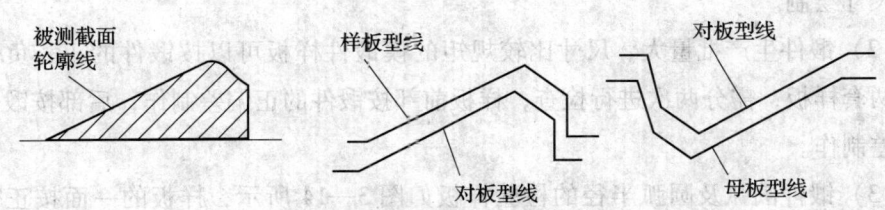

图 3—9 样板、对板和母板型线之间的关系

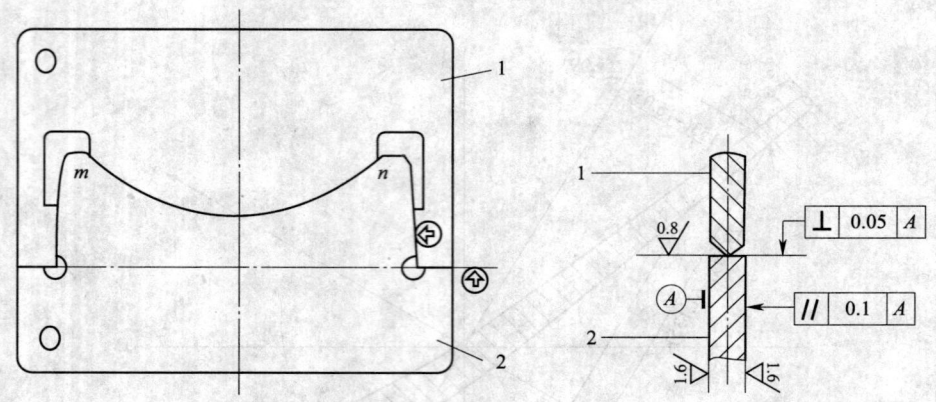

图3—10 设计对板外形结构
1—对板 2—样板

3）确定基准和定位结构。与制模样板相同，每一块样板均应设计双向基准，不同的是此样板为模锻件检验样板。另外，当被测截面互相平行，需采用多组平行的截面样板，在一个测具架上检查时，要在第一组截面样板上设计定位结构，如图3—11所示为模锻件检验样板工作图中的第一组截面样板，在型线附近要画出三个定位孔，以便与测具上的定位销配合，这样便可限制五个自由度。

4）制定公差与技术要求。无论是样板还是对板，对各基准面应提出一定的形位公差要求。一般包括两基准面之间的平行度要求、测量时两基准面之间的垂直度要求以及对基准面的平行度要求。由于锻件形状复杂，因而可选择俯视图做一样板来检验其外形是否符合锻件图的要求，如图3—12所示为连杆锻件图，图3—13所示为连杆样板图。

2. 样板的使用

对多角、弯曲、形状复杂锻件的尺寸验收，主要和常用的方法是用样板和局部样板进行检查。样板图的类型选择如下：

（1）对于带机械加工余量的锻件样板，为保证加工尺寸，样板可以按零件图外形尺寸绘制。

（2）锻件生产批量大、尺寸比较规矩的模锻件样板可以按锻件的正、负偏差绘制两套样板，需分两次进行检查，样板前部按锻件的正偏差制作，后部按锻件的负偏差制作。

（3）锻件圆弧及圆弧半径的检验样板如图3—14所示，样板的一面按正偏差制作，另一面按负偏差制作。

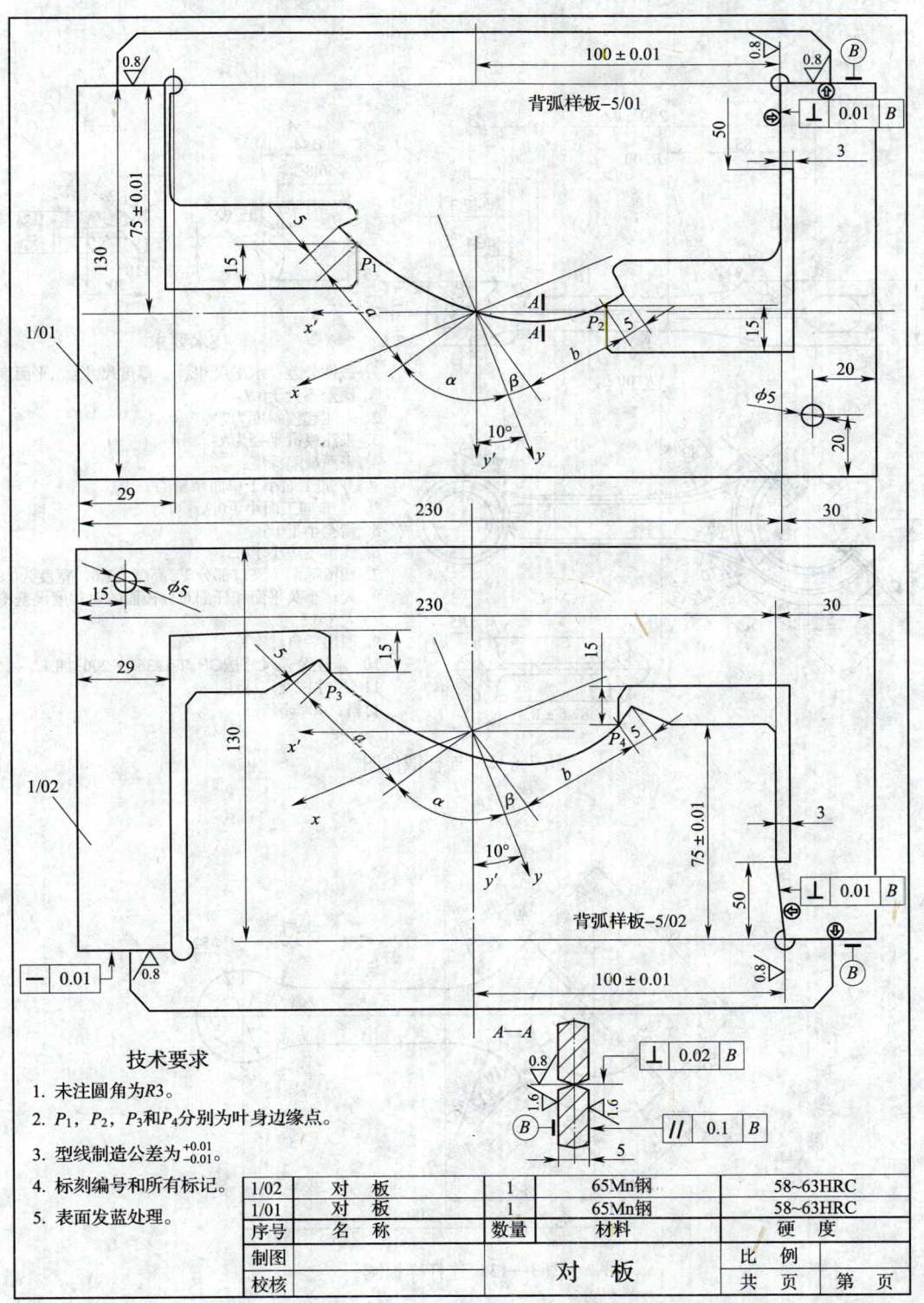

图 3—11 模锻件检验样板工作图中的第一组截面样板

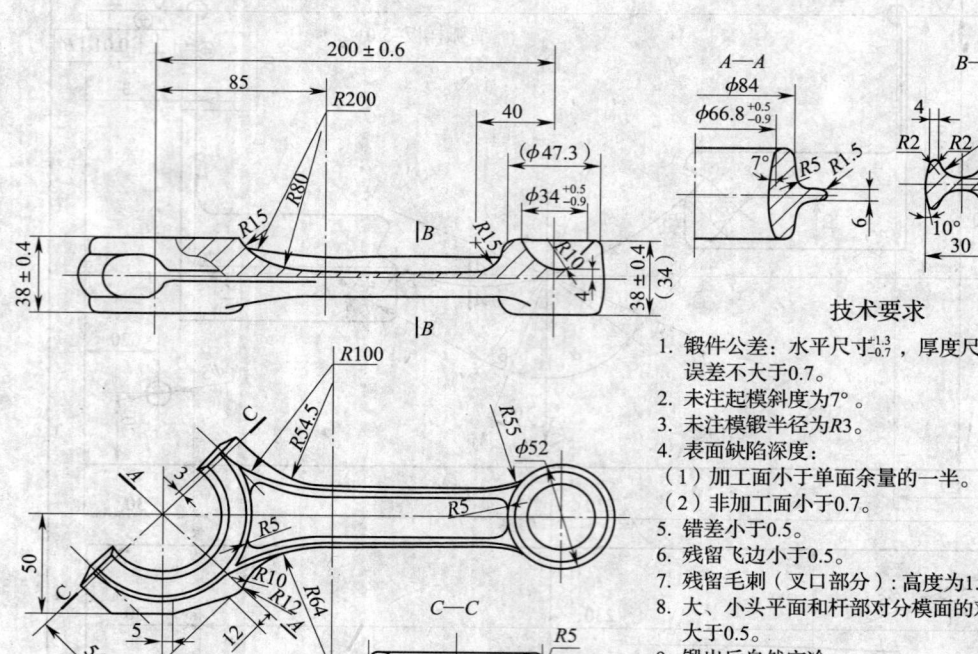

技术要求

1. 锻件公差：水平尺寸$^{+1.3}_{-0.7}$，厚度尺寸$^{+1.2}_{-0.4}$，平面度误差不大于0.7。
2. 未注起模斜度为7°。
3. 未注模锻半径为R3。
4. 表面缺陷深度：
   （1）加工面小于单面余量的一半。
   （2）非加工面小于0.7。
5. 错差小于0.5。
6. 残留飞边小于0.5。
7. 残留毛刺（叉口部分）：高度为1.6，宽度为0.8。
8. 大、小头平面和杆部对分模面的对称度误差不大于0.5。
9. 锻出后自然空冷。
10. 未注公差尺寸按GB/T 12362—2003加工。
11. 尺寸按交点标注。

材料：40Cr钢

图3—12　连杆锻件图

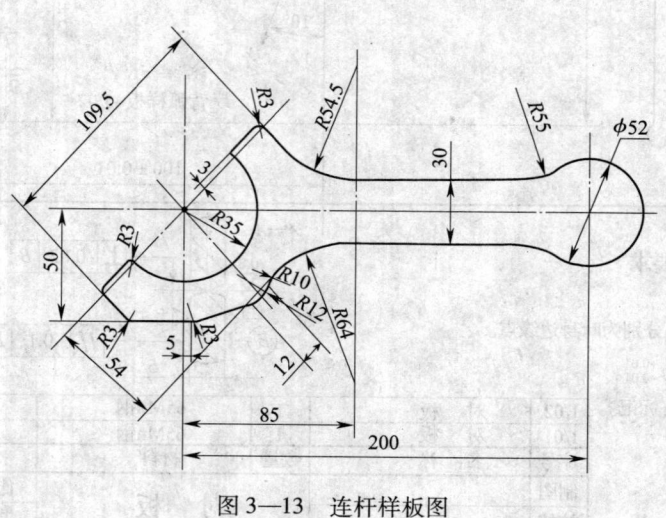

图3—13　连杆样板图

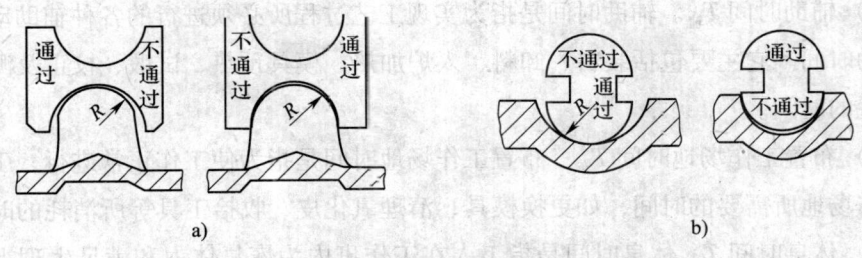

图3—14 锻件圆弧及圆弧半径的检验样板
a) 外圆弧 b) 内圆弧

（4）锻件内孔检验塞尺及样板。当锻件需冲孔且孔有斜度时，可采用如图3—15a所示的极限塞尺进行检验；而图3—15b所示的这种样板则可用于检验内孔较大的成批锻件。内孔样板应制成尺寸为 $D+\Delta$ 的不通过样板，其中 D 为锻件内孔公称尺寸，Δ 为锻件内孔尺寸的上偏差。

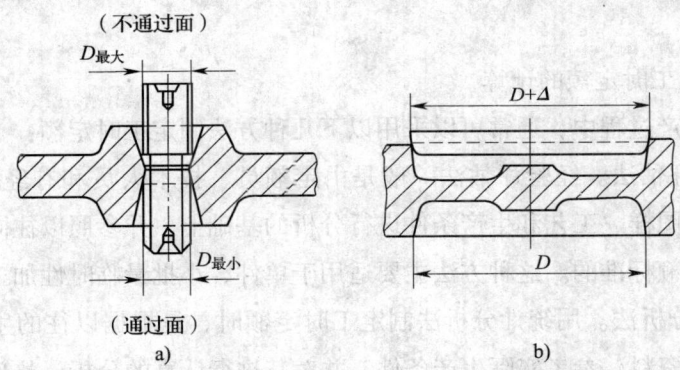

图3—15 锻件内孔检验塞尺及样板
a) 用极限塞尺检验锻件孔径 b) 用样板检验轮缘半径

三、模锻工时和用料的计算

1. 模锻工时的计算

（1）模锻工时定额的组成

工时定额是指在一定生产技术和组织的条件下，劳动者生产一件产品（或完成一个工作量）所用的工作时间。

其中完成零件一个工序的时间定额又称为工序单件时间定额。单件时间定额一般包括以下几个组成部分：

1）基本时间 $T_{基}$。基本时间是指直接改变生产对象形状等工艺过程所消耗的时间，一般可用计算的方法或试验法确定。

2）辅助时间 $T_{辅}$。辅助时间是指为实现工艺过程所必须进行的各种辅助动作所消耗的时间。它主要包括装料、卸料、入炉加热、模具预热、试锻、校正及测量等所消耗的时间。

3）布置工作场地时间 $T_{布}$。布置工作场地时间是指为使工作正常进行，工人照管工作场地所需要的时间，如更换模具、清理氧化皮、收拾工具等所消耗的时间。

4）休息时间 T。休息时间是指工人在工作班内为恢复体力和满足生理上的需要所消耗的时间。

一般来说，上述各时间的总和就是工序单件时间定额。

此外，制定生产工时定额时，还应考虑生产准备和终结时间，它是指工人为了生产一批产品或零件所进行必要的准备和结束工作所占用的时间。主要包括熟悉产品图样和工艺文件，领取毛坯材料，安装工艺装备，调整机床，交付检查等消耗的时间；另外，在制定某个零件单件时间定额时，应对不同的工种，要做具体分析和核算。

（2）模锻工时定额的计算

在模具生产过程中，通常可以采用以下几种方法制定工时定额：

1）经验评估法。经验评估法一般是由定额员、技术人员和有经验的老工人，根据经验在对图样、工艺和生产条件进行分析的基础上，并参照以往同类型工作的定额来估算定额标准的。这种方法主要适用于单件、小批量临时性加工。

2）统计分析法。用统计分析法制定工时定额时，是根据以往的生产实践及记录提供的统计资料，参考实际生产条件，并对其进行认真的分析、整理，在此基础上制定出工时定额。

3）比较类推法。比较类推法是指以相同类型产品中的典型定额为基础，通过分析、比较后制定工时定额。即从同类型产品中选出代表，尽可能准确地制定出工时定额，其他可以以此比较来确定。这种方法主要适用于品种多、规格杂的单件、小批量生产。

4）技术测定法。技术测定法是指按照工时定额的各个组成部分分别确定时间，以技术规定和科学计算为手段来制定工时定额。这种方法可以适用于一般的零件。

总之，由于模具生产厂和车间的生产对象比较复杂，而且多数是单件、小批量生产，因此给工时定额的制定带来一定的困难。所以，在制定工时定额时一定要根据本企业、本车间的实际情况，找出适当的方法制定出既合理又先进的劳动工时定额，以达到提高效率的目的。

2. 模锻用料的计算

锻件的算料方法有用基本公式算料和用算料盘算料等。

（1）用基本公式算料

根据表3—3所列的锻件图几何形状体积的计算公式计算出锻件体积，再根据下式及表3—4计算出锻件质量。

$$m = \rho V \times 10^{-3}$$

式中　m——锻件质量，kg；

　　　ρ——材料的密度，g/cm³，部分锻造材料的密度见表3—4；

　　　V——锻件的体积，cm³。

表3—3　　　　　　　　　几何形状体积的计算公式

形　状	体　积
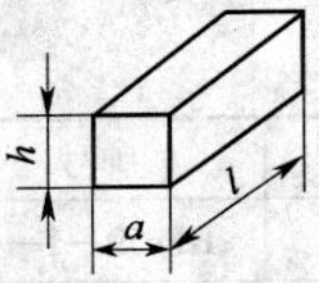	$V = ahl$
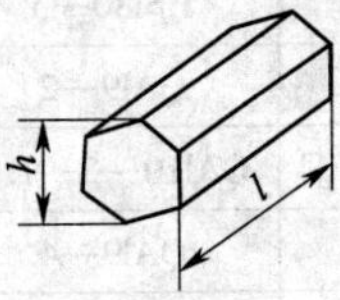	$V = 0.649 h^2 l$
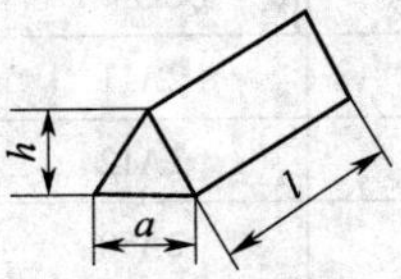	$V = \dfrac{ah}{2} l$
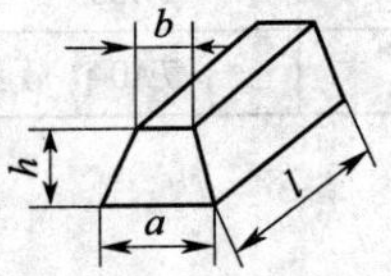	$V = \dfrac{a+b}{2} hl$
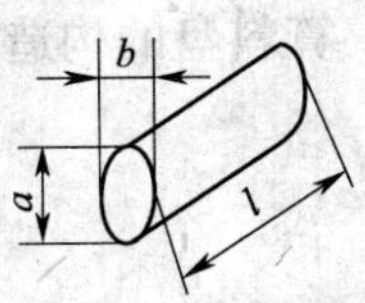	$V = \dfrac{\pi ab}{4} l$
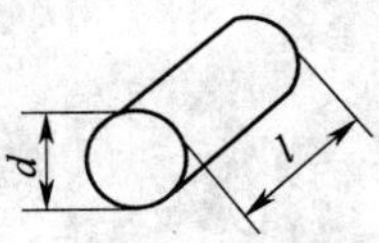	$V = \dfrac{\pi d^2}{4} l$

续表

形状	体积
（圆球，直径 d）	$V = \dfrac{\pi d^3}{6}$
（圆锥，底径 d，高 h）	$V = \dfrac{\pi d^2}{12} h$
（方锥，底边 a，高 h）	$V = 0.866 a^2 h$

表3—4　　　　　　　　　　　部分锻造材料的密度

材料名称	牌号	密度（g/cm³）	材料名称	牌号	密度（g/cm³）
一般钢材		7.85	59—1—1 黄铜	HFe59—1—1	8.5
高速钢	W18Cr4V	8.7	80—3 硅黄铜	HSi80—3	8.6
不锈钢	1Cr13～4Cr13	7.75	9—2 铝黄铜	QAl9—2	7.63
90 黄铜	H90	8.8	10—3—1.5 铝青铜	QAl10—3—1.5	7.6
80 黄铜	H80	8.65	9—4 铝青铜	QAl9—4	7.5
68 黄铜	H68	8.6	3—1 硅青铜	QSi3—1	8.47
62 黄铜	H62	8.5	11 号硬铝	2A11	2.84
59—1 铅黄铜	HPb59—1	8.5	12 号硬铝	2A12	2.8
62—1 锡黄铜	HSn62—1	8.45	5 号锻铝	2A50	2.75
60—1 锡黄铜	HSn60—1	8.45	8 号锻铝	2A80	2.8
58—2 锰黄铜	HMn58—2	8.5	4 号超硬铝	7A04	2.8

（2）用算料盘算料

对于锻造工，最常用的算料方法是用算料盘算料。算料盘的构造如图3—16所示。

1）底盘是算料盘下面的大盘，上面有刻度。

2）游盘是可相对于底盘转动的圆盘，上有刻度。

3）A 部底盘外周上有刻度。

4）B 部盘外周上有刻度。

5）标准数指 A 部上刻度数字"1"。

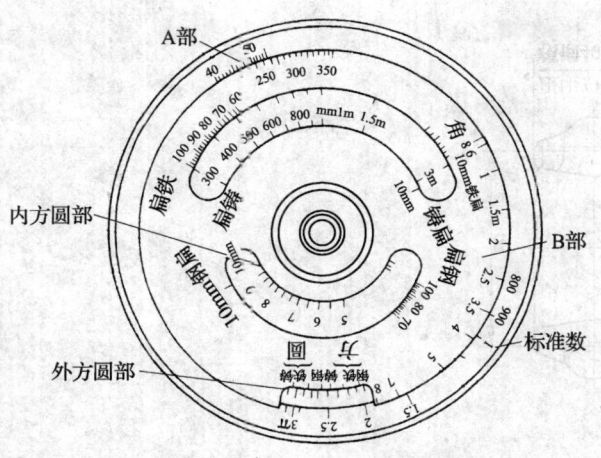

图 3—16 算料盘的构造

6）外方圆部在游盘上外周的缺口部位的刻盘有方、圆两组，各有铁（钢）、铸的标准线，用于计算直径或边长在 100 mm 以上的方料和圆料的质量。

7）内方圆部在游盘上小弧形孔的内侧上的刻度用于计算直径或边长在 100 mm 以下的方料和圆料的质量及球体质量。

8）扁铁（钢）部游盘上大弧形孔的外侧上的刻度用于计算矩形截面钢的质量。

 **技能要求**

下面通过典型实例来绘制连杆类工件模锻的检验样板，并计算模锻工时和用料量。

一、工作名称

连杆模锻件的锻造工艺。

二、工作任务

识读锻件图，连杆锻件图如图 3—17 所示。

三、工作过程

1．识读连杆锻模图

连杆锻模图如图 3—18 所示。

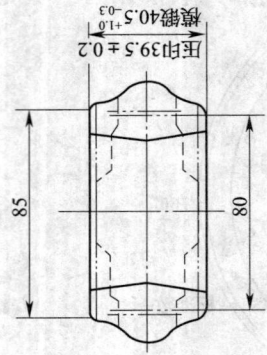
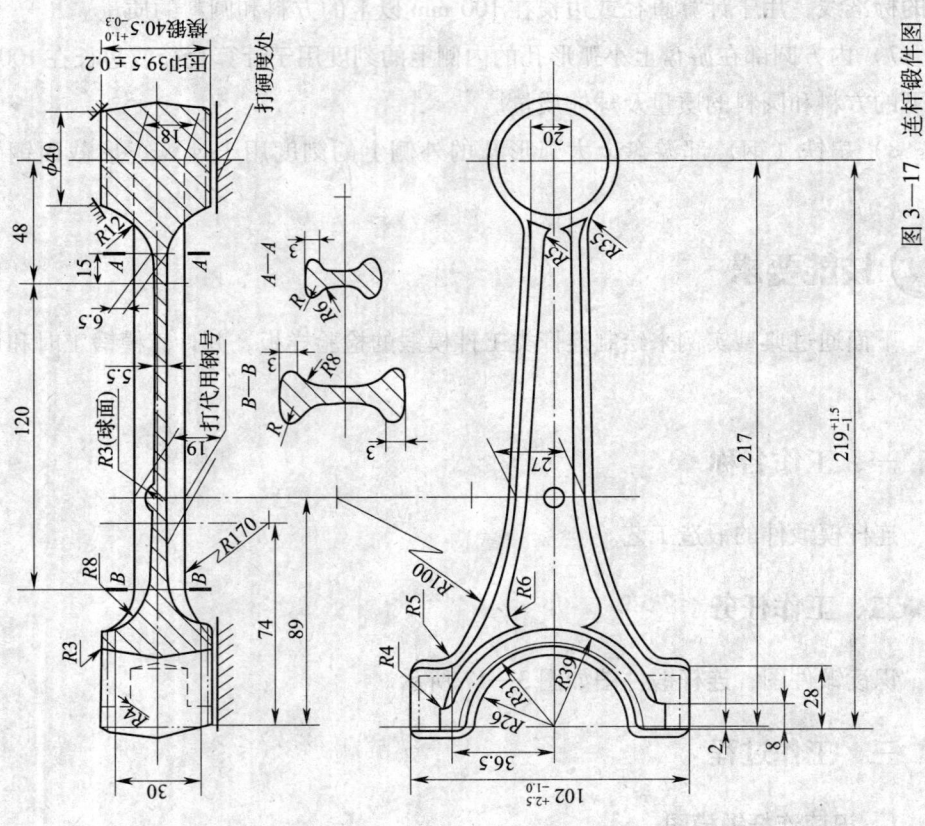

图 3—17 连杆锻件图

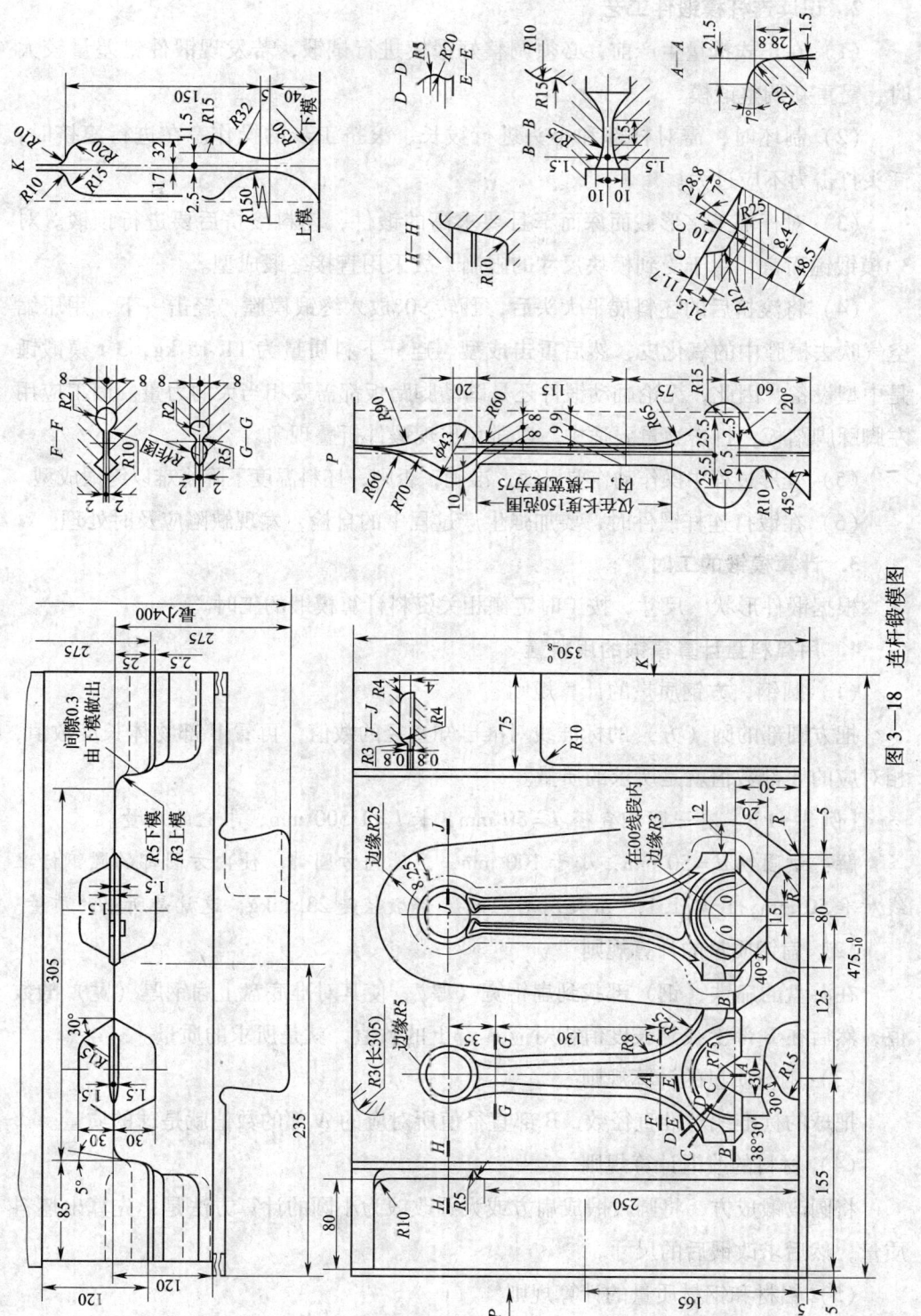

图 3-18 连杆锻模图

2. 识读连杆模锻件工艺

（1）在正式批量生产前，必须调整好锻模进行试锻，若发现锻件错差量较大时，需重新调整锻模。

（2）制坯时，需对杆部和小头进行拔长、滚挤工步的操作。在进行滚挤时，锤头打击力不应过大。

（3）对杆部工字形截面深而窄且要求高的锻件，坯料滚挤后要进行预锻。对 3 t 模锻锤而言，由于受到模块尺寸的限制，故采用直接终锻成型。

（4）将滚挤后的坯料展平大头后，翻转 90°放入终锻模膛，轻击一下，用压缩空气吹去模膛中的氧化皮，然后重击成型。连杆下料质量为 11.15 kg，3 t 模锻锤是中型设备，因此，无论翻动锻件还是踏动脚踏板都需要相当大的力量。锻工应用左脚踩脚踏板，打击力量要适中，以避免出现锻件折叠现象。

（5）变形过程中操作动作要迅速、准确；否则，坯料温度下降将难以终锻成型。

（6）在锻打连杆锻件时，要加强生产过程中的自检，发现缺陷应及时处理。

3. 计算模锻的工时

根据锻件形状、尺寸，按工时定额相关资料计算模锻的工时。

4. 用算料盘计算模锻的用料量

（1）圆钢、方钢质量的计算规则

把方圆部的圆（方）的标准线对准已知直径的数值，再看 B 部物体长度数值，相对应的 A 部数值就是所求的质量。

【例 3—1】 有一圆钢直径 $d = 50$ mm，长 $l = 1\ 500$ mm，求它的质量。

解：该圆钢 $d = 50$ mm，小于 100 mm，应选内方圆部。使内方圆部的圆钢标准线对准 50 mm，B 部上 1.5 m 处所对应的 A 部数值是 23.1 kg，这就是所求的质量。

（2）扁钢质量的计算规则

在游盘的扁铁（钢）部找到扁钢宽（厚），使其对准底盘上扁钢厚（宽）的数值，然后在 B 部上找到长度值相对应 A 部上的数值，就是所求的质量。

（3）钢球质量的计算规则

把球的标准线对准直径数，B 部直径值所对应的 A 部的数值就是球的质量。

（4）材料的改锻计算规则

将圆改锻成方，将圆改锻成扁方或大圆改锻为小圆的计算方法是：先算出坯料质量，然后求改锻后的尺寸。

（5）铝材和钢材质量的计算规则

根据锻件图和表 3—3 所列的各种几何形状的体积公式计算出锻件体积，再由

表 3—4 查出铝材和铜材的密度，由基本公式 $m=\rho V$ 求得质量。

(6) 某些高合金钢质量的计算规则

根据表 3—3 的体积公式，查得表 3—4 中材料的密度，由基本公式 $m=\rho V$ 求得质量。

学习单元 2　热模锻压力机

学习目标

➢ 掌握热模锻压力机的类型、原理与结构
➢ 了解热模锻压力机的规格和选用
➢ 能够根据锻件选用设备的规格
➢ 能够对热模锻压力机进行调整和一般故障的排除

知识要求

一、热模锻压力机的原理与结构

1. 热模锻压力机的原理

热模锻压力机系曲柄压力机，其工作原理是通过不同形式的曲柄滑块机构把主传动的旋转运动转变为滑块的往复运动，并借助于固定在机身工作台和滑块上的上、下模具实现加热后的金属的成型。在模锻过程中所需的模锻力是通过压力机飞轮转速的降低所释放的能量产生的。

2. 热模锻压力机的结构

按工艺用途不同，热模锻压力机可分为通用和专用两种。根据结构特点不同，热模锻压力机采用的曲柄滑块机构除一般的结构形式外，还有压环式、曲柄圈式和双滑块式几种变形结构，如图 3—19 所示。

传统结构的热模锻压力机的结构特点是：滑块具有象鼻形的附加导轨，封闭高度采用楔形工作台来调整。

如图 3—20 所示为 20 MN 热模锻压力机的结构。机身 1 是一个整体框架，滑块 2 的导向面由主导轨和附加的象鼻形导轨组成。在滑块内设有上顶料装置 3。摩擦离合器4和制动器5为盘式结构。下顶料装置通过凸轮—杠杆机构6实现锻件由模具顶出的动作。

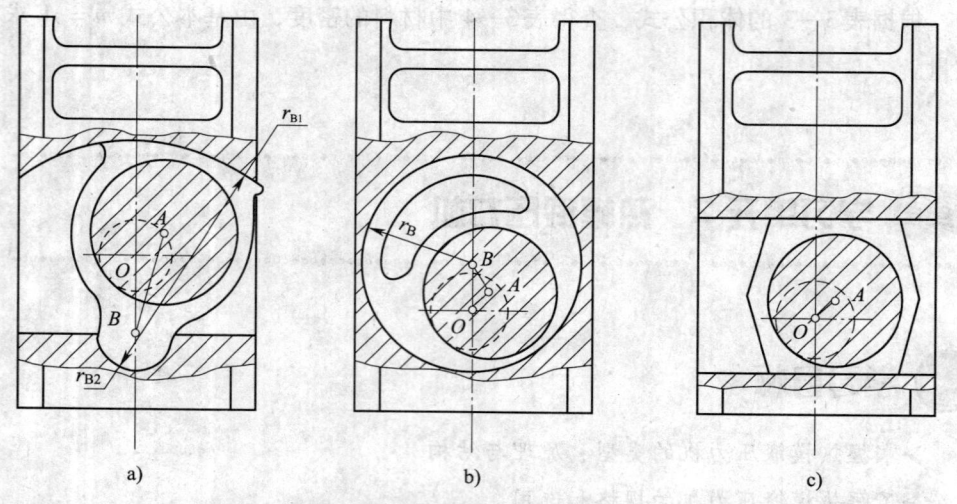

图3—19 热模锻压力机采用的曲柄滑块机构的变形结构
a) 压环式 b) 曲柄圈式 c) 双滑块式

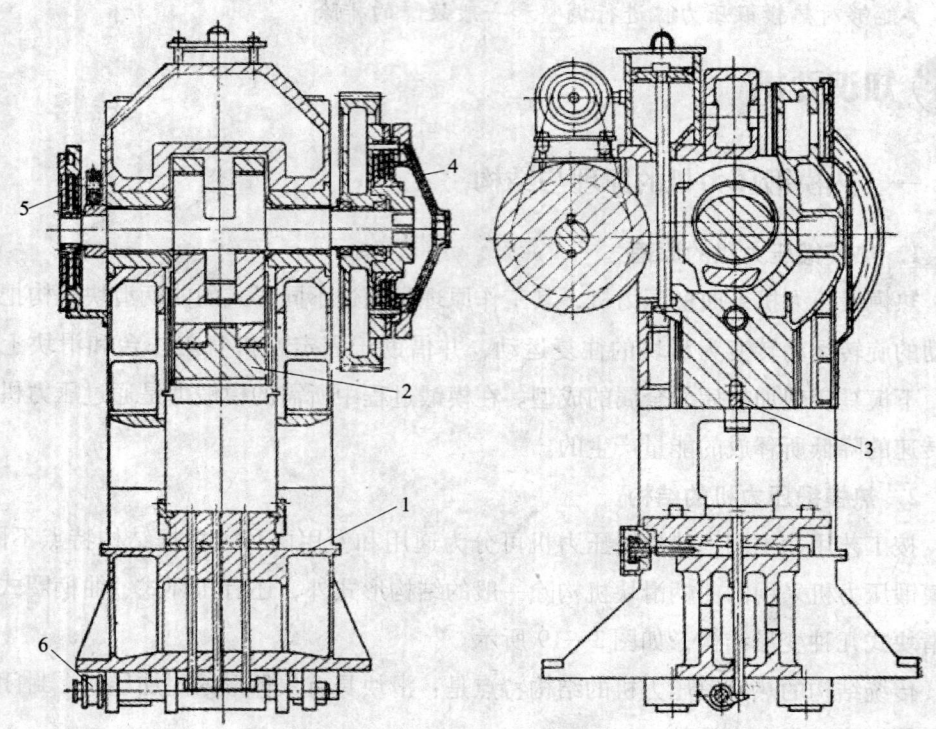

图3—20 20MN热模锻压力机的结构
1—机身 2—滑块 3—上顶料装置 4—摩擦离合器 5—制动器 6—凸轮—杠杆机构

MP 型热模锻压力机均设有压力指示、轴承温度监控、润滑监控以及各种故障显示装置，并用微型计算机自动监视压力机的工作，因而大大提高了工作的可靠性。

二、热模锻压力机的辅助机构

辅助机构是指扩大热模锻压力机工艺用途，减少压力机和模具的调整时间，提高压力机工作可靠性的装置，主要包括上顶料装置、下顶料装置、封闭高度调整装置、平衡器、飞轮制动器、过载保护装置、解除闷车装置、快速换模装置、压力指示器、温度监测装置、滑块行程指示和封闭高度调整量指示装置等。

1. 顶料装置

按其安装位置不同有上顶料装置和下顶料装置之分。上顶料装置安装在滑块内，下顶料装置安装在底座下面。如图3—21所示为传统结构热模锻压力机通常采用的一种上顶料装置。当模锻结束后，在滑块回程时，由于连杆1的摆动，使凸块8推动推杆6、横杠杆5将顶料杆4压下，从而完成顶件动作。复位弹簧7可使整个机构复位。顶料机构顶料行程的调节量是通过调节螺钉3使楔块2左右移动，改变横杠杆5的起始位置实现的。这种顶料机构工作平稳、可靠，冲击较小，但顶料行程短。

如图3—22所示为热模锻压力机广泛采用的一种机械式下顶料装置。该装置由装在偏心轴上的凸轮1驱动，通过上摆杆3、上拉杆4和下拉杆7带动下摆杆8摆动。下摆杆8装在顶料轴11的一端，并能绕其轴线摆动。在顶料轴11的另一端装有摆架10。摆架有足够的宽度，在其上可并排布置多个顶料杆9。下摆杆8摆动时，摆架10也相应摆动，从而推动顶料杆顶料。弹簧5用于保证滚轮2与凸轮1的紧密接触。上拉杆和下拉杆分别用于加工左旋螺纹及右旋螺纹，通过旋转调节螺母6，可以改变拉杆的总长度，从而调节下顶料杆的顶料行程。在下摆杆8的另一端连有一气缸12，气缸12可以控制顶料杆在其最高位置停留一段时间，以便于操作时夹持锻件。

2. 封闭高度调整装置

按安装位置不同，封闭高度调整装置分为下调整和上调整两种方式。在如图3—23所示的典型的单楔调整结构中，工作台1下面与楔块2上面接触，该接触面是一斜面，其斜度一般为1:10（倾斜角 $\alpha = 5°43'$）。压楔3的作用是防止因压力机振动可能引起的工作台1微动。两个销轴4是工作台1上升或下降的导向轴。销轴前面的方形导向柱插入工作台1的方槽内，销轴后面的圆形法兰盘用螺钉与压力机

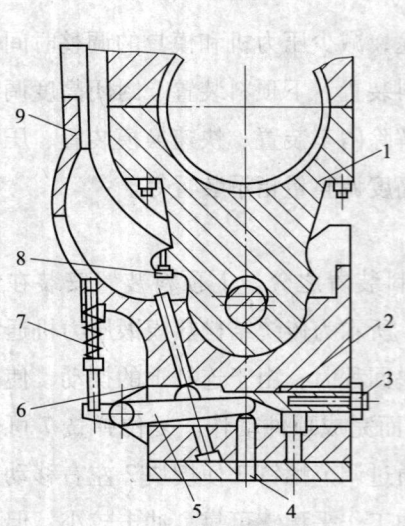
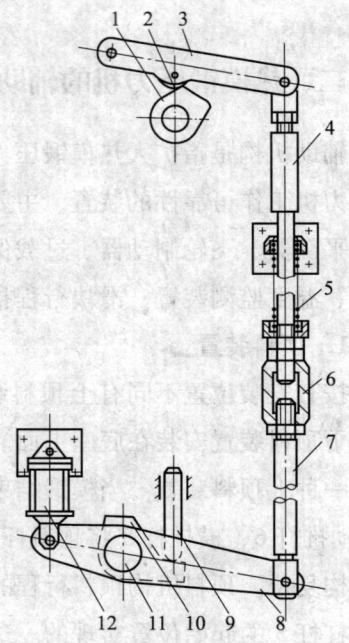

图3—21 传统结构热模锻压力机
常用的上顶料装置
1—连杆 2—楔块 3—螺钉
4—顶料杆 5—横杠杆 6—推杆
7—复位弹簧 8—凸块 9—滑块

图3—22 机械式下顶料装置
1—凸轮 2—滚轮 3—上摆杆
4—上拉杆 5—弹簧 6—调节螺母
7—下拉杆 8—下摆杆 9—顶料杆
10—摆架 11—顶料轴 12—气缸

底座固定。当传动机构驱动楔块在压力机的前方和后方移动时，工作台1沿着销轴4的方形导向柱上升或下降，从而实现封闭高度的调节。

如图3—24所示为MP型热模锻压力机封闭高度调整装置，它就是典型的上调整装置。调整机构的偏心压力销6上加工有蜗轮，并与连杆小头和滑块的内圆弧面相接触。滑块与连杆的连接通过连杆销7和偏心压力销6实现。由于偏心压力销与连杆销不同轴，所以，当带有减速齿轮机构的电动机11启动并运转时，通过万向联轴器、锥齿轮副10带动蜗杆9转动，蜗杆9驱动偏心压力销转动时，可以调节连杆的长度，从而实现对压力机封闭高度的调整。其调节量可以通过装在滑块前面的指针从标尺上直接读出。

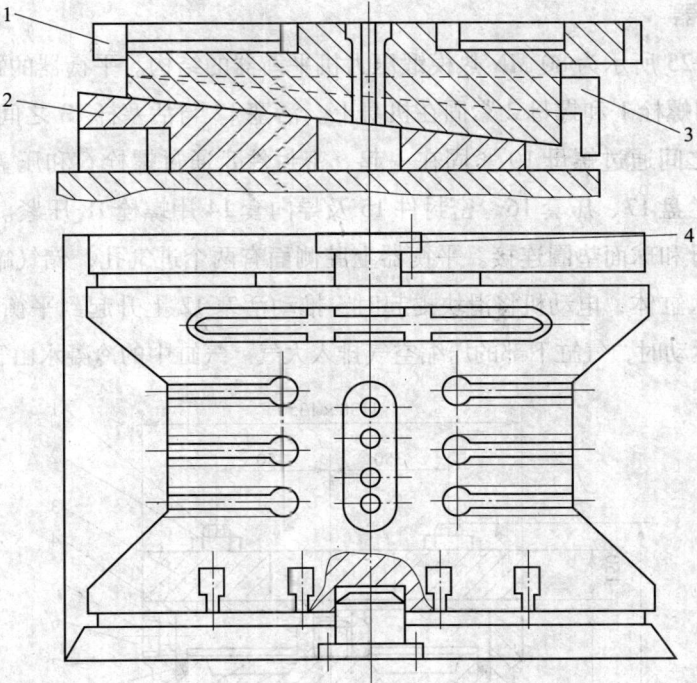

图 3—23 典型的单楔调整结构
1—工作台 2—楔块 3—压楔 4—销轴

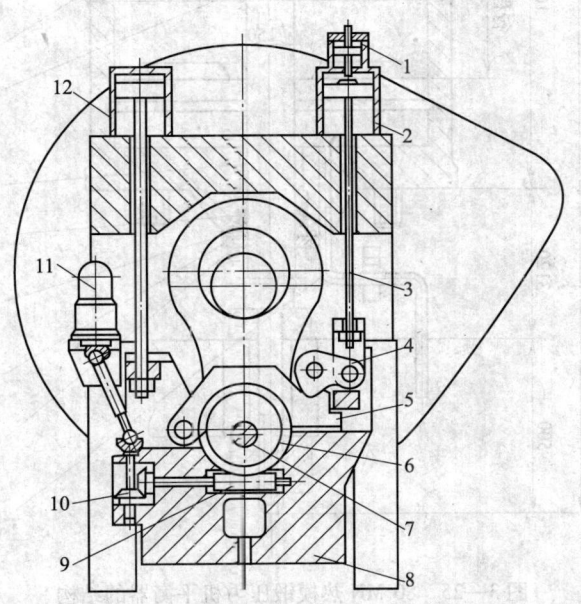

图 3—24 MP 型热模锻压力机封闭高度调整装置
1—控制缸 2，12—平衡缸 3—活塞杆 4—锁块 5—弓形闸瓦 6—偏心压力销
7—连杆销 8—滑块 9—蜗杆 10—锥齿轮副 11—电动机

3. 平衡器

如图 3—25 所示为 80 MN 热模锻压力机平衡器的结构。平衡器的缸体 9、缸盖 3 和垫板 4 用螺栓 1 和螺母 2 紧固在机身上。活塞 12 与活塞杆 13 之间采用垫片 11 密封，它们之间通过螺母 10 紧固在一起。密封件 8 通过螺栓 6 和压盖 7 压紧。缸体下部的法兰盘 17、压套 16、密封件 15 及导向套 14 用螺栓 18 压紧。活塞杆与滑块采用圆螺母和球面垫圈连接。平衡器上腔侧面有两个进气孔，储气罐的压缩空气从进气孔进入缸体，电动机将滑块提起时，推动活塞 12 上升起到平衡和阻尼作用。当滑块向下运动时，气缸下部的压缩空气排入大气。气缸中的冷凝水由管路 19 排出。

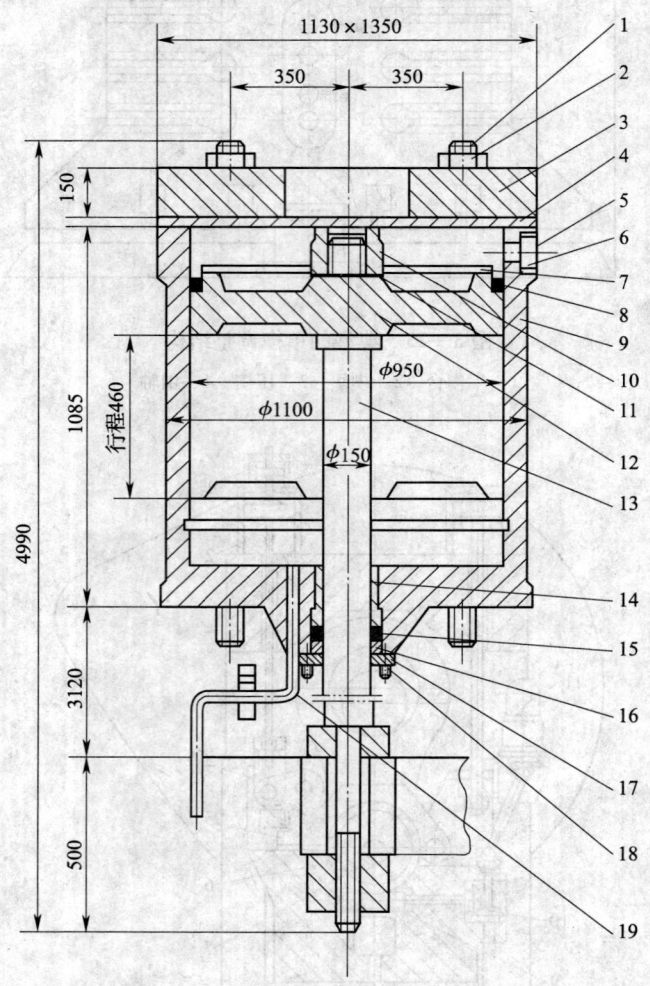

图 3—25 80 MN 热模锻压力机平衡器的结构

1，6，18—螺栓 2，10—螺母 3—缸盖 4—垫板 5—滤网 7—压盖 8，15—密封件 9—缸体 11—垫片 12—活塞 13—活塞杆 14—导向套 16—压套 17—法兰盘 19—管路

4. 快速换模装置

热模锻压力机可以借助于更换模座和专用模板实现模具的快速更换。

如图 3—26 所示为 40 MN 热模锻压力机快速换模装置。该装置通过设置在下面四个角上的滚轮安装在压力机后面的轨道上。在更换模具时，滚轮带动整个换模

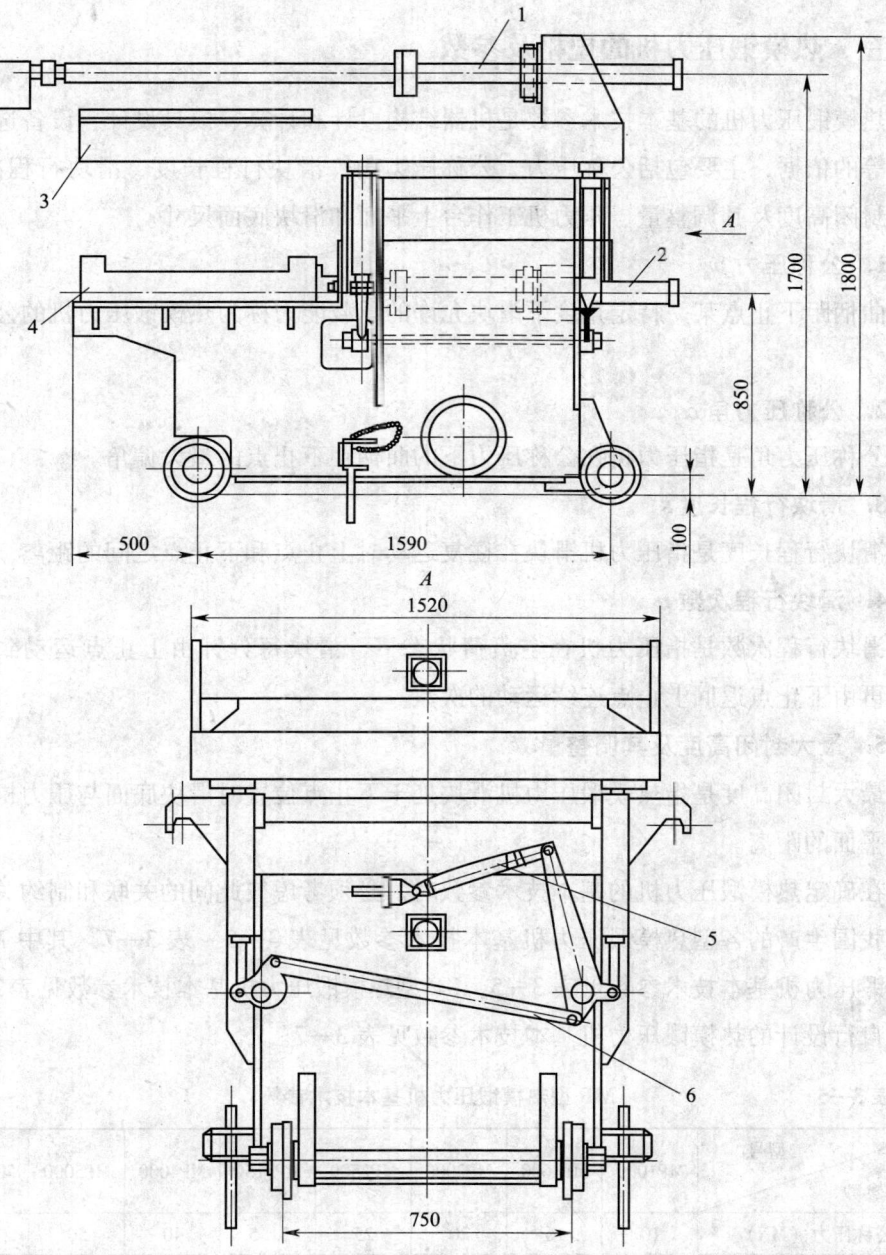

图 3—26　40 MN 热模锻压力机快速换模装置

1—上水平缸　2—下水平缸　3—上托架　4—下托架　5—倾斜气缸　6—杠杆系统

装置在轨道上前后运动。该装置可称为快速换模小车。换模小车有两个托架，下托架4的滑动导轨面与压力机下模座的上平面在同一个水平面上，当滑块在下止点时，上模座的下平面与上托架3的滑动导轨面在同一个水平面上。换模小车的传动机构由上水平缸1、下水平缸2、倾斜气缸5和杠杆系统6组成。

三、热模锻压力机的规格及参数

热模锻压力机的基本技术参数是机器结构设计和计算、模具设计、设备选用和安装等的依据，主要包括公称压力、公称压力角、滑块行程长度、滑块行程次数、最大封闭高度及其调整量、压力机工作台上平面和滑块底面尺寸。

1. 公称压力 p_g

曲柄距下止点某一特定角度下滑块允许的承载能力称为热模锻压力机的公称压力。

2. 公称压力角 α_g

公称压力角是指压力机在公称压力下的曲柄距下止点的最大偏角。

3. 滑块行程长度 s

滑块行程长度是指压力机滑块在往复运动时上止点和下止点之间的距离。

4. 滑块行程次数 n

滑块行程次数是指压力机在空负荷状态下，滑块每分钟由上止点运动到下止点，再由下止点返回上止点连续运动的次数。

5. 最大封闭高度及其调整量

最大封闭高度是指热模锻压力机滑块处于下止点位置时滑块底面与压力机工作台上平面的距离。

在确定热模锻压力机的基本技术参数时，必须考虑彼此间的关联和制约关系。

我国生产的各型热模锻压力机基本技术参数见表3—5～表3—7，其中MP型热模锻压力机基本技术参数见表3—5，KP型热模锻压力机基本技术参数见表3—6，国内自行设计的热模锻压力机基本技术参数见表3—7。

表3—5　　　　　MP型热模锻压力机基本技术参数

基本参数＼型号	MP1000	MP1600	MP2000	MP2500	MP3150	MP4000	MP5000	MP6300
公称压力（MN）	10	16	20	25	31.5	40	50	63
滑块行程（mm）	250	280	300	320	340	360	400	450
滑块行程次数（1/min）	100	90	85	80	60	55	45	50

续表

基本参数	型号	MP1000	MP1600	MP2000	MP2500	MP3150	MP4000	MP5000	MP6300
最大封闭高度（mm）		700	875	950	1 000	1 050	1 110	1 468	1 615
封闭高度调整量(mm)		14	18	20	22.5	25	28	32	35
工作台上平面尺寸	左右（mm）	850	1 050	1 210	1 300	1 400	1 500	1 570	1 840
	前后（mm）	1 120	1 400	1 530	1 700	1 860	2 050	2 250	2 350
滑块下平面尺寸	左右（mm）	820	1 030	1 180	1 260	1 360	1 460	1 550	1 820
	前后（mm）	936	1 140	1 260	1 380	1 540	1 710	1 875	1 925
上顶料装置	形式	机械	机械	机械	机械	机械	机械	机械	机械
	压力（kN）	50	80	100	125	160	200	250	300
	行程（mm）	30	37	40	44	48	52	60	60
下顶料装置	形式	机械	机械	机械	机械	机械	机械或液压	液压	液压
	压力（kN）	150	240	300	375	475	600	650	700
	行程（mm）	30	37	40	44	48	52或200	0~150可调	0~160可调
主电动机	功率（kW）	55	95	112	132	190	250	320	320
	同步转速（r/min）	1 000	1 000	1 000	1 000	1 500	1 500	1 500	1 000
	电压（V）	380	380	380	380	380	380	380	380

表 3—6　　KP 型热模锻压力机基本技术参数

基本参数	型号	KP2500	KP3150	KP4000	KP6300	KP8000	KP12500
公称压力（MN）		25	31.5	40	63	80	125
滑块行程（mm）		290	310	330	390	420	500
滑块行程次数（1/min）		63	55	50	40	40	30
最大封闭高度（mm）		1 000	1 050	1 100	1 320	1 420	1 800
封闭高度调节量(mm)		12	12	15	20	20	25
工作台上平面尺寸	左右（mm）	1 260	1 310	1 500	1 700	1 700	2 240
	前后（mm）	1 700	1 750	1 800	2 000	2 000	3 100
滑块下平面尺寸	左右（mm）	1 220	1 270	1 450	1 600	1 650	2 190
	前后（mm）	1 300	1 350	1 500	1 650	1 700	2 450

续表

基本参数	型号	KP2500	KP3160	KP4000	KP6300	KP8000	KP12500
上顶料装置	形式	机械	机械	液压	液压	液压	液压
	压力（kN）	125	160	200	315	400	600
	行程（mm）	40	40	70	65	70	85
下顶料装置	形式	机械	机械	机械	机械	机械	液压
	压力（kN）	375	475	600	950	1 200	600
	行程（mm）	50	55	60	95	90	130
主电动机	功率（kW）	110	132	185	300	370	530
	同步转速（r/min）	1 500	1 000	1 500	1 000	1 000	750
	电压（V）	380	380	380	380	380	380

表3—7　　国内自行设计的热模锻压力机基本技术参数

基本参数								
公称压力（MN）		10	16	20	25	31.5	40	80
滑块行程（mm）		250	280	300	320	350	400	460
滑块行程次数（1/min）		90	85	82	70	55	50	39
最大封闭高度（mm）		560	720	765	1 000	950	1 000	1 200
封闭高度调节量（mm）		10	10	21.8	22.5	23	25	25
工作台尺寸（mm）	前后	1 150	1 120	1 100	1 250	1 300	1 450	1 850
	左右	1 000	1 250	1 035	1 140	1 240	1 400	1 700
滑块底平面尺寸（mm）	前后	630	900	1 000	1 100	1 200	1 450	1 700
	左右	950	900	930	985	1 180	1 400	1 600
上顶料装置	形式	机械	机械	机械	机械	机械	机械	机械
	顶出力（kN）	—	—	100	180	—	200	400
	行程（mm）	50	50	45	40	50	50	30
下顶料装置	形式	机械	机械	机械	机械	机械	机械	机械
	顶出力（kN）	—	—	200	250	—	400	800
	行程（mm）	50	65	70	60	80	90	100
主电动机	型号	JR91—6	JR91—4	JR114—4	JR115—4	JR117—4	JR117—8	JR138—4
	功率（kW）	55	75	115	135	180	210	2×245
	转速（r/min）	970	1 460	1 465	1 465	1 470	750	735

 **技能要求**

一、工作名称

热模锻压力机的选用和使用。

二、工作任务

1. 会选用热模锻压力机。
2. 熟悉热模锻压力机的正确使用。
3. 了解热模锻压力机的一般故障排除方法。

三、工作过程

1. 热模锻压力机的选用

按公称压力选择热模锻压力机的方法如下：

按经验选择的计算公式如下：

$$p_m \leq (0.7 \sim 0.75) p_g$$

式中 p_m——锻造温度下的平均锻造力，MN；

p_g——热模锻压力机的公称压力，MN。

p_m 可以根据工艺计算确定。系数 0.7 适用于温度分散较大和非自动热模锻压力机的情况，0.75 适用于温度分散较小和自动热模锻压力机的情况。按经验选择的方法虽然比较粗略，但计算简单、实用。

2. 热模锻压力机的正确使用

设备开动前应首先检查电气系统的开关、按钮是否处于正确位置。空气系统、润滑系统、安全系统是否正常，并按操作规程开启低压断路器，检查气压是否达到规定的压力，对需要人工加油润滑的部位进行润滑。开动设备进行空运转，检查运动是否正常，有无异常的声音，并检查自动润滑系统或手动润滑装置工作是否正常。一切正常后方可投入使用。若设备在使用中发生故障或有异常的现象，应立即停机检查。设备停机后电气开关、低压断路器应处于关闭状态，至此完成本次使用的全过程。

3. 热模锻压力机一般故障的排除

热模锻压力机常见故障的产生原因及排除方法见表 3—8。

表3—8　　热模锻压力机常见故障的产生原因及排除方法

序号	常见故障	产生原因	排除方法
1	电动机正常条件下不能启动（离合器转动失常或不转动）	（1）离合器中摩擦片调整装置个别松动，使主动片与从动片接触而产生相对摩擦 （2）离合器摩擦片尺寸不当 （3）离合器中有的从动摩擦片质量不好或长期使用中因振动脱落而卡住 （4）快速进气头小活塞卡住，离合器不排气	（1）查出松动的调整装置，重新调整尺寸 （2）重新调整离合器主动摩擦片和从动摩擦片的间隙，使其用手扳动时飞轮就能转动 （3）取出脱落的碎片或更换摩擦片 （4）消除小活塞卡住现象，一般方法是给小活塞加点油
2	空运转时电流过大	（1）摩擦片之间的间隙不当 （2）传动轴轴承或飞轮轴轴承缺油 （3）脱落的摩擦片碎片在主动摩擦片和从动摩擦片之间产生摩擦 （4）电动机传动带过紧	（1）重新调整摩擦片，使主、从动片不接触 （2）加强润滑 （3）调大摩擦片间隙，启动电动机使碎片从离合器通气口甩出，否则需拆卸离合器取出碎片 （4）调整传动带的松紧
3	离合器打滑或发热	（1）离合器摩擦片有油 （2）离合器活塞皮碗漏气 （3）压缩空气压力不足 （4）快速进气头漏气，影响进气量 （5）飞轮轴轴承缺油 （6）摩擦片因间隙过大而打滑	（1）用煤油将摩擦片上的油洗净，并使其干燥，同时密封好轴承 （2）更换活塞的皮碗 （3）调整压缩空气的压力 （4）更换快速进气头，消除漏气现象 （5）加强润滑 （6）调整间隙
4	离合器不接合	（1）离合器空气分配阀电磁铁失灵（或阀与磁铁的连接轴脱落） （2）通往快速进气头的管路大量漏气 （3）快速进气头小活塞卡死 （4）限位开关失灵 （5）压缩空气压力太低或管路堵塞	（1）针对故障原因设法排除，使电磁铁恢复正常工作 （2）修理或更换管路 （3）拆卸并修复小活塞 （4）检修 （5）调整压力，检查和排除管路堵塞故障
5	闷车	（1）锻件加热温度低 （2）工作台过高 （3）锻件未正确放入模膛中	针对不同的故障原因采取相应的排除方法

续表

序号	常见故障	产生原因	排除方法
5	闷车	(4) 锻件毛坯尺寸过大 (5) 电动机传动带松弛 (6) 摩擦保险装置螺钉松动,不能传动额定转矩 (7) 主滑块润滑不良 (8) 限位开关凸轮位置过于提前,造成提前排气 (9) 压缩空气压力低 (10) 离合器活塞皮碗漏气 (11) 电动机转速不够 (12) 离合器摩擦片间隙过大	针对不同的故障原因采取相应的排除方法
6	连击	(1) 限位开关失灵(或凸轮不起作用) (2) 快速进气头卡死,离合器不排气或排气不通畅 (3) 离合器摩擦片脱落而卡住 (4) 离合器空气分配阀卡住,使离合器不排气 (5) 制动失灵	针对不同的故障原因采取相应的排除方法
7	下顶料杆顶不出锻件(工作失灵)	(1) 杠杆着力点处的拉杆调节不当 (2) 杠杆着力点处垫块掉落 (3) 着力点处轴断开或跑出 (4) 杠杆的保险销断开 (5) 杠杆系统连接轴润滑不良而磨损	(1) 调节杠杆着力点处的拉杆,使着力点处的拉杆缩短 (2) 重新垫好垫块 (3) 更换新轴或将跑出的轴安装好 (4) 更换保险销 (5) 升高支点,加强润滑
8	制动带断开或制动缸损坏	(1) 制动电磁铁不吸合,制动带处于制动状态 (2) 制动分配器电磁铁的阀杆连接轴断开(或掉落),制动缸不进气,制动带张不开,而机器依然动作 (3) 通往制动缸的管路漏气,制动动作缓慢 (4) 制动活塞皮碗损坏,制动带张开不够	(1) 消除制动阀分配器磁铁不吸合的因素 (2) 把控制制动的电磁阀与磁铁连接好,使其动作协调 (3) 接好通往制动气缸的漏气管路 (4) 更换制动活塞皮碗

续表

序号	常见故障	产生原因	排除方法
8	制动带断开或制动缸损坏	（5）离合器的磁铁阀卡住或快速进气头小活塞卡死，离合器不排气	（5）排除离合器磁铁阀卡死原因，如果是快速进气头卡死，应检查小活塞紧固皮碗的螺钉是否掉（断）落
		（6）离合器调整螺钉断开或自动退出主动片和被动片，使其不能及时脱开（指二、三片）而连击	（6）更换摩擦片的调整螺钉或重新调整好脱出的调整螺钉
		（7）离合器摩擦片脱落形成连击（制动带处于制动状态）	（7）拆开离合器，更换摩擦片或取出脱落的碎摩擦片
		（8）离合器中主动片、被动片及小齿轮磨损，摩擦片移动迟缓	（8）修复离合器主动片、被动片及齿轮或更换新片
		（9）因气路不通畅而使平衡缸不起作用	（9）更换平衡缸已磨损的皮碗，或排除平衡缸气路不通畅的故障

学习单元3 热模锻压力机用模具和工具、量具

学习目标

➢ 能够根据工艺过程选择工具和量具
➢ 能够进行热模锻压力机用模具的安装与调整

知识要求

一、热模锻压力机用工具和量具

锻工用的钳子和其他夹持工具应采用低碳钢制造，并应具有一定的弹性。钳把不得有尖锐的尾部，钳口形状应与所夹持锻件的形状相吻合。当夹持较大、较重的锻件时，夹钳把末端应套上铁箍锁紧。润滑模具和清除氧化皮的工具必须有一定的长度，大锤柄需用坚固及韧性好的木料制作。锤柄装入锤头后，需用金属楔子楔紧。冲子顶部不允许淬火，錾子、冲子及型锤顶部应当稍稍隆起。

水平交点尺寸用游标卡尺检查，圆角半径一般采用圆角样板和光隙方法检查。模锻斜度可以利用万能角度尺进行检测。大型或带台阶的锻件可以放在划线平台上用游标高度尺测量，筒形模锻件的壁厚尺寸一般用游标卡尺测量。在检查细长轴类锻件的挠曲度时，可将其放在平台上反复旋转，目测间隙，用塞尺测定最大间隙处的挠曲度。

二、热模锻压力机用模具

1. 锻模模具

模锻所使用的模具称为锻模。由于在热模锻压力机上的工作条件较好，模具可采用镶块式组合结构。锻模的设计依据是预锻模膛或终锻模膛的热锻件图在分模面上的投影形状。

与锤上锻模一样，热模锻压力机的锻模也由上、下两个模块组成。其模膛直接在上、下两模块上做出的叫做整体锻模，如图3—27所示。锻模的某些模膛在上、下两个镶块上做出，然后将镶块紧固在模座上的锻模叫做镶块锻模，如图3—28所示。

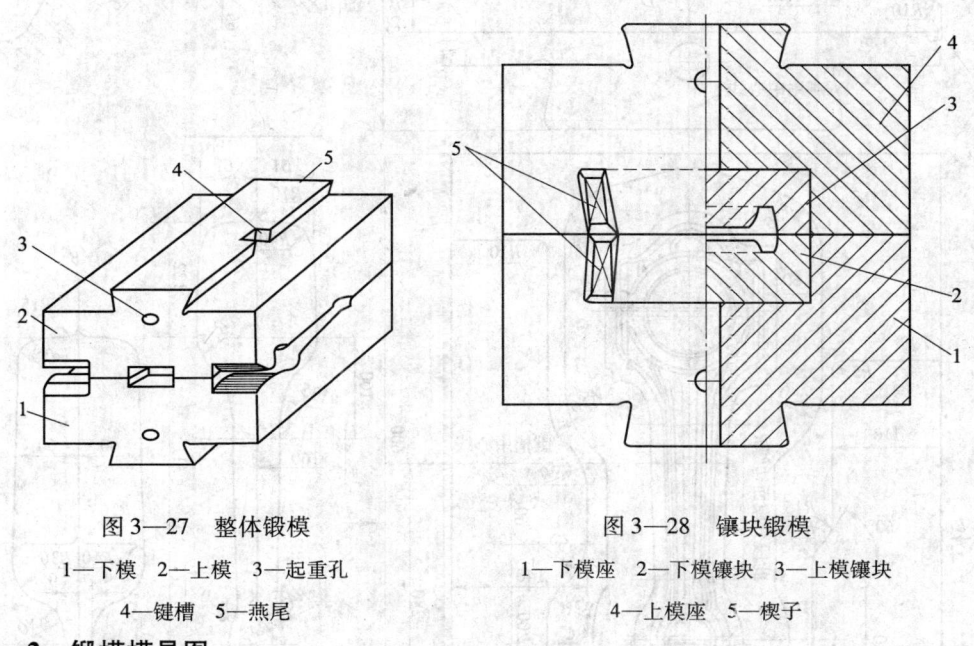

图3—27　整体锻模
1—下模　2—上模　3—起重孔
4—键槽　5—燕尾

图3—28　镶块锻模
1—下模座　2—下模镶块　3—上模镶块
4—上模座　5—楔子

2. 锻模模具图

制造和验收锻模所依据的图样称为锻模图。这类锻模图样的绘制方法与一般机械图样的画法基本相似，下面着重介绍热模锻压力机锻模图的画法。

锻模图由两部分组成，即热锻件图和一组锻模视图。热锻件图绘制在图纸幅面的右上角，在图幅右下角的标题栏及明细栏上方注明技术条件。当同一幅图上不便于容纳所有的视图时，可以把热锻件图绘制在第二张图纸上。如图 3—29 所示为连杆锻模图及热锻件图，主视图采用锻模在工作状态下的安放位置，且将上模和下模叠合在一起表示。

（1）锻模图的绘制特点

锻模图具有零件图和装配图的绘制特点。

1）终锻模膛的图形不需要用单独的视图来表达，只需要在锻模图的俯视图上绘制终锻模膛在下模部分的图形，然后标注出它与燕尾中心线和键槽中心线的相对位置尺寸，或标注出它与检验面的相对位置尺寸。当锻件形状简单时，终锻模膛的视图和尺寸可以直接在模块上或镶块上绘制。如图 3—30 所示为将尺寸直接标注在终锻模膛上。

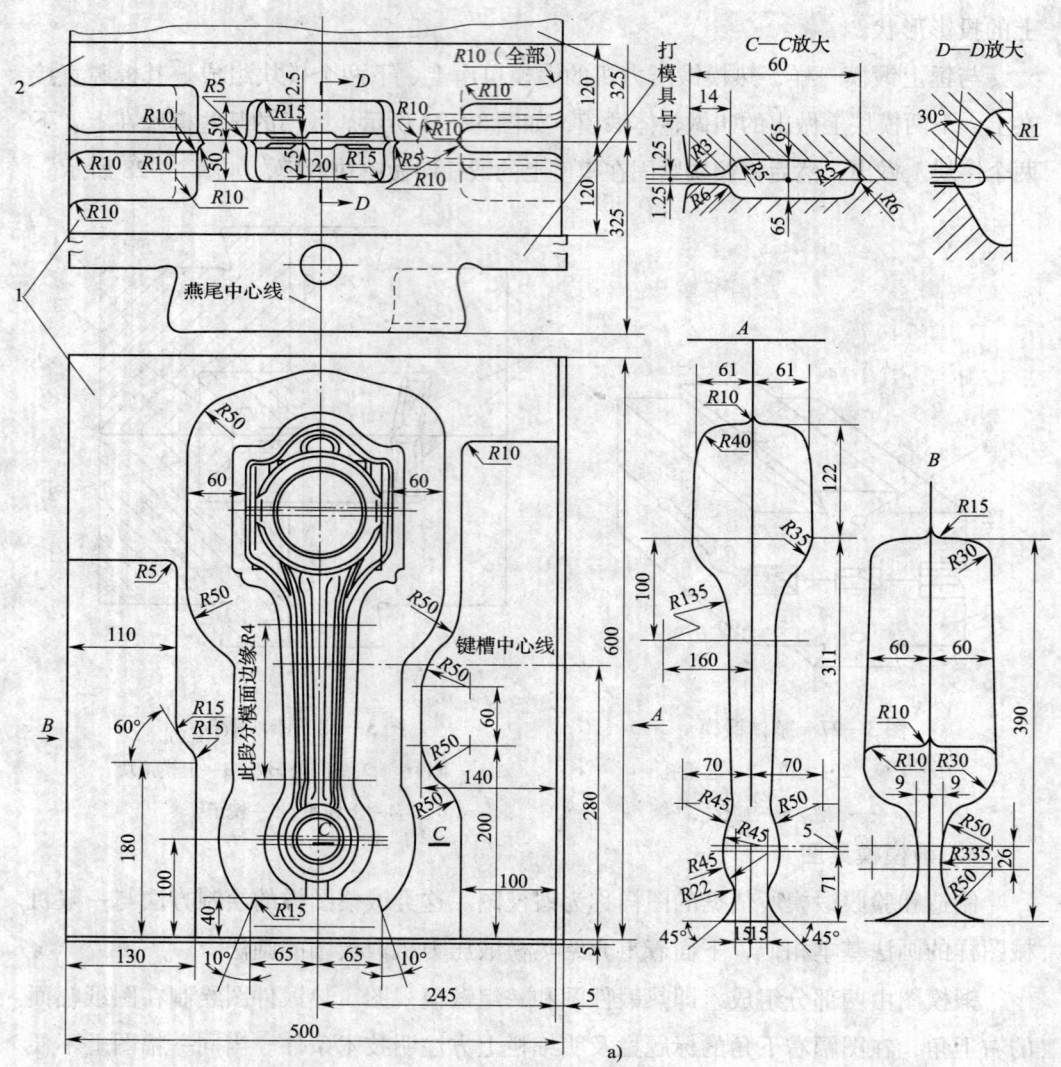

a)

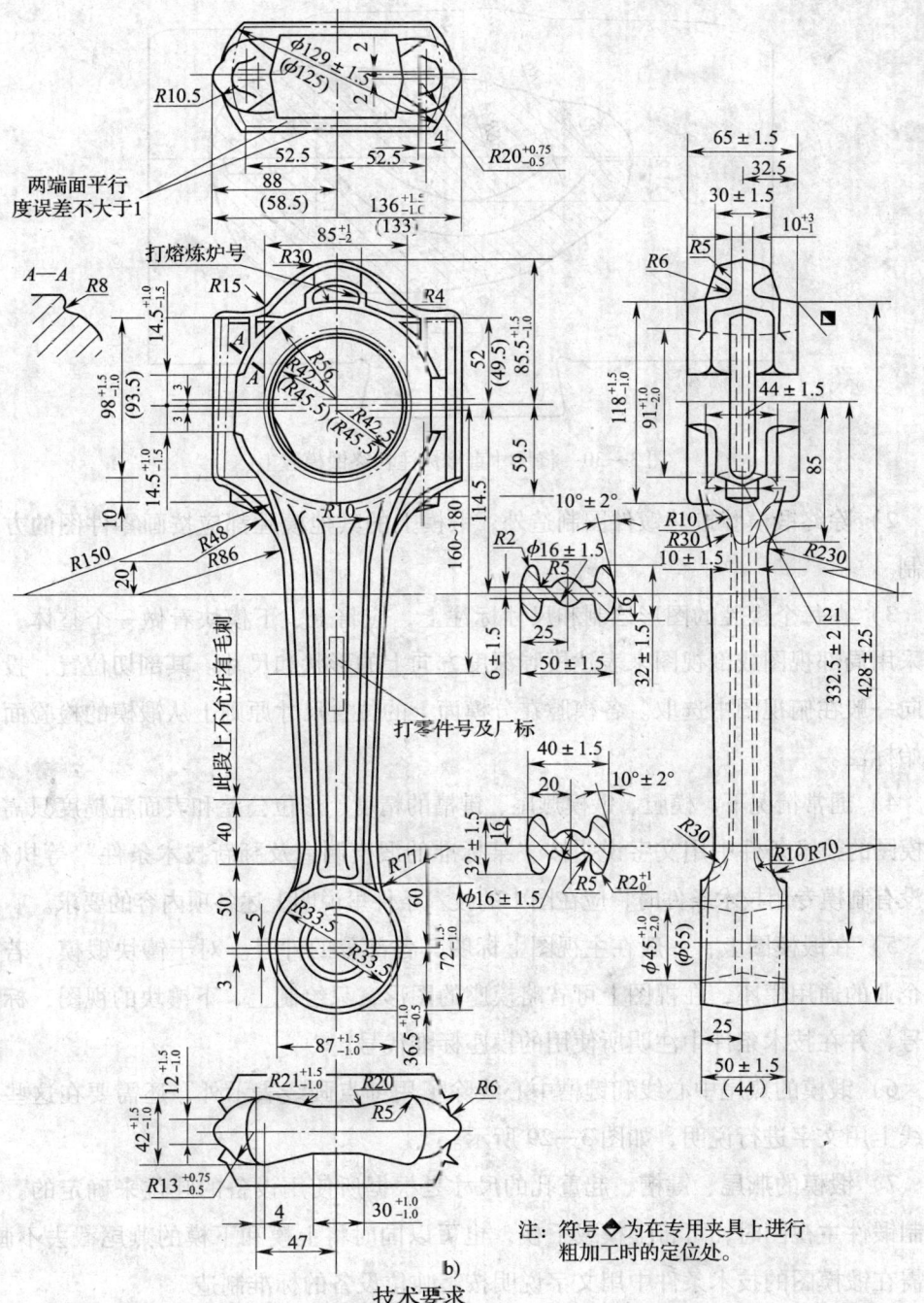

注：符号◆为在专用夹具上进行粗加工时的定位处。

技术要求

1. 按热锻件图制造终锻模膛。
2. 模膛尺寸精度和表面粗糙度执行本厂锻模制造及验收技术条件。
3. 上模：5CrMnMo钢，41~46HRC；
   下模：5CrMnMo钢，41~46HRC。

图 3—29　连杆锻模图及热锻件图
a）连杆锻模图　b）连杆热锻件图

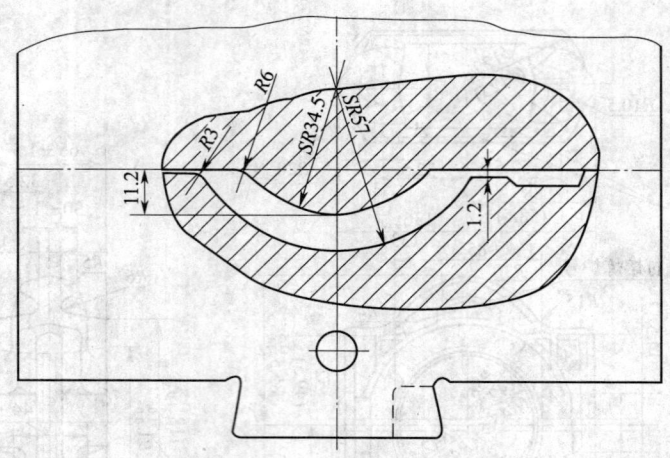

图3—30 将尺寸直接标注在终锻模膛上

2）除终锻模膛按热锻件图制造外，锻模上的其他模膛都应按画零件图的方法绘制。

3）在每个模膛的图形绘制和尺寸标注上，应将上、下模块看做一个整体，通常采用局部视图或剖视图来表达模膛深度方向上的形状和尺寸。其剖切位置、投影方向一般在俯视图中选取。各模膛在分模面上的位置尺寸原则上从锻模的检验面上开始标注。

4）通常情况下，模膛、锻模燕尾、键槽的精度、形位公差和表面粗糙度只需在锻模图的技术条件中用文字说明按"某标准的锻模制造及翻新技术条件"等执行。当没有制模专用技术条件时，应在图中的技术条件里说明上述各项内容的要求。

5）在锻模图上，一般在主视图上标明其各部分的件号。对于镶块锻模，若采用企业的通用模座，在视图上可省略模座的图形，只绘制上、下镶块的视图，标明件号，并在技术条件中注明所使用的模座标准代号。

6）锻模的燕尾中心线和键槽中心线除了用细点画线表示外，还需要在这些中心线上用文字进行说明，如图3—29所示。

7）锻模的燕尾、键槽、起重孔的尺寸是根据所使用设备的吨位来确定的。在绘制锻件主视图时，可将上模或下模，也可以同时将上模和下模的燕尾截去不画，但需在锻模图的技术条件中用文字说明按某吨位设备的标准制造。

(2) 锻模技术条件

锻模技术条件主要包括以下内容：

1）终锻模膛的加工依据。

2）锻模各部位的加工精度及表面粗糙度。

3）燕尾、键槽、起重孔尺寸的加工依据。
4）锻模模膛、燕尾部位的硬度值。
5）模具代号印记。

若上述内容已有企业标准、说明，按有关标准执行即可，不必逐项注明。

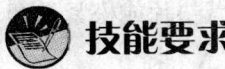 **技能要求**

一、工作名称

模锻压力机用模具的安装、调整和使用。

二、工作任务

1. 会安装及调整模锻压力机用模具。
2. 熟悉模锻压力机模具的使用。

三、工作过程

1. 热模锻压力机用模具的安装与调整

（1）热模锻压力机用模具的安装

1）安装模座。安装模座前要检查压力机的精度，包括工作台面的平面度、滑块与工作台的平行度、压力机的闭合高度及导轨间隙等。经检查合格后方可安装模座。安装时，将成套对合的模座放在工作台的适当位置后，先将上模座固定在滑块上，然后再以寸动操作调整下模座的位置，直到导柱和导轨的间隙均匀、滑动良好后再加以紧固。紧固后必须保证上、下模衬（或称垫板、模套）凹槽的侧基面一致，用钢直尺检查时，两者应在一个垂直面上。

2）安装和调整镶块模。镶块模各模膛是按锻件的工步图设计的，分为单模膛镶块和多模膛镶块。镶块模在安装前应检查其尺寸是否与模衬空间尺寸相适应，以防止模具尺寸超限而使滑块卡住或压坏模具。单模膛矩形镶块模的安装和调整步骤如下：

①上升滑块到最高位置。

②将上、下镶块模合起后对正，使侧面平齐，置于模衬中间位置，与模衬侧基面保持一定距离。

③关闭电动机，并在飞轮转速逐渐慢下来时调整行程，将滑块降到接近最低位置。

④将镶块模的侧面与模衬的侧面靠紧，对于单模膛矩形镶块，用斜楔固定好；对于多模膛矩形和圆形镶块，在镶块模从左到右放入模衬后，用压板和螺钉将其压

紧在模衬中。

⑤检查模具紧固无误后，可用适当大小的铅块进行样件试锻，或用加热的坯料进行试锻，检查锻件几何尺寸和锻件错移是否符合要求。

⑥模锻件高度尺寸的调整通过采用升降压力机工作台的方法来实现。

⑦模锻件错移的控制，左右由模具基准面保证，前后通过增减垫片或松紧带螺杆的斜楔来完成。

多模膛镶块模的安装和调整步骤与上述单模膛大致相同，只是采用的紧固零件不同。当将镶块模从左至右依次放入模衬后，是用压板和螺钉将其压紧到模衬中的。

(2) 热模锻压力机用模具的调整

常见的热模锻压力机是采用电气—压缩空气联合控制系统进行操作的，如图3—31所示。热模锻压力机有连杆式热模锻压力机和楔式热模锻压力机之分，压力机的开动一般用按钮或脚踏板开关实现。调整时应注意：在调整过程中始终以寸动行车；不允许将任何异物留在分模面之间；每次调整后应紧固模具，使其不能松动；调整用的垫片应事先按标准制成各种规格，以备使用。垫片材料最好用中碳钢，不允许随意用软钢代替。若调整时选用的垫片面积太小，可能将模具或设备装模空间的支撑面压塌，造成定位不准确。具体调整操作方法有以下三种：

1) 单次行程。按下按钮或踩下脚踏板后，滑块由上止点移到下止点，再回到上止点，完成一次往复运动。需要进行下次行程时，必须再重复踩下脚踏板或按下按钮。

2) 自动行程。按下按钮或踩下脚踏板后，滑块便自动连续往复运动，直到松开按钮或脚踏板时滑块才停止在上止点位置。

3) 调整（寸步）行程。短暂地按下按钮或踩一下脚踏板随即松开，使滑块做短距离运动，即"随点随动"，行程的大小和滑块停止的位置由操作者根据工作需要来决定，这种操作方法主要在调整或检查模具的安装精度时使用。热模锻压力机在使用中主要需进行模具闭合高度的调整。对于楔式热模锻压力机，是通过调整电动机带动装在连杆大头上的蜗杆和偏心轮来实现的。对于传统连杆式热模锻压力机，是通过调整安装在工作台上的斜楔来实现的。对于 MP 型热模锻压力机，是采用压力装置调整滑块位置（调整装模高度）的。

2. 热模锻压力机用模具的使用

(1) 模具的预热

为保证模具的正常使用，延长模具的使用寿命，锻打前模具必须预热，温度通常为 150~350℃（对于高合金钢模具预热温度应偏高，对于南方地区的企业，模具预热温度可偏低）。如果停锻时间长，特别是冬季时节，模具必须重新预热到要求的温度；或者在停锻时间内模具需一直保温。

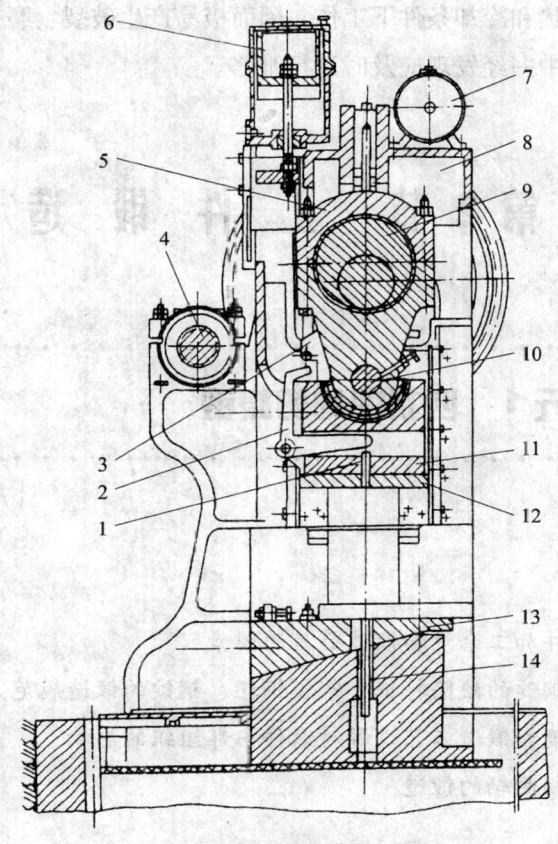

图 3—31 常见的热模锻压力机

1—上顶杆 2—上顶料器 3—支架 4—传动轴 5—连杆 6—平衡缸 7—电动机
8—机身 9—曲轴 10—连杆轴销 11—滑块 12—上垫板 13—楔形工作台 14—下顶杆

（2）锻模的冷却

锻模在锻打中必须进行冷却。冷却的方法有外冷法和内冷法两种，一般采用外冷法。通常使用的方法一是用压缩空气一面吹净氧化皮，一面冷却锻模；二是用盐水或油剂润滑，一面润滑锻模，一面冷却锻模。

（3）锻模的润滑

必须及时润滑锻模以减小摩擦力。常用的润滑剂有重油、盐水、玻璃粉、胶体石墨（油剂和水剂）、二硫化钼等混合润滑剂。

（4）清除氧化皮

生产时必须严格清除氧化皮，一般多用压缩空气吹除氧化皮。

（5）随时修磨模腔中出现的缺陷。

四、注意事项

锻模在反复受热和冷却条件下工作,因而极易产生破裂、磨损、压堆、压塌和变形,在使用过程中一经发现应及时进行维修。

第 2 节 工 件 锻 造

 学习单元 1　四拐曲轴的模锻

 **学习目标**

➢ 掌握影响锻件加工余量和锻造公差的因素
➢ 了解钢坯、钢锭的缺陷特征,掌握钢坯、钢锭的锻造规范
➢ 掌握锻造温度和锻造工艺过程对锻件内部组织的影响
➢ 能够进行四拐曲轴的锻造

 **知识要求**

一、影响锻件加工余量和锻造公差的因素

1. 锻件的加工余量和锻造公差

(1) 锻件的加工余量

1) 基本概念及计算公式。加工余量是指加工过程中在工件表面所切去的金属层厚度。加工余量有总加工余量和工序加工余量之分。由毛坯转变为零件的过程中,在某加工表面上切除金属层的总厚度称为该表面的总加工余量(也称毛坯余量);一般情况下,总加工余量并非一次切除,而是分在各工序中逐渐切除,故每道工序所切除的金属层厚度称为该工序的加工余量,简称工序余量,如图3—32所示。工序余量是相邻两工序的工序尺寸之差,毛坯余量是毛坯尺寸与零件图样的设计尺寸之差。由于工序尺寸有公差,故实际切除的余量大小不等。

对于被包容表面，工序余量为：

$$Z_b = a - b$$

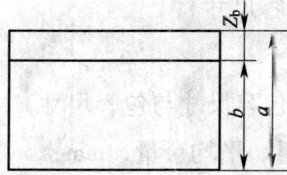
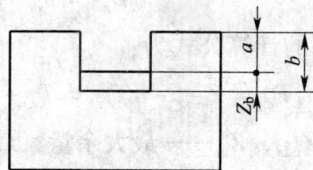
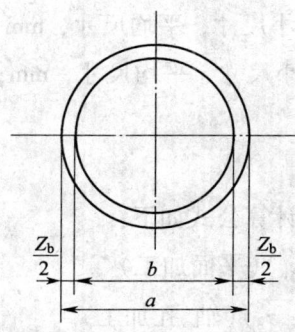
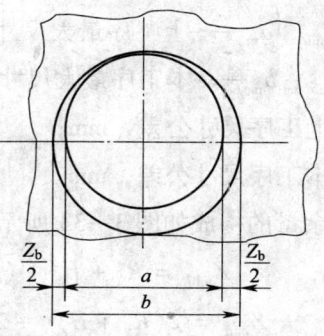

图 3—32　工序余量

对于包容表面，工序余量为：

$$Z_b = b - a$$

式中　Z_b——本工序余量，mm；

　　　a——前工序尺寸，mm；

　　　b——本工序尺寸，mm。

总加工余量的计算公式为：

$$Z_s = \sum_{i=1}^{n} Z_i$$

式中　Z_s——总加工余量，mm；

　　　Z_i——第 i 道工序的加工余量，mm；

　　　n——该表面加工工序数。

最大余量的计算公式为：

$$Z_{max} = a_{max} - b_{max}（被包容尺寸）$$
$$Z_{max} = b_{max} - a_{max}（包容尺寸）$$

最小余量的计算公式为：

$$Z_{min} = a_{min} - b_{min}（被包容尺寸）$$
$$Z_{min} = b_{min} - a_{min}（包容尺寸）$$

平均余量的计算公式为:
$$Z_m = a_m - b_m (被包容尺寸)$$
$$Z_m = b_m - a_m (包容尺寸)$$

余量公差的计算公式为:
$$T_Z = Z_{max} - Z_{min} = T_a + T_b (被包容尺寸与包容尺寸)$$

式中 Z_{max}, Z_{min}, Z_m——最大余量、最小余量、平均余量,mm;

T_Z——余量公差,mm;

a_{max}, a_{min}, a_m——上工序最大尺寸、最小尺寸、平均尺寸,mm;

b_{max}, b_{min}, b_m——本工序最大尺寸、最小尺寸、平均尺寸,mm;

T_a——上工序尺寸公差,mm;

T_b——本工序尺寸公差,mm。

最小加工余量的构成如图3—33所示,其计算公式如下:
$$Z_{min} = R_y + H_a + (\vec{e_a} + \vec{\varepsilon_b}) (平面加工)$$
$$Z_{min} = 2(R_y + H_a) + 2(\vec{e_a} + \vec{\varepsilon_b}) (轴、孔加工)$$

式中 R_y——上一工序表面粗糙度值,μm;

H_a——上一工序表面缺陷层厚度,mm;

e_a——上一工序形位误差,mm;

ε_b——本工序装夹误差,mm。

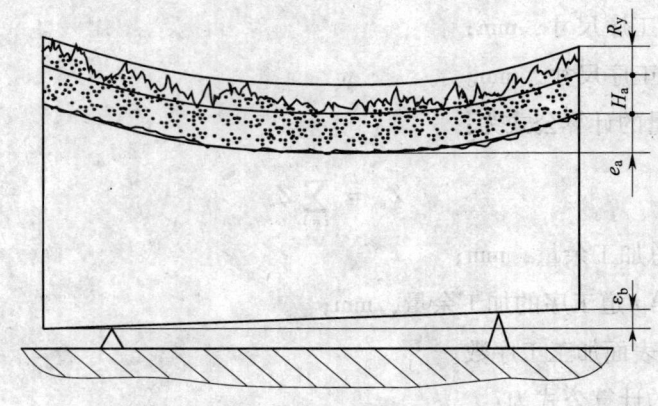

图3—33 最小加工余量的构成

2)加工余量的确定方法

①计算法。采用计算法确定加工余量比较准确,但需掌握必要的统计资料并具备一定的测量手段。

②查表法。是指利用各种手册所给的表格数据,再结合实际加工情况进行必要

的修正，以确定加工余量。此法方便、迅速，生产上应用较多。

需要指出的是：目前国内各种手册所给的余量多数为基本余量，基本余量等于最小余量与上一工序尺寸公差之和，即基本余量中包含了上一工序尺寸公差，此点在应用时需加以注意。

③经验法。是指由一些有经验的工程技术人员或工人根据现场条件和实际经验确定加工余量。此法多用于单件、小批量生产。

在实际生产过程中，各企业应根据本企业的具体情况制定符合本企业生产实际（如设备条件、机械加工情况和工人的操作水平等）的余量公差标准，作为技术规范中的一个文件。在这里还必须指出的是：工艺师和设计师也可以在个别情况下改动技术规范中的余量公差标准。因为在技术规范中往往难以考虑到所有的各种不同外形和加工方案的锻件的特殊条件及影响因素。

（2）锻件的公差

模锻件的公差按所代表的技术要素的定义可分为以下几种：

1）尺寸公差。包括长度、宽度、厚度、中心距、角度、模锻斜度、圆弧半径和圆角半径等公差。

2）形位公差。包括直线度、平面度、同轴度、错移量、剪切端变形量和杆部变形量等。

3）表面技术要素公差。包括表面缺陷深度、剪拉毛刺的尺寸、顶杆压痕深度和表面粗糙度等。

各项公差都不应互相叠加，具体数值可查阅锻造工艺手册等技术资料。

（3）模锻件加工余量和锻造公差

模锻件机械加工余量和公差一般应根据国家标准《钢质模锻件 公差及机械加工余量》（GB/T 12362—2003）确定。

2. 影响锻件的加工余量和锻造公差的因素

一般来说，锻件图就是在零件尺寸的基础上加上机械加工余量和锻件的尺寸公差绘制而成的。因此，机械加工余量和锻件的尺寸公差值成为绘制锻件图的必要条件。机械加工余量的数值主要取决于锻件需方的要求，它与机械加工的加工工序以及加工机床、零件的精度要求和表面粗糙度要求等有关。锻件公差数值主要取决于锻件供方的能力和水平，它与锻造厂的设备、工艺水平、操作技术水平密切相关。锻件公差的大小大致反映了该企业的技术实力和管理水平。

总的来说，机械加工余量和锻件公差标准不是一成不变的标准，而是供需双方协商的结果。影响锻件加工余量和锻造公差的因素见表2—17。表中所列影响因素中的误差及缺陷有时会重叠在一起。

二、锻件缺陷的影响

1. 锻件缺陷

锻件的缺陷包括表面缺陷和内部缺陷。有的锻件缺陷会影响后续工序的加工质量，有的则严重影响锻件的性能，缩短所制成品件的使用寿命，甚至危及安全。因此，为提高锻件质量，避免锻件缺陷的产生，应采取相应的工艺对策，同时还应加强生产全过程的质量控制。

（1）钢锭常见缺陷

钢锭的常见缺陷有偏析、夹杂、气体、气泡、缩孔、疏松、裂纹和溅疤等，它们的性质、特征和分布情况对锻造工艺和锻件质量都有影响，这一点在第2章已进行了说明，这里不再赘述。

（2）型材常见缺陷

铸锭经过轧制、挤压和锻造加工等方法形成不同断面和尺寸的型材，由于经过变形加工，型材的组织结构得到改善，变形越充分，残存的铸造缺陷越少，材料的质量和性能越好。但在轧制、挤压和锻造过程中可能产生新的缺陷，下面是型材的常见缺陷：

1）划痕。金属在轧制过程中，由于各种意外原因在其表面划出伤痕，深度达 0.2~0.5 mm，会影响锻件的质量。

2）折叠。型材在成型过程中，由于变形过程不合理，已氧化的表层金属被压入金属内部而形成折叠。在折叠处易产生应力集中，影响锻件的性能。

3）发裂。钢锭皮下气泡被轧扁、拉长、破裂形成发状裂纹，深度为 0.5~1.5 mm。在高碳钢和合金钢中易产生此缺陷。

4）结疤。浇注时，钢液飞溅而凝固在钢锭表面，在轧制过程中被辗轧成薄膜而附着于轧材表面，其深度约为 1.5 mm。

5）碳化物偏析。通常在含碳量高的合金钢中易出现这种缺陷。其原因是钢中的莱氏体共晶碳化物和二次网状碳化物在开坯和轧制时未被打碎和不均匀分布造成的。碳化物偏析会降低钢的锻造性能，容易引起锻件开裂等缺陷。

6）白点。它是隐藏在锻件内部的一种缺陷，在钢坯的纵向断口上呈圆形或椭圆形的银白色斑点，在横向断口上呈细小裂纹，因此会显著降低钢的韧度。白点的大小不一，长度由 1~20 mm 不等或更长。一般认为白点是由于钢中存在一定量的氢和各种内应力（如组织应力、温度应力、塑性变形后的残余应力等）共同作用下产生的。当钢中含氢量较多和热压力加工后冷却太快时容易产生白点。为避免产生白点，首先应提高冶炼质量，尽可能降低氢的含量；其次在热加工后采用缓慢冷却的方法，让氢充分逸出和减小各种内应力。

7）非金属夹杂。夹杂物在轧制时被辗轧成条带状。夹杂物破坏了基体金属的连续性，严重时会引起锻件开裂。

8）铝合金的氧化膜。在熔炼过程中，敞露的熔体液面与大气中的水蒸气或其他金属氧化物相互作用时形成的氧化膜在浇注时被卷入液体金属内部，铸锭经轧制或锻造，其内部的氧化膜被拉成条状或片状，降低了横向力学性能。

9）粗晶环。铝合金、镁合金挤压棒材在其圆断面的外层区域常出现粗大晶粒，称为粗晶环。粗晶环的产生原因与许多因素有关，其中主要是由于挤压过程中金属与挤压筒之间的摩擦过大而引起的。有粗晶环的棒料锻造时容易开裂，如粗晶环保留在锻件表层将会降低锻件的性能。因此，锻造前通常须将粗晶环车去。

在上述缺陷中，划痕、折叠、发裂、结疤和粗晶环等均属于材料表面缺陷，锻造前应去除，以免在锻造过程中继续扩展或残留在锻件表面上，降低锻件质量或导致锻件报废。碳化物偏析、白点、非金属夹杂等属于材料内部缺陷，严重时将显著降低锻造性能和锻件质量。因此，在锻造前应加强材料质量检验，不合格的材料不应投入生产。

2. 锻坯缺陷对锻件质量的影响

锻造生产中，除了必须保证锻件所要求的形状和尺寸外，还必须满足零件在使用过程中所提出的性能要求，其中主要包括强度指标、塑性指标、冲击韧度、疲劳强度、断裂韧度和抗应力腐蚀性能等。对高温条件下工作的零件，还有高温瞬时拉伸性能、持久性能、抗蠕变性能和热疲劳性能等。锻造用的原材料是铸锭、轧材、挤材和锻坯。而轧材、挤材和锻坯分别是铸锭经轧制、挤压及锻造加工后形成的半成品。

原材料的良好质量是保证锻件质量的先决条件，如原材料存在缺陷，将影响锻件的成型过程及锻件的最终质量。如原材料的化学元素超出规定的范围或杂质元素含量过高，对锻件的成型和质量都会带来较大的影响，例如，S，B，Cu 和 Sn 等元素易形成低熔点相，使锻件易出现热脆现象。为了获得本质细晶粒钢，钢中残余铝的含量需控制在一定范围内，如含铝量为 0.02%～0.04%。含铝量过少，起不到控制晶粒长大的作用，常易使锻件的本质晶粒度不合格；含铝量过多，压力加工时在形成纤维组织的条件下易形成木纹状断口、撕痕状断口等。又如，在 1Cr18Ni9Ti 奥氏体不锈钢中，Ti，Si，Al，Mo 的含量越多，则铁素体相越多，锻造时越易形成带状裂纹，并使零件带有磁性。如原材料内存在缩孔残余、皮下起泡、严重碳化物偏析、粗大的非金属夹杂物（夹渣）等缺陷，锻造时易使锻件产生裂纹。夹杂主要指冶炼时产生的氧化物、硫化物、硅酸盐等非金属夹杂。有时也包括浇注系统不清洁，耐火材料质量不良带入的外来夹杂物。夹杂是一种异相质点，它的存在对热锻过程和锻件质量均有不良影响，它破坏金属的连续性，在应力作用下，在夹杂处产生应力集中，会引发显微裂纹，成为锻件疲劳破坏的疲劳源。如低熔点夹杂物过多地分布于晶界上，在锻造时会引起热脆现象。可见，夹杂不利于铸锭的锻造性能和锻后的力学性能。气泡主要产生在钢锭的冒口、底部及中心部位。在切除冒口和底部后，只要气泡不是敞开的或气泡内壁未被氧化，通过锻造可以焊合，否则在锻造时会产生裂纹。原材料内的树枝状晶粒、严重疏松、非金属夹杂物、白点、氧化膜、偏析带及异种金属混入等缺陷易导致锻件性能下降。原材料的表面裂纹、折叠、结疤、粗晶环等易造成锻件的表面裂纹。

三、锻造温度对锻件内部组织的影响

始锻温度高，则金属的塑性高，抗力小，变形时消耗的能量小，可以采取变形量更大的工艺。但加热温度过高，不但氧化、脱碳严重，还会引起过热、过烧。如果始锻温度过低，则金属的塑性不高，抗力大，使锻造温度的区间变小，并且缩短操作时间。终锻温度过高（大厚度锻件外表850℃，中心温度超过1 000℃时），停锻之后，锻件内部晶粒会继续长大，形成粗晶组织。例如，低碳钢的终锻温度若比Ar_1线高出太多，锻后奥氏体晶粒将再次粗化。此时若空冷，在较快的冷却速度下，魏氏组织轻易在粗大晶粒的奥氏体中产生，它是由在一定晶面析出的铁素体和珠光体所构成的。魏氏组织也是钢产生过热的组织特征，若魏氏组织化非常严重时，仅用退火或正火也难以完全消除，必须用锻造予以矫正。采用常规锻造比时，终锻温度为（表面）800℃左右，对需要强化的低碳合金钢，有时需在两相区锻造，对无磁钢（如Cr18Mn18等）类不锈钢来说，有时需要在550℃以下温锻强化（把抗拉强度提高到950 MPa以上），即靠位错、缠结、晶粒畸变等微观组织变异来强化。但若终锻温度低于再结晶温度，锻坯内部会出现加工硬化，使塑性降低，变形抗力急剧增大，容易使坯料在锻打过程中开裂，或在坯料内部产生较大的残余应力，致使锻件在冷却过程或后续工序中发生开裂。另外，不完全热变形还会造成锻件组织的不均匀。为了保证锻后锻件内部组织为再结晶组织，终锻温度一般要比金属的再结晶温度高50～100℃。金属的变形抗力图常常作为确定终锻温度的主要依据之一。总之，锻造温度对锻件内部组织影响极大。

四、锻造工艺过程对锻件内部质量的影响

锻造工艺过程一般由下料、加热、成型、锻后冷却、酸洗及锻后热处理等工序组成。锻造过程中如果工艺不当,将可能产生一系列的锻件缺陷。加热工艺包括装炉温度、加热温度、加热速度、保温时间、炉气成分等。如果加热不当,例如,加热温度过高和加热时间过长,将会引起脱碳、过热、过烧等缺陷。对于断面尺寸大及导热性差、塑性低的坯料,若加热速度太快,保温时间太短,往往使温度分布不均匀,引起热应力,并使坯料发生开裂。锻造成型工艺包括变形方式、变形程度、变形温度、变形速度、应力状态、工具和模具的情况及润滑条件等,如果成型工艺不当,将可能引起粗大晶粒、晶粒不均匀、各种裂纹、折叠以及铸态组织残留等缺陷。锻后冷却过程中,如果工艺不当可能引起冷却裂纹、白点、网状碳化物等。奥氏体和铁素体耐热不锈钢、高温合金、铝合金、镁合金等在加热和冷却过程中没有同素异构转变的材料,以及一些铜合金和钛合金等,在锻造过程中产生的组织缺陷用热处理的方法不能改善。在加热和冷却过程中有同素异构转变的材料,如结构钢和马氏体不锈钢等,由于锻造工艺不当引起的某些组织缺陷或原材料遗留的某些缺陷对热处理后的锻件质量有很大影响。

技能要求

一、工作名称

四拐曲轴的模锻。

二、工作任务

锻坯材料:40Cr 钢;

锻坯单件质量:99.5 kg;

加热炉:推杆炉;

批量:单件或小批量。

锻件图:四拐曲轴锻件图如图 3—34 所示。

三、工作过程

选择的模锻生产工艺流程为:下料→加热→10 t 模锻锤模锻(弯曲、终锻)→10 000 kN 液压机切边→加热→12 500 kN 平锻机镦锻→3 t 模锻锤热校正→冷却→检验→热处理(调质)→最终检验→入库。

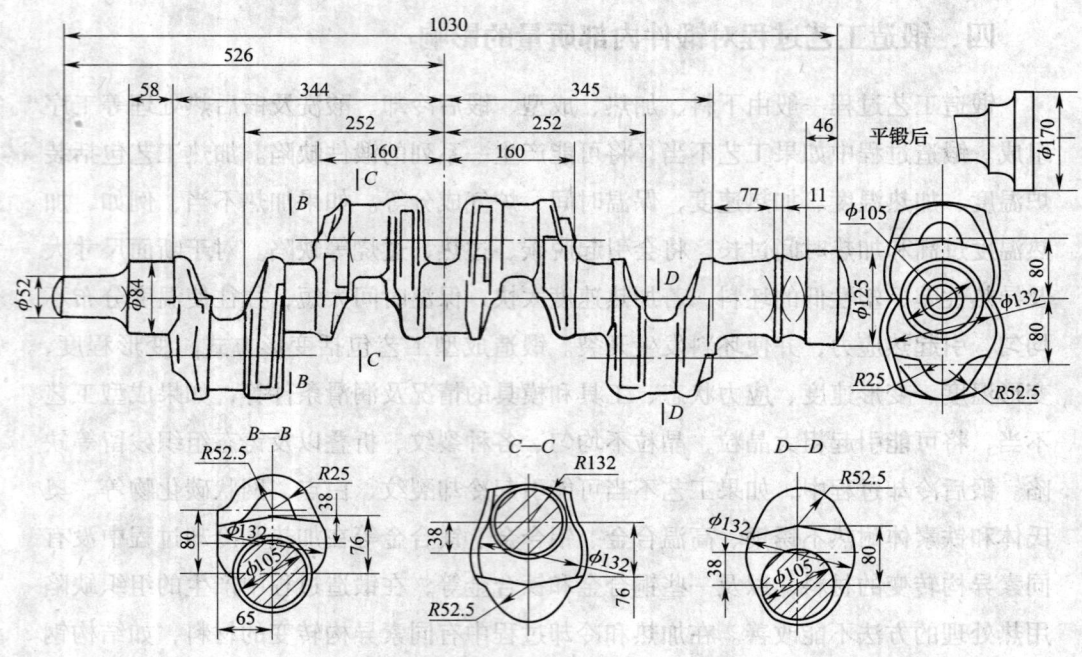

图 3—34　四拐曲轴锻件图

四拐曲轴模锻工艺卡见表 3—9。

表 3—9　　　　　　　　　　四拐曲轴模锻工艺卡

厂名	模锻工艺卡片	产品型号		零件图号		共1页
		产品名称		零件名称		第1页
材料牌号	40Cr 钢	锻件图（见图 3—34）				
下料直径（mm）	ϕ130					
下料长度（mm）	955					
坯料质量（kg）	99.5					
坯料制锻件数（件）	1					
锻件质量（kg）	78					
锻件材料利用率（%）	78.4					
零件材料利用率（%）						
火耗（kg）	7					

工序号	工步号	工序和工步名称	工序（工步）内容与要求	设备		工具		备注
				名称	编号	名称	编号	
1		下料	下料长度公差 955^{+3}_{-3}	710 圆盘锯床		710 圆锯片		

续表

工序号	工步号	工序和工步名称	工序（工步）内容与要求	设备		工具		备注
				名称	编号	名称	编号	
2		加热	连杆炉加热，每炉装炉量 40~50 件	8.1 m² 推杆炉				
3		模锻	弯曲，终锻	10 t 模锻锤		锻模		
4		切边		10 000 kN 液压机		切边模		
5		平锻	镦锻大头端部至 φ170 mm 法兰	12 500 kN 平锻机				
6		热校正		3 t 模锻锤		校正模		
7		检验	按锻件图检验					
				编制	校对	审核	会签	批准
标记	处数	更改文件号	签字	日期	标记	处数	更改文件号	签字	日期

四、注意事项

1. 锻工应将坯料夹持到弯曲模膛上，按规定要求放正，锤击后翻转 90° 入终锻模膛，轻击一锤后将坯料略微抬起，吹净模膛中的氧化皮，将坯料在模膛中重新放正，再连续锤击成型，借助于锻模的反弹力取出锻件，然后送到 10 000 kN 的液压机中切边。

2. 每锻完一根曲轴，应立即对锻模进行冷却和润滑。

3. 切边后将锻件置于平锻机上镦锻大头端部，然后置入热校正模校正。

学习单元 2　双头扳手、连杆和吊钩的模锻

学习目标

➢ 掌握模锻件的校正方法

➢掌握后续工序对模锻件的要求
➢能对双头扳手、连杆和吊钩等复杂锻件进行模锻
➢能够针对工具、模具损耗程度提出修复意见

知识要求

一、模锻件的校正方法

校正分为热校正和冷校正。热校正通常与模锻同一火次,在切边和冲孔后进行,主要是校正切边和冲孔时产生的变形。热校正可以在模锻锤的终锻模膛中进行,也可以在切边压力机的切边—校正或冲孔—校正复合模具中进行,还可以安排专门的校正设备来完成。热校正一般用于大型锻件、高合金钢锻件以及容易在切边和冲孔时变形的复杂锻件。冷校正作为模锻的最后工序,一般安排在热处理和清理工序之后进行。冷校正主要在摩擦压力机、曲柄压力机或模锻锤的校正模中完成,常用于中、小型结构钢锻件以及容易在冷切边、冷冲孔、热处理和滚筒清理过程中产生变形的锻件。为了提高塑性,防止产生裂纹,冷校正前锻件通常需进行退火或正火。

校正模膛是根据锻件图设计的,应注意冷校正模和热校正模一般不能通用。由于校正的主要目的在于校正变形,所以,校正模没有必要与终锻模膛完全一样。无论冷校正模还是热校正模,都应力求模膛形状简化,定位可靠,操作方便,制造简单。例如,长轴类锻件只设计出杆部的校正模膛,如图3—35所示。

校正模可分为整体式和镶块式两种。如图3—36所示为凸轮轴的整体校正模。由于凸轮轴的变形可能出现在两个方向上,因此校正模上有两个模膛,每个锻件在一个模膛中校正之后,翻转90°再放入另一个模膛校正。在实际生产中,需要采用校正模进行校正的锻件主要有如图3—37所示的几种情况。

校正模的使用和维护与锻模基本相同。校正的操作也比较简单。需要注意的是:锻件在校正模中应放在正确位置上;一般来说,校正不是体积变形,其所需能量远小于锻造。因此,当在锤上和摩擦压力机上热校正锻件时,应避免全能量打击。

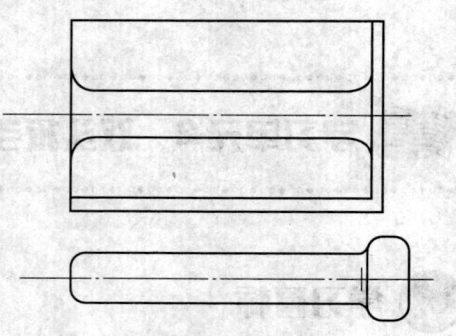

图3—35 杆部的校正模膛

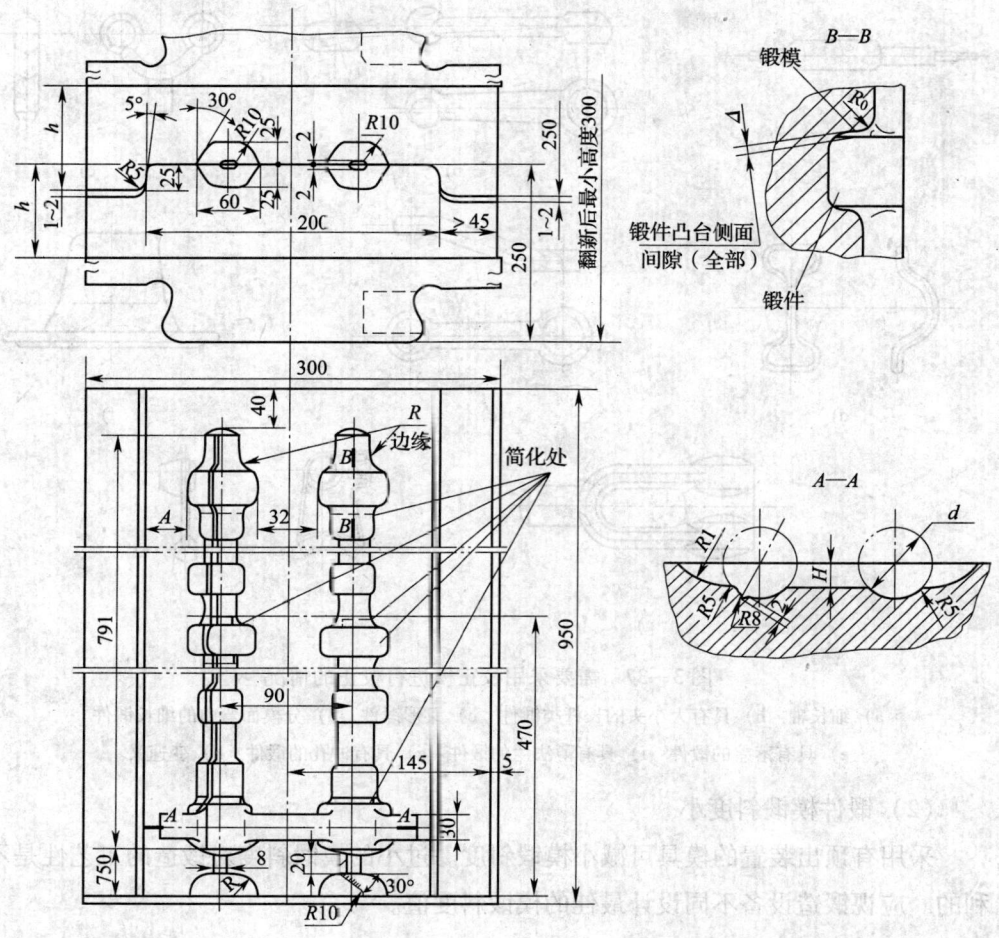

图 3—36　凸轮轴的整体校正模

二、模锻的后续工序及对锻件的要求

1. 机械加工工序对锻件的要求

机械加工工序对锻件的要求，总起来说，是以最少的机械加工工时、最少的机械加工工序，满足零件所要求的精度、表面粗糙度、形位公差等全部技术数据，达到图样要求。具体要求体现在以下几个方面：

（1）锻件尺寸精度高

尺寸精度高，就是公差小。高精度才能保证小的机械加工余量。过大的机械加工余量将花费太多的机械加工工时，太多的刀具磨损；过小的机械加工余量可能造成加工不出来，留有黑斑，最坏的结果是使零件报废。

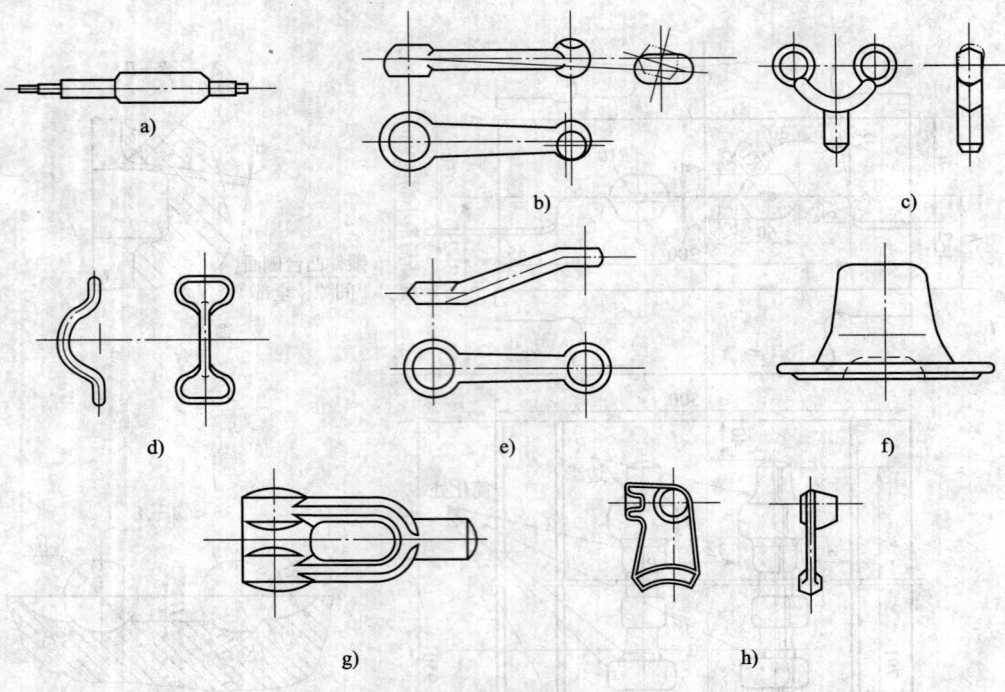

图 3—37 需要采用校正模进行校正的情况

a) 细长轴　b) 具有大小头的长杆类锻件　c) 叉形锻件　d) 分模面弯曲的细长锻件
e) 具有落差的锻件　f) 具有薄法兰的锻件　g) 具有冲孔的锻件　h) 变速叉

（2）锻件模锻斜度小

采用有顶出装置的模具可减小模锻斜度。过小的模锻斜度对锻造的工艺性是不利的。应视锻造设备不同设计最佳的模锻斜度值。

（3）锻件表面质量好

锻件清理的目的是清除氧化皮，氧化皮会加速机械加工刀具的磨损，还会使机械加工机床的精度降低，所以，机械加工工序要求供货锻件表面应无氧化皮。

（4）锻件形位公差小

有的锻件有同轴度、平面翘曲、弯曲度等要求，其实质是对形位公差的要求，形位公差小才能获得小的机械加工余量和少的机械加工工时，且能减轻刀具的磨损。

（5）锻件硬度合适

硬度过高，加工时较吃力；硬度太低，容易粘刀，表面粗糙度值较大。锻件锻后热处理的目的之一就是提供合适的硬度。

2. 零件热处理对锻件的要求

热处理工艺的目的是消除锻件存在的一些组织缺陷，改善锻件的组织和力学性能，因而热处理工艺对锻件有一定的要求：有些锻件存在的组织缺陷用正常的热处理较难消除，需采取高温正火、反复正火、低温分解、高温扩散等措施才能得到改善；有些锻件存在的组织缺陷用一般热处理工艺不能消除，结果使最终热处理后的锻件性能下降，甚至不合格；有些锻件的组织缺陷在最终热处理时将会进一步发展，甚至引起开裂。因此，从热处理角度来看，不允许锻件带有热处理之后仍不能改善的内部组织缺陷。

三、磨损后的工具和模具损耗的修复

1. 工具和模具的损耗判断

工具和模具的损坏形式有破裂、表层热裂、磨损和变形等。

（1）破裂

锤击时，锻模受瞬时冲击载荷作用，当内应力超过材料的抗拉强度时，首先从应力集中的转角处产生裂纹，如图3—38所示为锻模破裂情况。

锻模裂纹可能是因受力过载，但更多的是疲劳破坏所致。从断口特征可以区分这两种不同的破裂。疲劳断裂一般可分为两部分，一部分是疲劳断裂形成的疲劳破裂断面，呈现贝壳状，疲劳源位于贝壳顶点，如图3—39所示的 A 点；另一部分为突然断裂，呈现不平整的粗糙断面。如图3—39所示为疲劳破裂断口。

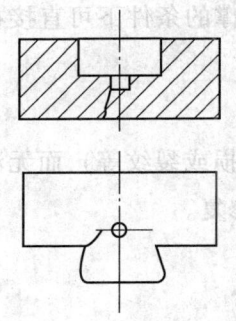
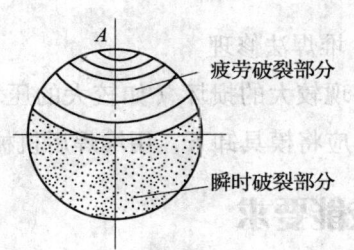

图3—38 锻模破裂情况　　　　图3—39 疲劳破裂断口

（2）表层热裂

锻模在急冷、急热条件下工作，使模膛里层金属对表面层产生时而为拉应力、时而为压应力的交变作用，容易产生表层热裂。

（3）磨损

金属在模膛里及飞边桥部流动时，与模膛表面及飞边桥部发生剧烈的摩擦，造成表面磨损，使模膛尺寸及表面粗糙度发生变化。

（4）变形

在外力作用和温度的影响下，模膛内局部由于软化而被压塌或压堆，使模膛尺寸发生变化，如图3—40所示为锻模模膛局部变形的几种情况。

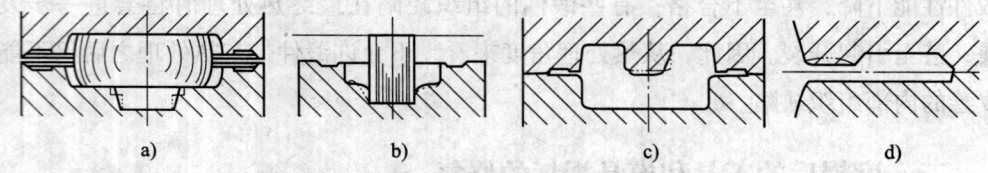

图3—40　锻模模膛局部变形的几种情况
a）内陷　b）压堆　c）镦粗　d）桥部压塌

压入成型容易产生模膛边角处凹陷，如图3—40a所示，因而影响锻件出模。镦粗成型则易使模膛边角处压堆，并使模锻斜度增大，如图3—40b所示。模膛内冲孔凸台与飞翅槽桥部的变形特征相似，均为镦粗或压塌，如图3—40c、d所示。

2．工具和模具的修复方法

锻模在反复受热和冷却条件下工作，因而极易产生破裂、磨损、压堆、压塌和变形。在使用过程中一经发现应及时进行维修；否则，小的损坏可能很快发展，甚至造成模具报废。及时维修能显著延长锻模的使用寿命。

（1）一般修理

锻模在使用中发现有局部损坏时，在有安全支撑的条件下可直接在设备上修理。

（2）堆焊法修理

若出现较大的损坏（如较大的压堆、压塌、磨损或裂纹等）而无法在设备上修理时，应将模具卸下，用堆焊后机械加工的方法修复。

 技能要求

一、实例一

1．工作名称

双头扳手的模锻。

2．工作任务

锻坯材料：45钢；

锻坯单件质量：1.23 kg；

加热炉：室式炉；

批量：大批量。

双头扳手锻件图如图 3—41 所示。双头扳手属于长轴类锻件。中间杆部截面为工字形截面，两端为截面大小不同的端头，其尺寸和形状要控制在一定的精度范围内。

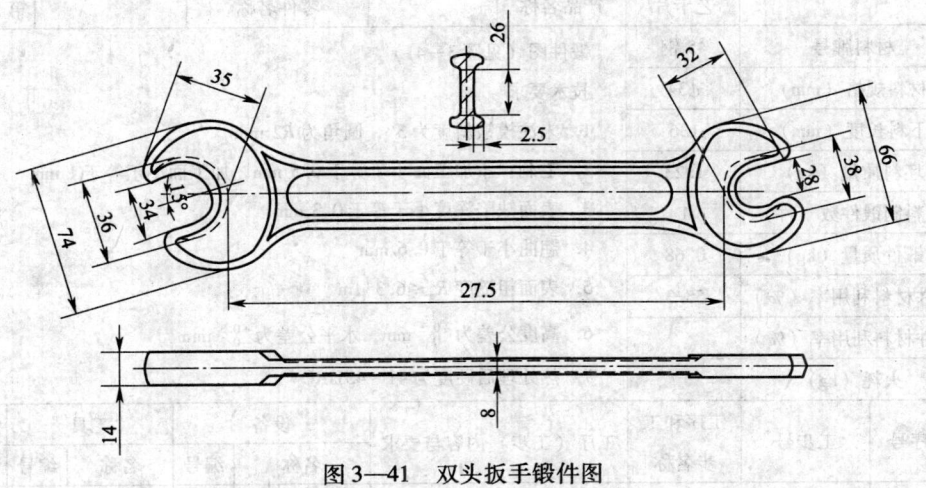

图 3—41 双头扳手锻件图

3. 工作过程

（1）工艺过程

双头扳手的锻造选用螺旋压力机上的精密模锻工艺，其工艺流程为：下料→加热→辊锻制坯→精锻→切边→余热淬火、回火→清理→精压→打磨→检查。

1）辊锻制坯。将加热后的坯料，根据如图 3—42 所示的双头扳手辊锻变形过程，在辊锻模上经过方形—椭圆形—方形的制坯过程对坯料进行辊锻制坯。

2）精锻。将辊锻制出的坯料经过如图 3—43 所示的双头扳手锻模（终锻模）成型后，利用锻后余热直接淬火，再经回火达到锻件技术要求所规定的热处理硬度。

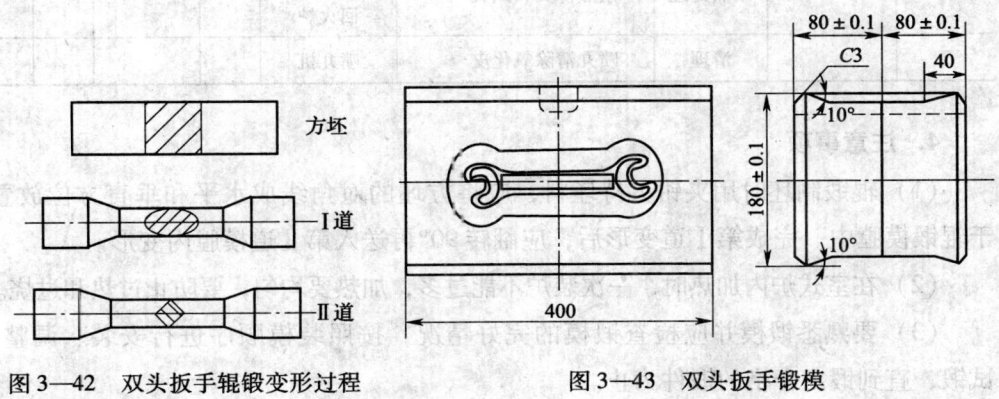

图 3—42 双头扳手辊锻变形过程　　　图 3—43 双头扳手锻模

（2）工艺过程卡

双头扳手精锻工艺卡见表3—10。

表3—10　　　　　　　　　双头扳手精锻工艺卡

厂名	模锻工艺卡片	产品型号		零件图号		共1页
		产品名称		零件名称		第1页
材料牌号	45钢	锻件图（见图3—41）				
材料规格（mm）	φ34	技术要求				
下料长度（mm）	136	1．未注模锻斜度为3°，圆角为R2 mm				
坯料质量（kg）	1.23	2．毛刺：不加工面小于等于0.5 mm，加工面小于等于1 mm				
坯料制锻件数（件）	1	3．表面缺陷深度小于等于0.3 mm				
锻件质量（kg）	0.68	4．翘曲小于等于0.6 mm				
锻件材料利用率（%）	55.3	5．表面粗糙度 $R_a \leq 6.3\ \mu m$				
零件材料利用率（%）		6．高度公差为 $^{+0.3}_{0}$ mm，水平公差为 $^{+0.3}_{-0.2}$ mm				
火耗（kg）		7．热处理后硬度为41～45HRC				

工序号	工步号	工序和工步名称	工序（工步）内容与要求	设备		工具		备注
				名称	编号	名称	编号	
1		下料	长度尺寸公差为（136±1.5）mm	1 600 kN 剪断机		刀片		
2		加热	始锻温度为1 230℃	室式炉				
3		辊锻制坯	在Ⅱ道模膛中变形：方形—椭圆形—方形	单臂315 辊锻机		辊锻模		
4		精锻	在精锻模膛终锻成型	3 000 kN 螺旋压力机		锻模		
5		切边	去除飞边	1 600 kN 切边压力机		切边模		
6		余热处理	余热淬火、回火	淬火槽、回火炉				
7		清理	喷丸清除氧化皮	喷丸机				

4．注意事项

（1）辊锻制坯时用夹钳夹持坯料，应将方坯的对角线成水平和垂直方位放置于辊锻模膛中。完成第Ⅰ道变形后，应翻转90°再送入第Ⅱ道模膛内变形。

（2）在室式炉内加热时，一次装炉不能过多，加热要均匀，要防止过热和过烧。

（3）要熟悉锻模并应检查锻模的完好情况，按照装模顺序进行安装、调整、试锻，直到锻出合格的锻件为止。

二、实例二

1. 工作名称

连杆的锤模锻。

2. 工作任务

锻坯材料：45 钢；

锻坯单件质量：11.15 kg；

加热炉：室式炉；

批量：大批量；

连杆锻件图如图 3—44 所示。

3. 工作过程

（1）工艺过程

连杆的模锻工序为：拔长→滚挤→展平大头（压扁）→终锻。连杆锻造工艺卡见表 3—11。

（2）看懂模具图

如图 3—45 所示为连杆锤锻模。按前面所述的锻模安装、调整步骤进行安装并调整，按工艺规程对锻件进行锻打。

（3）工艺操作

1）连杆的错差量较小（≤1 mm），因此，在正式批量生产前必须调整好锻模进行试锻，若发现锻件错差量较大时，需重新调整锻模。

2）制坯时，用钳子夹住坯料一端进行拔长→滚挤。该连杆只需对杆部和小头进行拔长、滚挤工步的操作，大头为原坯料直径而不需制坯。在进行滚挤时，一定要使坯料表面圆滑、光洁，锤头的打击力不应过大，以免产生滚挤折叠现象而影响锻件质量。

3）对杆部工字形截面深而窄且要求高的锻件，坯料滚挤后要进行预锻。对 3 t 模锻锤而言，由于受到模块尺寸的限制，故坯料采用直接终锻成型。

4）将滚挤后的坯料展平大头后，翻转 90°放入终锻模膛，轻击一下，用压缩空气吹去模膛中的氧化皮，然后重击成型。连杆下料质量为 11.15 kg，3 t 模锻锤是中型设备，因此，无论是翻动锻件还是踏动脚踏板都需要相当的力量。锻工应用左脚踩脚踏板，打击力量要适中，以避免出现折叠现象。

5）由于变形工步较多，坯料直径较小，要求在变形过程中操作动作要迅速、准确；否则，因坯料温度下降而难以终锻成型。

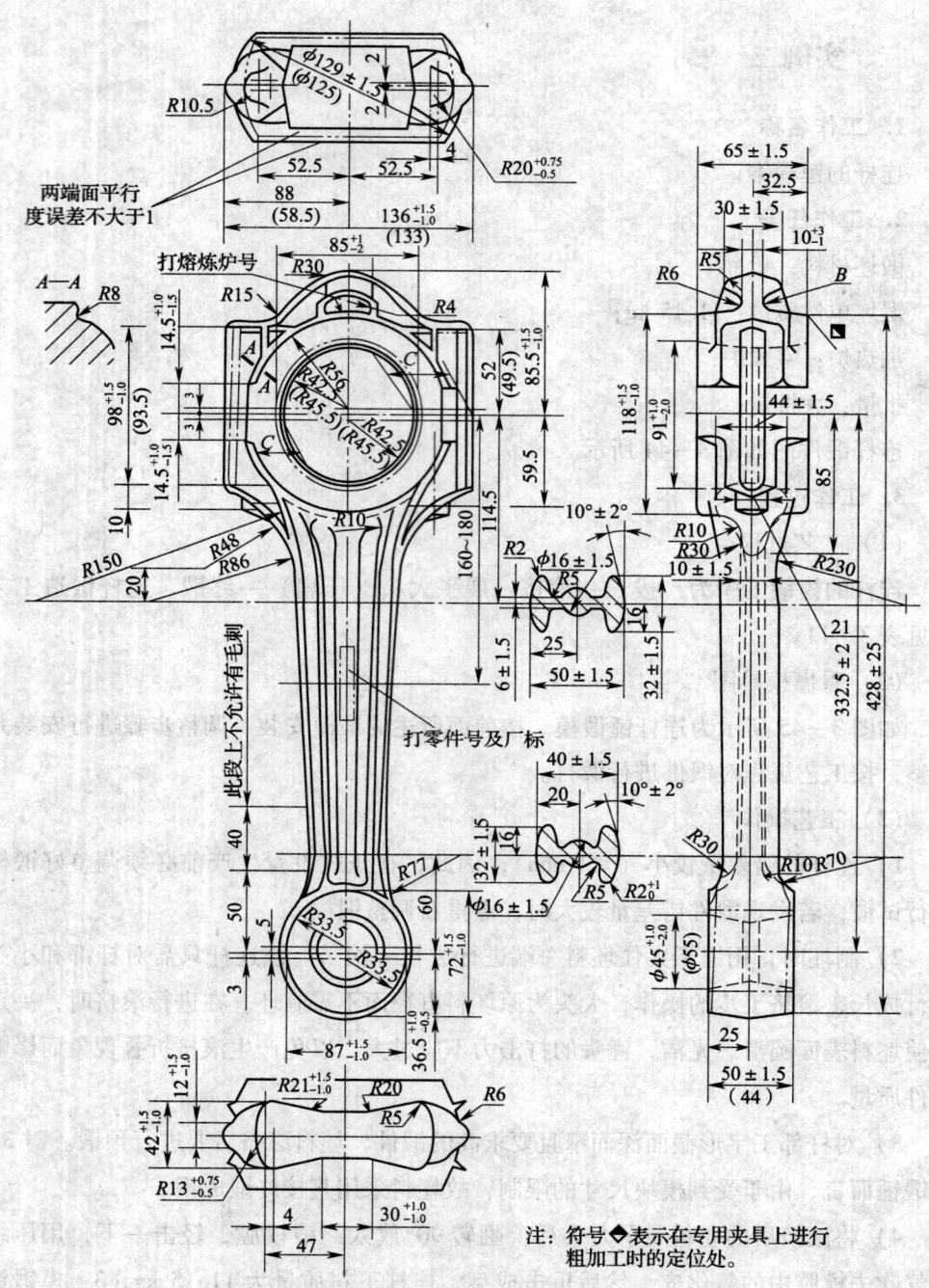

图 3—44 连杆锻件图

6) 在锻打连杆锻件时,要加强生产过程中的自检,发现缺陷应及时排除。连杆的常见缺陷包括上模、下模没有完全闭合,杆部凹凸不平,表面氧化坑多,错移量过大,杆部圆角较大处产生折叠等。

表3—11　　　　　　　　　　　　　连杆锻造工艺卡

厂名		模锻工艺卡片	产品型号		零件型号		共1页
			产品名称	连杆	零件名称		第1页

材料牌号	45钢	锻件图（见图3—44）
材料规格（mm）	φ85	技术要求
下料长度（mm）	255±2	1. 未注模锻斜度为7°，圆角为R3 mm，调质处理后硬度为185~217HBW
坯料质量（kg）	11.15	2. 毛刺：不加工面小于等于1 mm，但定位面不得有毛刺；加工面小于等于1.5 mm，孔内小于等于3 mm
坯料制锻件数（件）	1	3. 表面缺陷深度：不加工面小于等于1.5 mm，加工面小于等于实际余量的1/2
锻件质量（kg）	7.13	4. 工字形部分裂纹、夹层、凹坑等缺陷的深度小于等于1 mm，允许用细砂轮沿杆体方向打磨清理
锻件材料利用率（%）	63.9	5. 非加工表面不允许有氧化皮和锈蚀
零件材料利用率（%）		6. B处允许有深度小于等于2 mm的折叠
		7. 杆体弯曲小于等于1 mm，C处壁厚差小于等于2 mm
		8. 错差：纵向小于等于1 mm，横向小于等于0.75 mm
火耗（kg）		9. 宏观和微观检验组织
		10. 连杆小头定位面处切边宽小于等于1.5 mm

工序号	工步号	工序和工步名称	工序（工步）内容与要求	设备		工具		备注
				名称	编号	名称	编号	
1		下料	无加热，使料温达到300~400℃	1 000 t 剪断机		刀片		
2		加热		室式炉				
3		模锻	拔长→滚挤→展平大头（压扁）→终锻	3 t模锻锤		锤锻模		
4		切边、冲孔		3 150 kN切边压力机		切边模		
5		热处理	按技术要求进行调质处理					
6		清理		滚筒				
7		校正		1 t模锻锤		校正模		
8		磁力探伤		探伤机				
9		检验	按锻件图验收					
				编制	校对	审核	会签	批准
标记	处数	更改文件号	签字	日期	标记	处数	更改文件号	签字	日期

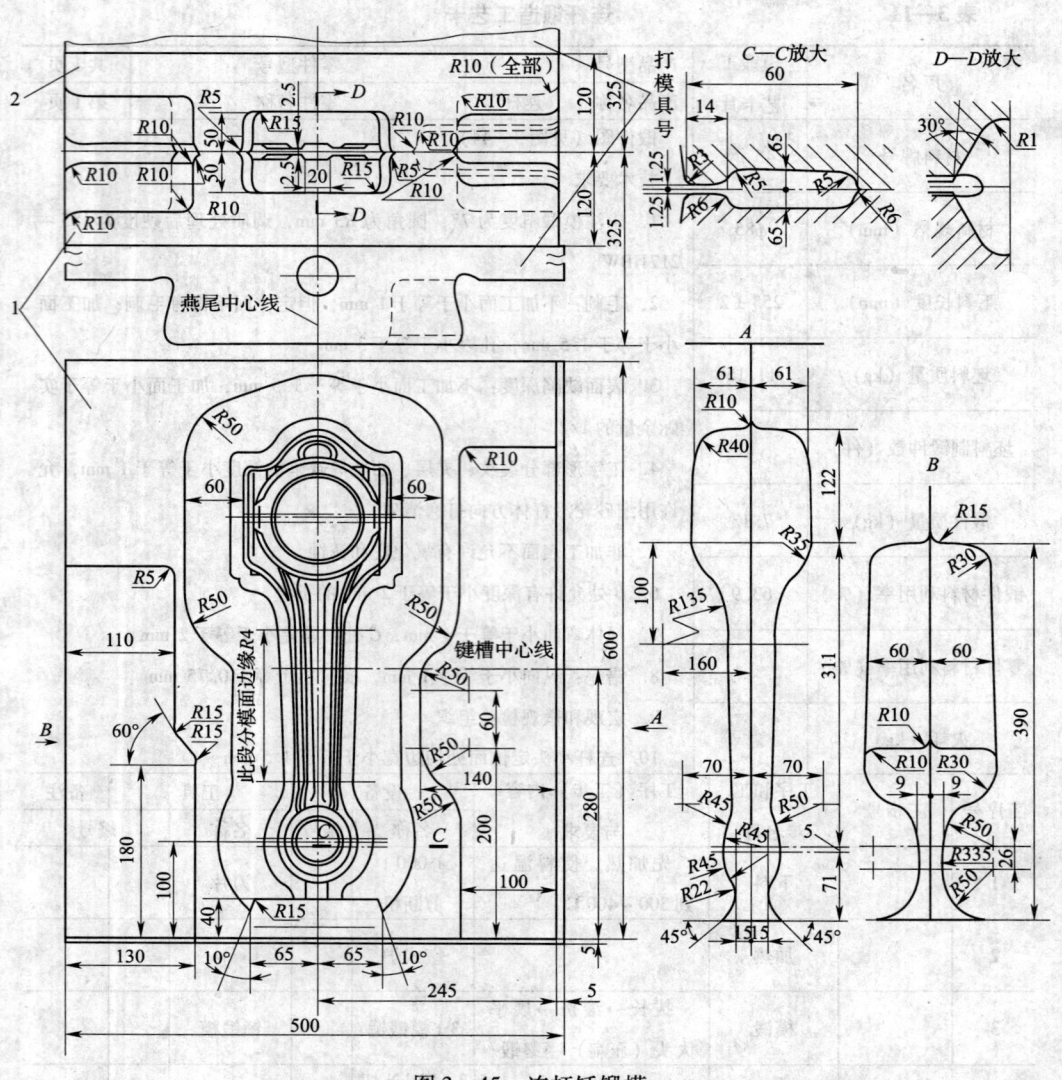

图 3—45 连杆锤锻模

三、实例三

1. 工作名称

吊钩的模锻。

2. 工作任务

锻坯材料：20Mn2 钢；

锻坯单件质量：9 kg；

加热炉：室式炉；

批量：大批量；

如图 3—46 所示为 2.5#吊钩锻件图。

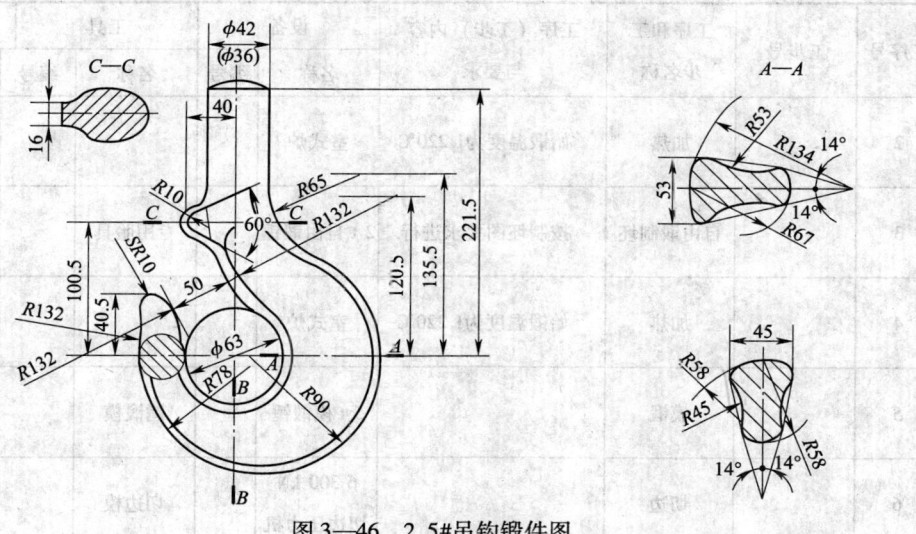

图 3—46 2.5#吊钩锻件图

3. 工作过程

（1）工艺过程

吊钩锻造的工艺过程为：下料→自由锻制坯→终锻。

吊钩是起重机械中的吊具，2.5#吊钩模锻工艺卡见表 3—12。

表 3—12　　　　　　　　　2.5#吊钩模锻工艺卡

厂名	模锻工艺卡片	产品型号		零件型号		共 1 页	
		产品名称	吊钩	零件名称		第 1 页	
材料牌号	20Mn2 钢	锻件图（见图 3—46）					
材料规格（mm）	φ65						
下料长度（mm）	345						
坯料质量（kg）	9						
坯料制锻件数（件）	1						
锻件质量（kg）	6.3						
锻件材料利用率（%）	70						
零件材料利用率（%）							
火耗（kg）							
工序号	工步号	工序和工步名称	工序（工步）内容与要求	设备		工具	备注
				名称	编号	名称	编号
1		下料	长度尺寸公差 346^{+1}_{-2} mm	710 圆盘锯		710 圆锯片	

续表

工序号	工步号	工序和工步名称	工序（工步）内容与要求	设备		工具		备注
				名称	编号	名称	编号	
2		加热	始锻温度为1 220℃	室式炉				
3		自由锻制坯	按制坯图要求进行	2 t自由锻锤		专用胎具		
4		加热	始锻温度为1 220℃	室式炉				
5		模锻		5 t模锻锤		锤锻模		
6		切边		6 300 kN切边压力机		切边模		
7		热校正	在原终锻模膛内进行	5 t模锻锤		锤锻模		
8		冷却	堆冷	料筒				
9		检查	技术工艺卡			游标卡尺		
10		热处理	正火	台式热处理炉				
11		表面清理	喷丸	喷丸机				
12		最终检查	按锻件图技术要求进行检查					
				编制	校对	审核	会签	批准
标记	处数	更改文件号	签字	日期	标记	处数	更改文件号	签字	日期				

（2）工艺操作

1）按图3—47所示的自由锻制坯变形图在自由锻锤上制坯。

2）然后在安装好的锻模上进行试锻，以检查锻件的错移量是否合格，试锻件合格后进行批量生产。

3）将终锻完成的锻件放入切边模切边，再将切边后的锻件放回原终锻模膛中进行热校正。

4）将校正完的锻件送入热处理炉处理，然后再经喷丸处理。

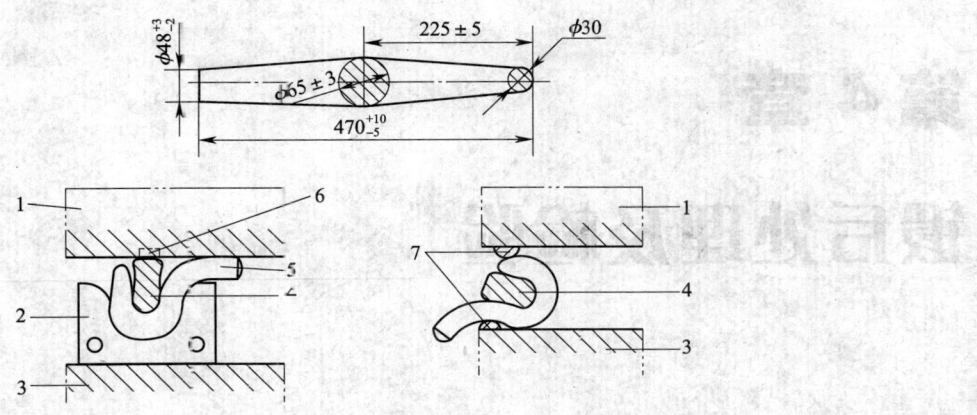

图3—47 自由锻制坯变形图
1—上砧 2—压弯模 3—下砧 4—芯铁 5—坯料 6—方垫 7—半圆垫

第4章
锻后处理及检验

第1节 锻后处理

 学习单元1　锻后热处理工序

 学习目标

➤ 掌握锻后热处理工序
➤ 掌握常用热作模具钢和冷作模具钢的锻后冷却规范
➤ 能对锻件进行锻后退火、正火等热处理
➤ 能对合金钢锻件进行合理的热处理参数的调整

 知识要求

一、锻后处理

1. 锻件的切边和冲孔

（1）确定冷切边和热切边的原则
在生产中根据锻件的材料、尺寸、车间的设备情况等来选择热切边还是冷切边，同时可参考以下几个原则：

1）高合金钢和高碳钢锻件必须在热态下进行切边或冲孔。

2）含碳量在0.45%以下的碳钢或低合金钢锻件，当质量小于0.5 kg时，一般在冷态下切边或冲孔。

3）对于大型锻件，即便是低碳钢也应采用热切边和冲孔，以减小所需设备的吨位。

4）当切边和冲孔后需采用热校正和弯曲工序时，宜采用热切边和冲孔。

5）有色金属（如铝、铜、镁及其合金等）锻件都可以采用冷切边，但钛合金除外，因为它在冷态下脆性最大，塑性最低，因此钛合金锻件均采用热切边。

6）当锻件连皮较厚，冲头截面较小时应采用热冲孔，以防止冲头弯曲或断裂。

7）对于叉形锻件，叉口内表面的毛刺不易打磨，变形也不易校正，如果设备吨位足够，最好采用冷切边。

热态下的切边和冲孔是在模锻后利用锻件的余热立即进行的。

（2）切边力和冲孔力的计算

切边和冲孔所需的力可按下式计算：

$$p = (1.7 \sim 2.0) R_m F$$

式中　R_m——切边温度下锻件材料的抗拉强度，MPa，在模锻预锻温度及热切边时各种钢的抗拉强度见表4—1；

　　　F——剪切面积，mm^2。

表4—1　在模锻预锻温度及热切边时各种钢的抗拉强度

钢的类别	R_m（MPa）			
	在锤上模锻	在热模锻压力机上模锻	在平锻机上模锻	在切边机上热切边
含碳量小于0.25%的碳素结构钢（如10，15，20钢）	55	60	70	100
含碳量大于0.25%的碳素结构钢如Q235A，45钢等或含碳量小于0.25%的低合金结构钢（如20Cr钢等）	60	65	80	120
含碳量大于0.25%的低合金钢（如40Cr和45CrNi钢）	65	70	90	150

续表

钢的类别	R_m (MPa)			
	在锤上模锻	在热模锻压力机上模锻	在平锻机上模锻	在切边机上热切边
高合金结构钢（如 10CrNiMoA，38CrSi，GCr15 钢）	75	80	100	200
合金工具钢（如 7Cr3 和 8Cr3 钢）	90~100	100~120	120~140	250

在计算毛边及连皮剪切面积时，要按毛边及连皮的实际厚度 $S_实$ 进行计算，如图 4—1 所示。剪切面积可由剪切厚度 $S_实$ 及周长 L 用下式表示：

$$F = LS_实$$

式中　L——所需切边或冲孔处的周长，mm。

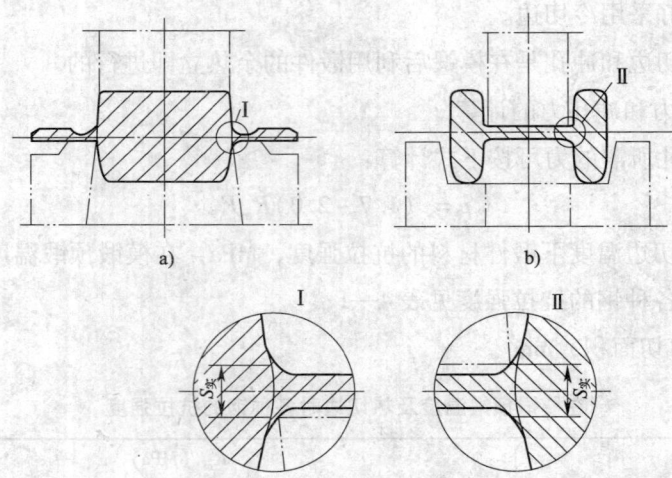

图 4—1　毛边及连皮的实际厚度
a）毛边实际厚度　b）连皮实际厚度

按计算结果选择切边设备。切边压力机与模锻设备配合使用，其吨位配合关系见表 4—2。

表 4—2　　　　切边压力机与模锻设备吨位配合关系

模锻锤吨位（t）	热模锻压力机吨位（t）	切边压力机吨位（t）
0.5	800	100
0.75	1 000	125~160
1.00	1 000	160
1.5~2.0	1 600	200

续表

模锻锤吨位（t）	热模锻压力机吨位（t）	切边压力机吨位（t）
2.5~3.0	2 500	315
4.0~5.0	4 000	400
6.00	6 300	400~500
8.00	8 000	500~630
10.00	10 000	630~1250
16.00	16 000	1 250~1 600

(3) 切边凸模和凹模的间隙和调整

切边时，凸模一般不进入凹模，但凸模和凹模之间需有一定的间隙。凸模和凹模的间隙按轮廓进行修配，同时将间隙取在凸模上，间隙的大小与锻件在垂直剖面上的形状和尺寸有关。切边凸模和凹模的间隙如图4—2所示，计算切边凸模和凹模间隙的参数见表4—3，其计算公式如下：

对于形式Ⅰ和Ⅱ，间隙可按表4—3确定，其中形式Ⅱ中 $S = 0.2D + 1$ （mm）；

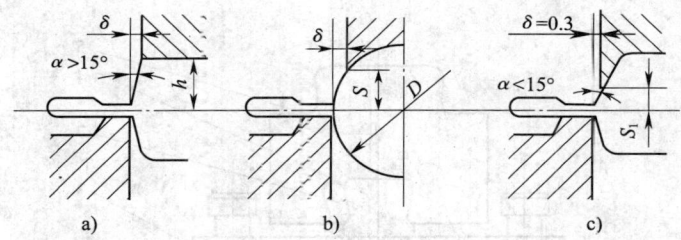

图4—2 切边凸模和凹模的间隙
a) 形式Ⅰ b) 形式Ⅱ c) 形式Ⅲ

表4—3 计算切边凸模和凹模间隙的参数

形式Ⅰ		形式Ⅱ	
h（mm）	δ（mm）	D（mm）	δ（mm）
<5	0.3	<20	0.3
5~10	0.5	20~30	0.5
10~19	0.8	30~48	0.8
19~24	1.0	48~59	1.0
24~30	1.2	59~70	1.2
>30	1.5	>70	1.5

对于形式Ⅲ，每边应保持 0.5 mm 左右的最小间隙，其中 $S_1 = 3.3 - \dfrac{0.03\alpha}{\tan\alpha}$。

凸模和凹模间隙的大小对切边质量有较大的影响，间隙太大会使毛刺过大，增加打磨量，有时甚至会超出技术要求的规定；间隙太小毛边不容易脱出。当间隙小于 0.8 mm 时，应设置脱毛边器；当间隙小于 0.5 mm 时，应在模具上设置导柱、导套装置。

切边模间隙的调整方法：对于整体式切边模，可采取先固定冲头然后调整凹模的方法，从而保证凸模和凹模之间的间隙均匀；对于镶块式切边模，可采取调整凹模镶块的方法来保证凸模和凹模之间的间隙均匀。

（4）切边模和冲孔模的形式

根据锻件形状、生产批量及模锻工序等要求，切边模和冲孔模可分为三种结构形式。

1）简单模。又称单一模，对于只单独进行切边或冲孔的模具称为简单模，简单切边模的结构如图 4—3 所示。这种模具结构简单，制造、调整方便，当锻件批量不大时多采用此种结构。

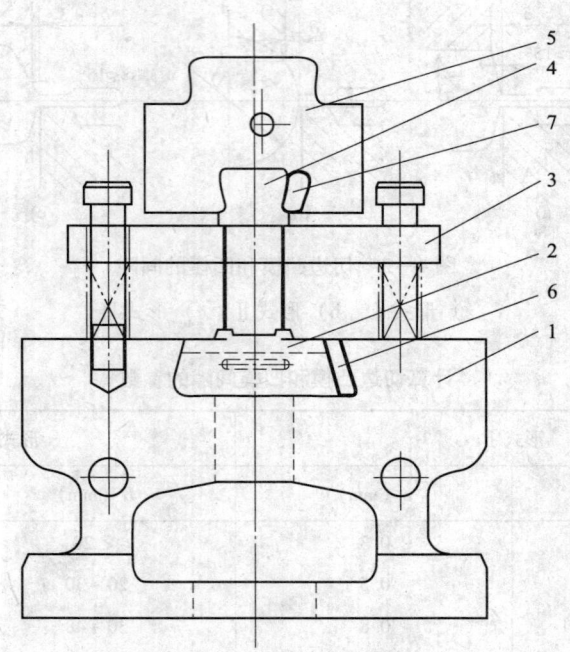

图 4—3　简单切边模的结构
1—下模座　2—凹模　3—脱毛边器　4—凸模　5—上模座　6, 7—斜楔

2）连续模。连续模是指连续进行切边或冲孔的模具，也可看成一种简单的组合模具，切边—冲连皮连续模的结构如图 4—4 所示。

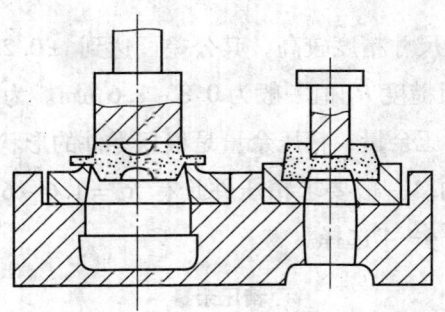

图 4—4 切边—冲连皮连续模的结构

3）复合模。复合模是指在压力机的一次行程中完成两个以上工序的模具，最常用的为切边与冲孔复合模。切边—冲连皮复合模的结构如图 4—5 所示。

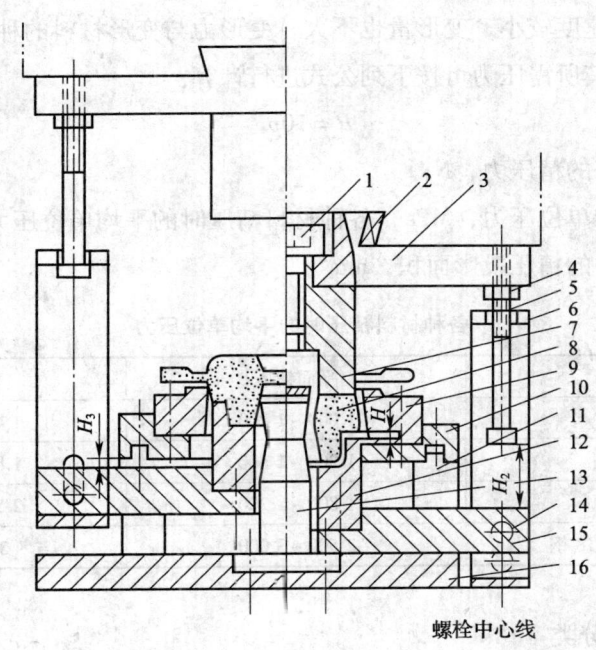

图 4—5 切边—冲连皮复合模的结构

1，14—螺栓 2—楔 3—上模板 4—螺母 5—拉杆 6—托架 7—凸模 8—锻件 9—凹模
10—垫板 11—支撑板 12—顶件器 13—冲头 15—横梁 16—下模板

2. 锻件的精压

精压工序一般是在锻件经过热处理、冷校正及清除氧化皮后进行的。精压是进一步提高锻件的精度和表面质量的一种方法。对于某些锻件，由于对尺寸精度、质量、表面质量要求较高，因此需要采用精压工序。

(1) 精压余量

经过精压后锻件的尺寸精度较高，其公差可达到 ±0.25 mm，经过多次精压可达到 ±0.1 mm，表面粗糙度 R_a 值一般为 0.8~1.6 μm。为了达到精压后锻件尺寸要求，应留有一定的精压余量，精压余量是根据零件的形状、尺寸、精度、表面质量及材料等因素确定的。一般要求精压件具有 R_a = 1.6~6.3 μm 的表面粗糙度值时，其精压余量可按表4—4选择。

表4—4　　　　　　　　　　　精压余量　　　　　　　　　　　　　　mm

高度方向尺寸	<10	10~20	>20
单面余量值	0.8	0.5	0.7

(2) 精压所需压力的确定

精压时变形速度较小，变形量也不大，变形力与变形材料的种类、变形温度及受力状态有关。其所需压力可按下列公式进行计算：

$$P = 10pF$$

式中　P——所需的精压力，N；

　　　p——平均单位压力，MPa，各种材料精压时的平均单位压力见表4—5；

　　　F——锻件的精压投影面积，mm²。

表4—5　　　　　　各种材料精压时的平均单位压力　　　　　　　　MPa

材料	平面精压	整体精压
铝合金	1 000~1 200	1 400~1 700
10，15 钢	1 300~1 600	1 800~2 200
20，25 钢	1 800~2 200	2 500~3 000
35，45，T7，T8 钢	2 500~3 000	30~4 000

(3) 精压的分类

1) 平面精压。在两平板之间压缩金属，使金属沿着水平方向自由流动，这种精压方法称为平面精压，如图4—6所示。

2) 整体精压（体积精压）。金属在模膛中不仅在受压方向受到压挤，而且金属受到模膛侧壁的阻碍而沿水平方向流动，最后多余的金属被压挤出模膛，在分模面上产生毛边或毛刺，这种精压方法称为整体精压，如图4—7所示。

3. 锻件的冷却

锻件的冷却是模锻生产中的重要环节之一。如果冷却方式选择不当，会使锻件

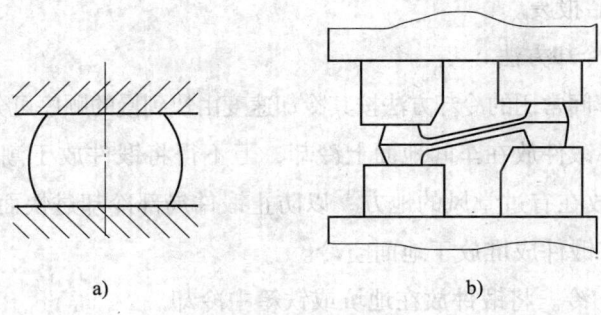

图4—6 平面精压
a) 单平面精压 b) 双平面精压

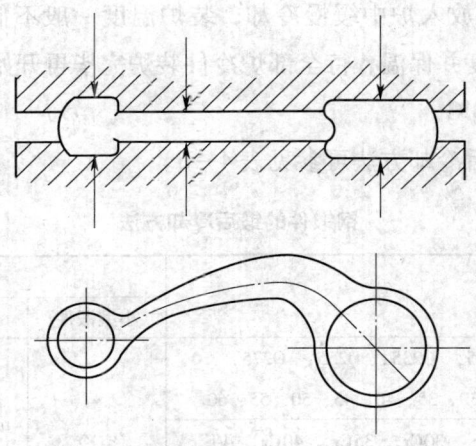

图4—7 整体精压

产生翘曲，表面过硬，甚至产生裂纹而报废；同时也有可能延长生产周期，特别是生产合金钢锻件多的企业，炉冷件过多，就会由于炉子不能满足需要而影响生产。因此，正确地选择冷却方法及合理制定冷却规范是相当重要的。

（1）冷却过程中影响锻件质量的因素

1）锻后残余应力。锻件在锻造完成后，如果没有及时采取冷却和热处理工艺，或冷却、热处理工艺不合理，就会使锻件内部残留应力，称为锻后残余应力。

2）温度应力。金属表面和内部的温度不同，存在温度差，表面冷却快，内部冷却慢，外层金属先产生收缩，对内部金属产生压力，外层金属因受内部金属的阻碍而受到拉力，这就使金属冷却时出现了温度应力。

3）组织应力。在组织转变过程中伴随着体积的变化，如奥氏体转变为珠光体时体积要增大1%，金属内部也会由此而产生应力，这就是组织应力。

以上三种应力都会影响锻件的质量，当应力大于材料的抗拉强度时，就会产生开裂现象，使产品报废。

（2）锻件的冷却方法

目前，模锻车间常用的冷却方法按其冷却速度由快到慢的顺序可分为以下几种：

1）空冷。将锻件放在车间地面上冷却，但不得将锻件放于潮湿的地面上或金属板上，也不要放在有过堂风的地方，以防止锻件局部冷却过快而引起缺陷。

2）堆冷。将锻件成堆放于地面空冷。

3）坑（箱）冷。将锻件放在地坑或铁箱中冷却。

4）灰砂冷。将锻件放在炉渣、炉灰或砂中冷却。用前灰砂必须干燥。一般锻件埋入温度应不低于500℃，周围蓄砂厚度不能少于80 mm。

5）炉冷。将锻件放入炉中缓慢冷却，装炉温度一般不低于600℃，炉内应事先升至与锻件同样温度并保温，待全部炉冷件装炉完毕再开始控制冷却速度。一般出炉温度应不高于100℃。

某些钢锻件的锻后冷却方法可参见表4—6。

表4—6　　　　　　　　　　钢锻件的锻后冷却方法

钢材类型	牌号	冷却方法		
		小型锻件	中型锻件	大型锻件
碳钢	Q195，Q215，Q235，Q255，Q275，10，15，20，25，30，35，40，45，50，55，60	空冷	空冷	砂坑中冷却
低合金钢	15Cr，20Cr，30Cr，35Cr，40Cr，45Cr，10Mn2，20Mn2，30Mn2，40Mn2，50Mn2，15MnSi			
高碳钢	T7，T8，T9，T10	空冷	成堆空冷	砂坑中冷却
合金钢	12CrMo，15CrMo，15CrMnMo，30CrMoSi，18Cr2Ni4WA，20Cr2Ni4A，40CrMn，30CrMnSiA，40CrNiMo，40CrMnTi，40CrMnMo			
碳素工具钢	T11，T12，T13	砂坑中冷却	灰坑中冷却	在炉中随炉冷却
不锈钢	1Cr13，2Cr13，Cr17Ni2			
合金工具钢	5CrMnMo，CrMn，Cr12MoV，CrWMn			
高速钢	W18Cr4V，W6Mo5Cr4V2			

对于有色金属锻件，如铝合金、铜合金、钛合金等，通常采用空冷。

4．锻件的热处理

对于锻造后的锻件，由于坯料在加热、变形及随后的冷却过程中常会造成材料组织不均匀，存在残余应力和加工硬化等现象。因此，锻件需在锻后进行热处理，经过热处理的锻件，其内部的残余应力消除，金属组织均匀，晶粒细化，组织和力学性能得到改善，切削性能提高。对于需要淬火处理的工件，可为后期热处理工序做组织准备。

（1）中、小型锻件的热处理

中、小型锻件一般都在锻造车间冷却后，在热处理车间进行热处理，其热处理方法有退火、正火、调质处理、淬火+回火。

1）锻件退火。中、小型锻件的退火常采用完全退火和球化退火（不完全退火）两种，一般亚共析钢锻件采用完全退火，$w_C \geq 0.8\%$ 的钢锻件采用球化退火。

①锻件退火的作用。进行退火的锻件主要是要在机械加工后进行淬火的制件，一般是中、高合金结构钢，碳素工具钢和合金工具钢，锻件经退火后，由于结晶作用，可以细化晶粒，消除残余应力，降低锻件的硬度，提高韧度，改善塑性和切削性能，为最终的热处理做好组织准备。

②完全退火和球化退火工艺。完全退火是指将锻件加热到 Ac_3 以上 30~50℃，经一定时间的保温后随炉缓慢冷却，锻件经完全退火可得到平衡状态的组织；球化退火是指将锻件加热到 Ac_1 以上 10~20℃，经充分的保温后随炉缓慢冷却，得到细小粒（球）状碳化物且分布均匀的组织。各种锻件热处理加热温度范围如图 4—8 所示。

2）锻件正火。锻件正火和退火的作用基本相同。

①锻件正火的作用。锻件的正火适用于亚共析钢、共析钢和过共析钢，正火和退火的作用基本相同，锻后正火的目的是细化晶粒，提高钢的强度和韧度，减小内应力，消除网状碳化物。

②锻件正火工艺。如图 4—8 所示。锻件正火工艺是指将停锻锻件继续加热到 Ac_3 或 Ac_{cm} 以上 50~70℃（有些高合金钢可加热到 Ac_3 或 Ac_{cm} 以上 100~150℃），保温一定时间后在空气中冷却。如果正火后锻件的硬度仍较高，还需要进行高温回火，回火温度为 560~660℃，以降低锻件的硬度。

锻后正火与退火工艺相比，生产周期短，操作简单，生产效率高。

3）锻件调质处理。锻件调质处理主要适用于中碳钢，是对锻件的最终热处理。

①锻件调质工艺。如图 4—8 所示。将亚共析钢锻件加热到 Ac_3 以上 30~50℃，保温一定时间，浸入淬油槽冷却后，再将锻件放入温度为 Ac_1 以下某一温度的回火炉内，保温一定时间，进行高温回火，这一操作称为调质处理。

②锻件调质处理的应用。调质处理主要适用于 45 钢、40Cr 钢等亚共析钢（含碳量为 0.35%~0.5%）锻件，使其具有良好的综合力学性能，不必再进行最终热处理。

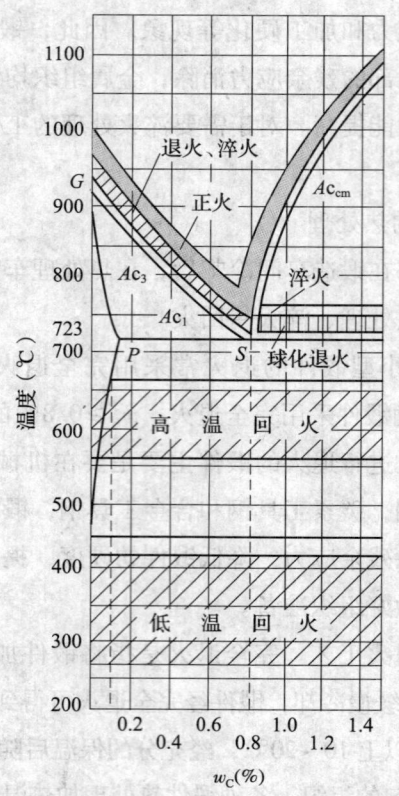

图 4—8 各种锻件热处理加热温度范围

③锻后直接调质。在锻造车间条件允许的情况下，锻件停锻后直接落到温度控制传送带，使锻件的温度达到 Ac_3 以上 30~50℃，并保温一定时间，落入淬油槽，工件冷却后再移到热处理车间，成批装在电炉中进行回火。

这样处理大大节约了能源，提高了生产效率，降低了锻件的生产成本。

4）锻件淬火、回火。锻件的淬火、回火适用于低碳钢锻件。

①锻件淬火、回火工艺。如图 4—8 所示，淬火是指将锻件加热到 Ac_3 以上 30~50℃（亚共析钢），或 Ac_1 和 Ac_{cm} 之间（过共析钢），经保温后通过介质急冷。淬火是为了获得不平衡组织，以提高强度和刚度，淬火后的锻件存在组织应力，需要马上进行回火。

如图 4—8 所示，回火是指将锻件加热到 Ac_1 以下的某一个温度，保温一定时间，然后空冷或快冷。回火的目的是消除淬火应力，获得较稳定的组织。

②锻件淬火、回火工艺应用。低碳钢锻件较软，切削性能差，为提高切削性能，常需采用淬火、回火工艺。含碳量为 0.15%~0.25% 的低碳钢锻件采用淬火+低温回火工艺，而含碳量小于 0.15% 的低碳钢锻件只进行淬火。

第4章 锻后处理及检验

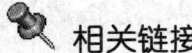 **相关链接**

锻件的锻后淬火和回火生产线

锻件的锻后淬火和回火一般是在热处理车间进行的,但随着现代化大型生产线机组的建立,各车间、各功能的工序被合并在一起,起到节能、提高生产效率、降低二序的作用,最终达到降低制品成本的目的。

目前,汽车模锻件生产机组很多是热处理连续炉和摩擦压力机。例如,连杆等锻件锻造成型后不需要机械加工,可以直接进行淬火、回火,校正成为产品。在模锻工序后,由传送带送进网带式淬火、回火炉内,工件取出后,再在摩擦压力机上校正。这样一个从坯料中频加热,经过模锻、淬火、回火,到最后工件校正的一套模锻生产机组正在被国内一些汽车配件企业广泛使用。

对于需要机械加工的模锻件,锻造机组广泛采用控制冷却炉,经机械加工后的模锻件再去热处理车间进行调质处理。

(2) 大型锻件的热处理

1) 大型锻件热处理的目的。大型锻件的热处理通常采用锻后热处理,即锻件在停锻后利用余热直接进行热处理,不再单独进行冷却。大型锻件在钢坯铸造、加热、锻造和冷却过程中会出现以下问题:

① 锻件的组织与性能极不均匀。
② 锻件晶粒不均匀。
③ 锻件内部会产生很大的应力。
④ 一些锻件容易产生白点缺陷。

大型锻件有两种热处理工艺,主要是正火和回火,其主要目的是细化晶粒和均匀组织。

2) 大型锻件的热处理工艺。如图4—9所示为大型锻件的正火、回火曲线,图4—9a所示为热装炉,图4—9b所示为冷装炉。正火后进行过冷的目的是为了降低锻件心部温度,经适当保温使温度均匀,同时也起到去氢的目的。如果锻造车间条件允许,可以选择热装炉方法,以节省能源。

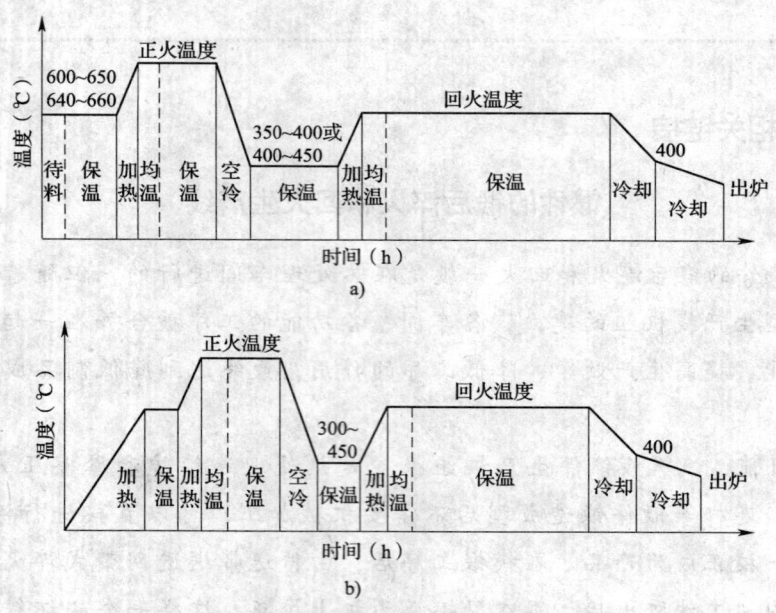

图 4—9 大型锻件的正火、回火曲线
a）热装炉 b）冷装炉

3）防止大型锻件出现白点的方法。对于白点敏感的钢材，如铬镍钢 34CrNiMo～34CrNi4Mo 等大型锻件，由于冷却过程中铸造的钢锭带来的氢气未能及时扩散出去，极易产生白点。

防止锻件出现白点的关键是去氢，通常是利用过冷奥氏体等温转变实现的。对于珠光体钢，奥氏体转变温度为 620～660℃；对于马氏体钢，奥氏体转变温度有两个区间：一个是 580～660℃，另一个是 280～320℃，这两个区间是氢扩散速度最快的温度范围，在该温度范围内经过一定时间，可促使氢气较充分地扩散。如图 4—10 所示为防止白点奥氏体等温转变的曲线。

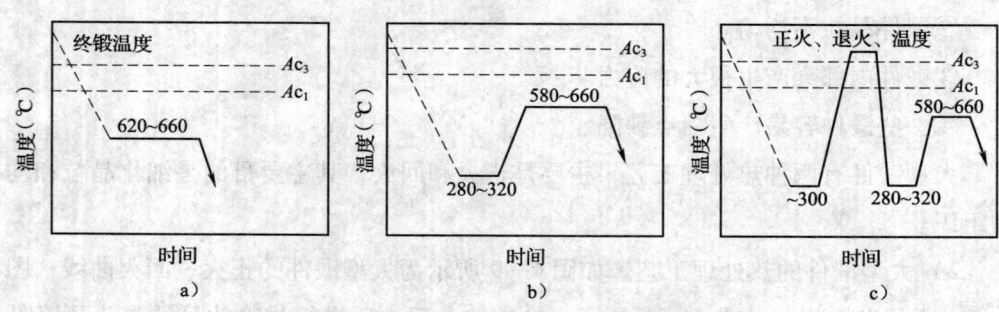

图 4—10 防止白点奥氏体等温转变的曲线
a）等温冷却，适合白点敏感性较低的碳钢和低合金钢锻件
b）起伏等温冷却，适合白点敏感性较高的小截面合金钢锻件
c）起伏等温退火，适合白点敏感性较高的大截面合金钢锻件

二、常用热作模具钢和冷作模具钢的锻后冷却规范

1. 常用热作模具钢的锻后冷却及热处理

5CrNiMo 和 5CrMnMo 是常用热作模具钢。5CrNiMo 钢主要用于制造厚度为 300～400 mm 的大、中型锻模，5CrMnMo 钢适用于制造厚度在 250 mm 以下的小型锻模。对于截面尺寸小于等于 200 mm 的锻件，其冷却方式是灰砂冷；而截面尺寸大于 200 mm 的锻件需要炉冷。5CrMnMo 钢的热处理可分为两种形式，一是退火或正火＋回火，其目的是细化晶粒，提高钢的强度和韧度，减小内应力，消除网状碳化物；二是淬火＋回火，其目的是得到足够的硬度和获得较稳定的组织。如图 4—11 所示为热作模具钢 5CrMnMo 锻后热处理曲线。

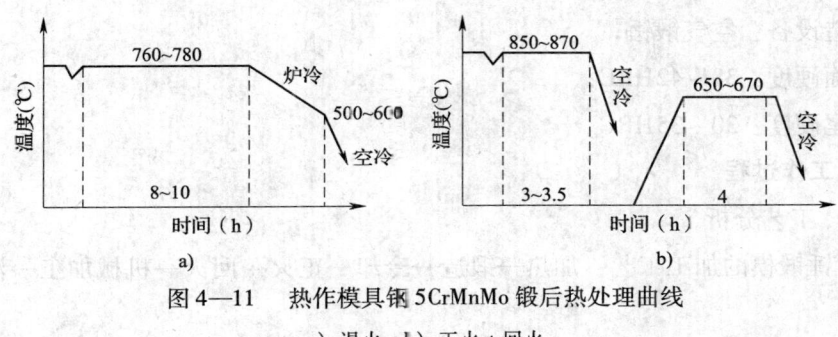

图 4—11　热作模具钢 5CrMnMo 锻后热处理曲线

a）退火　b）正火＋回火

2. 常用冷作模具钢的锻后冷却及热处理

冷作模具钢主要是 Cr12 系列，包括 Cr12，Cr12W 和 Cr12MoV 等，这类材料不但含铬量高，而且含碳量也高，塑性较差，Cr12 系列的锻件一般需要锻后冷却，然后再进行退火。

散热尺寸小于等于 100 mm 的锻件，其锻后冷却方式是灰砂冷，而散热尺寸大于 100 mm 的锻件需要炉冷，Cr12MoV 钢等温退火工艺曲线如图 4—12 所示。

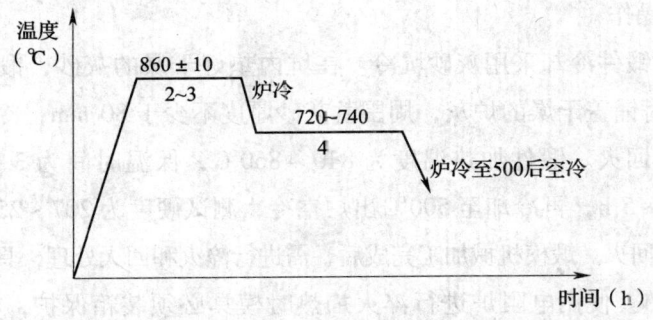

图 4—12　Cr12MoV 钢等温退火工艺曲线

技能要求

一、热作模具钢钢坯锻件的锻后热处理

1. 工作名称

锤锻模的锻后热处理。

2. 工作任务

锻坯材料：5CrMnMo 钢；

锻坯质量：45 kg；

加热炉：电炉；

锻件尺寸：200 mm×200 mm×150 mm；

锻造设备：空气锻锤；

模面硬度：38～42HRC；

燕尾硬度：30～35HRC。

3. 工作过程

（1）工艺分析

1）锤锻模的加工工艺：加热→锻造→冷却→正火＋回火→机械加工→淬火＋回火。

2）5CrMnMo 钢用于制造模锻锤、热模锻压力机和摩擦压力机的锻模，200 mm×200 mm×150 mm 的锻件属于小型锻件。

3）锻后冷却的散热尺寸为 150 mm，冷却方式应为灰砂坑冷。

4）5CrMnMo 钢的热处理采用正火＋回火和淬火＋回火工艺。

（2）工艺方案的确定

经分析，最合理的方案是锻后冷却方式采用灰砂坑冷，热处理采用正火＋高温回火工艺。

（3）工艺操作

1）冷却。锻件冷却采用灰砂坑冷。在坑内垫好干燥的灰砂，锻件停锻后码放在灰坑内，及时铺盖干燥的炉灰，周围蓄灰砂厚度不少于 80 mm，冷却至室温。

2）正火＋回火。锻件加热温度为 840～860℃，保温时间为 3～4 h，冷却至 680℃，停留 4～5 h，再冷却至 500℃出炉空冷，测试硬度为 207～255HBW。

3）淬火＋回火。锻模机械加工完成后，需进行淬火和回火处理，具体步骤如下：

①装炉加热。使用电阻炉进行淬火加热时模具必须装箱保护，在 800～900℃加热时，可用木炭渣埋住工件的工作面，保护剂使用前必须干燥，用耐火泥封住箱

口，加热前先烘干，再加热，装箱方法如图4—13所示，模面、燕尾都需进行保护，燕尾转角处缠石棉绳，其目的是预防锻件淬火时开裂。

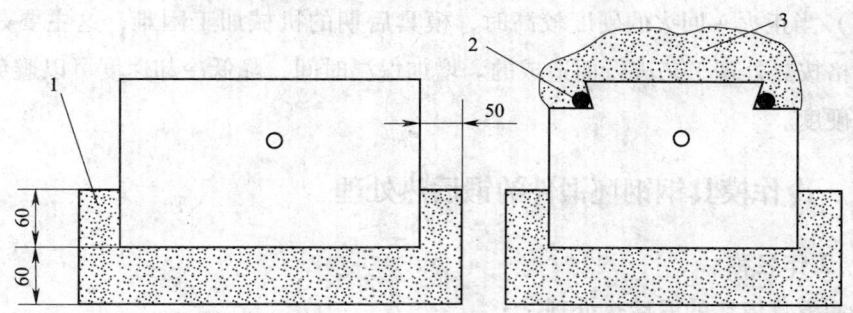

图4—13 装箱方法
1—木炭渣 2—石棉绳 3—耐火泥

②工艺。淬火+回火工艺曲线如图4—14所示，模具首先采用循环的牌号为L—AN15的全损耗系统用油进行预冷，然后马上进行油冷，出油温度为180~200℃。模具采用两次回火，其目的是更好地消除淬火应力，获得更加稳定的组织。检验淬火后硬度为53~58HRC，回火后硬度为38~42HRC。

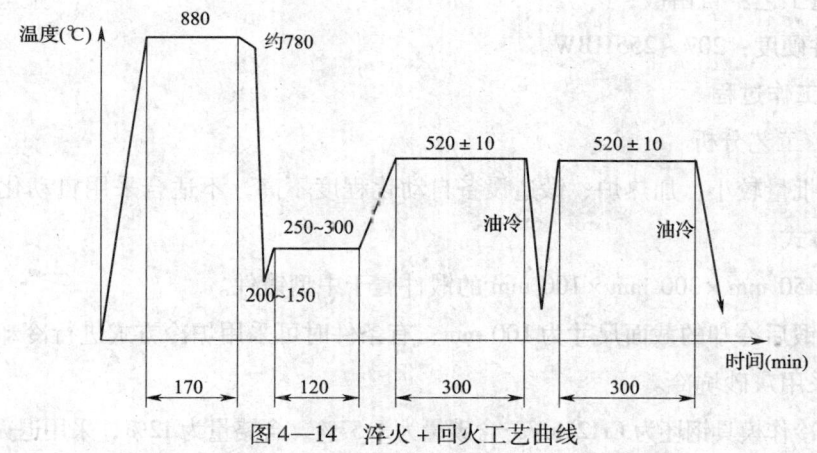

图4—14 淬火+回火工艺曲线

③燕尾回火。燕尾回火在燕尾回火炉上进行，燕尾回火炉是只将燕尾放在炉内，回火温度为650℃，保温时间为4h，冷却方式为油冷或空冷。检验燕尾硬度为30~35HRC。

4. 注意事项

（1）模坯在电阻炉中进行退火时，装炉要排放整齐，距离电阻丝不得小于150mm，每排之间间隔不小于100mm，距离炉门不得小于350mm，不准堆放。

（2）模具装炉前不准带锈，并应将表面清理干净。

(3) 淬火油温最好在60～90℃之间，以减少模具变形。

(4) 出油后及时回火。

(5) 当正火+回火的硬度较高时，模具后期的机械加工困难，这主要是由于没有严格按热处理工艺进行而造成的。增加保温时间，降低冷却速度可以避免产生过高的硬度。

二、冷作模具钢钢坯锻件的锻后热处理

1. 工作名称

冷冲模具模坯的锻后热处理。

2. 工作任务

锻坯材料：Cr12MoV 钢；

锻坯单件质量：107 kg；

加热炉：电炉；

锻件尺寸：450 mm×300 mm×100 mm；

锻造设备：空气锻锤；

锻造工艺：自由锻；

锻件硬度：207～255HBW。

3. 工作过程

(1) 工艺分析

1) 批量较小，加热炉、锻造设备自动化程度不高，不适合采用自动化程度高的冷却方式。

2) 450 mm×300 mm×100 mm 的锻件属于中型锻件。

3) 锻后冷却的截面尺寸为 100 mm，有条件时可采用炉冷方式进行冷却，如无条件可采用灰砂坑冷。

4) 冷作模具钢坯为 Cr12MoV，含碳量为 1.57%，含铬量为 12%，采用退火工艺。

(2) 工艺方案确定

经分析，最合理的方案是用炉冷进行锻件冷却，后期的热处理采用退火工艺。

(3) 工艺操作

1) 冷却。锻件装炉温度一般不低于 600℃，待锻件温度和炉温一致后，随炉温冷却。炉内要避免冷空气进入，一般出炉温度不高于 150℃。

2) 退火。Cr12MoV 钢冷冲模模坯的锻后热处理工艺曲线如图 4—12 所示。

3) 测试锻件硬度。锻造并退火后的 Cr12MoV 钢的硬度要达到 207～255HBW。

4. 注意事项

（1）锻件冷却后及时进行退火。

（2）如果条件允许，可采用如图 4—15 所示的热装炉退火工艺直接进行退火。

（3）当硬度高于要求时，增加保温时间及降低冷却速度可以避免产生过高的硬度。

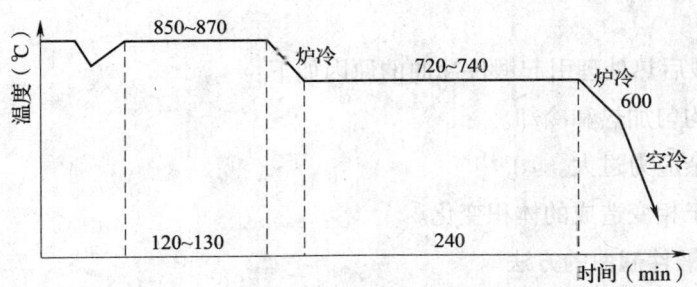

图 4—15 Cr12MoV 钢冷冲模模坯的锻后热处理工艺曲线

学习单元 2　锻件翘曲的防止

学习目标

➢掌握冷却不当出现翘曲的原因和处理方法
➢能使用夹具等方法防止锻件在锻后处理中出现翘曲

知识要求

一、锻件翘曲

锻件在许多生产过程中会产生翘曲和扭曲，如模锻、切边、冲孔、冷却、热处理、清理甚至运送等工序都可能发生，如图 4—16 所示。一般来说，冷却和热处理是锻件发生翘曲等变形的主要工序，控制好冷却和热处理时锻件的翘曲，可以减少后期的校正工序，由于锻件的翘曲发生在后期的可能性大，因此锻件往往在后期进行校正。

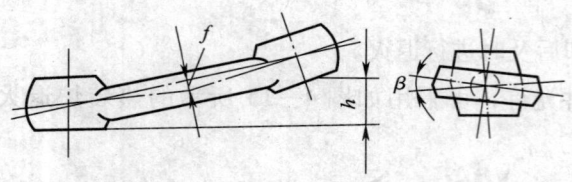

图 4—16 锻件产生翘曲和扭曲

1. 原因

冷却和锻后热处理引起锻件翘曲的原因如下：

(1) 不均匀加热和冷却。

(2) 残余应力过大。

(3) 由于相变造成的体积变化。

2. 防止锻件翘曲的方法

(1) 选择合理的冷却方法

在锻后的冷却方法中，空冷是最容易产生翘曲的，应避免使用。如果是批量较大的模锻件，最好采用控制冷却的方法；如果是大型或重要的锻件，采用炉冷后退火或热装炉退火是非常有效的方法；对于无法采用以上方法冷却的锻件，灰砂冷比空冷更合理。

(2) 合理放置锻件

空冷和灰砂冷的锻件在放置过程中应尽量码放，不要堆放。一是因为锻件锻造结束时温度比较高，强度和刚度较低，堆放会造成不规则的变形；二是堆放的锻件温度和冷却都不均匀，极易造成变形。

二、锻件翘曲的校正

对于已经翘曲的锻件就需要通过校正来加以修正，例如，容易发生翘曲的是细长锻件、高肋锻件、落差较大的锻件、壁厚较薄的锻件、相邻断面差别较大的锻件以及形状复杂的锻件等。校正可以在校正模内进行，也可以不用模具。

在实际生产中校正可分为热校正和冷校正。热校正在热态下进行，一般用于大型锻件和模锻件的校正。模锻件切边后在终锻模膛内进行校正。冷校正在锻件清理后进行，主要用于中、小型锻件以及易于在冷却、热处理和表面清理中变形的锻件，冷校正一般需要进行去应力退火。

如图 4—17 所示为模锻车间经常采用的单柱式校正压装液压机的结构简图。

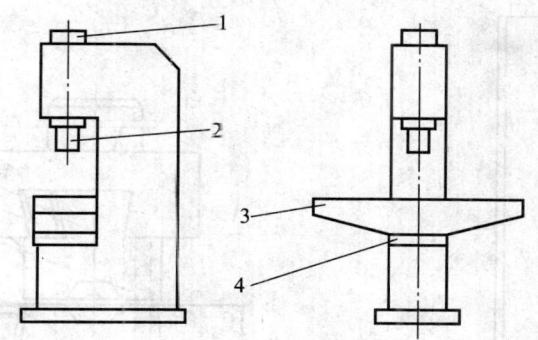

图 4—17　单柱式校正压装液压机的结构简图
1—液压缸　2—压头　3—校正用工作台　4—压装用工作台

技能要求

一、实例一

1. 工作名称

45 钢凸轮轴锻件锻后翘曲的校正。

2. 工作分析

（1）无校正模校正

对于对称的长轴类锻件翘曲，其校正是直接在液压机上进行的，方法是：在液压机工作台上放两块 V 形架，在液压机滑块上装一块 V 形架，转动、移动锻件，轻轻逐次加压进行校直。无校正模的校正适用于单件、小批量的轴类锻件。

（2）用校正模校正

对于非对称类轴类锻件使用校正模校正，通过两个互相垂直方向上的弯曲变形，可以校正两个方向的弯曲，用校正磙校正适用于批量生产锻件。如图 4—18 所示为凸轮轴的冷校正模膛。

3. 工作过程

采用双向校正模冷校正凸轮轴，其步骤如下：

（1）对凸轮轴进行调质处理，并对表面进行喷丸处理；设计并制造如图 4—18 所示的双校正模。

（2）在压力机上安装、调试校正模，如图 4—19 所示。

（3）按凸轮轴方向正确地将其放置在一个校正模膛内，压制后，将凸轮轴再旋转 90°，放置在另一个校正模膛内进行压制。

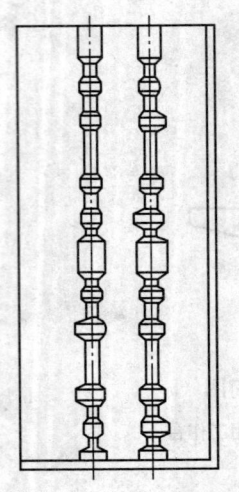

图 4—18 凸轮轴的冷校正模膛

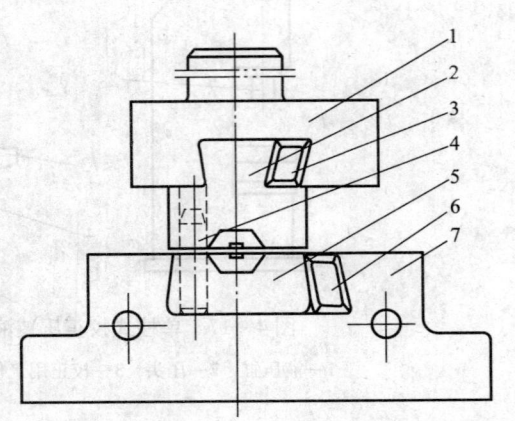

图 4—19 压力机用校正模
1—上模座 2—上模 3,6—楔块
4—导柱 5—下模 7—下模座

二、实例二

1. 工作名称
汽车连杆模锻件锻后翘曲的校正和精压。

2. 工作任务
材料：40Cr 钢；

技术条件：尺寸按图 4—20 所示标注，未注锻造圆角为 $R2$ mm，未注模锻斜度为 $6°$；残留飞边：大孔为小于等于 0.3 mm，其余小于等于 0.5 mm；错差小于等于 0.5 mm；A 和 B 两平面的平行度误差小于等于 0.2 mm。

3. 工作分析
如图 4—20 所示的汽车连杆为小型模锻件，连杆切边、冲孔工序产生的变形可以通过热校正来修正。而连杆的冷却、热处理和清理工序中会出现连杆的水平面有轻微的扭曲、厚度尺寸超差、头部两平面的平行度超差等问题，可选择冷校正和精压相结合来处理锻件的缺陷。冷校正用于解决锻件的变形问题，而精压用于提高锻件的尺寸精度和表面质量。

汽车连杆的锻造工艺为：加热→模锻→热校正→冷却→热处理→表面清理→冷校正＋精压。

4. 工作过程
本实例只讨论该锻件的校正工艺。

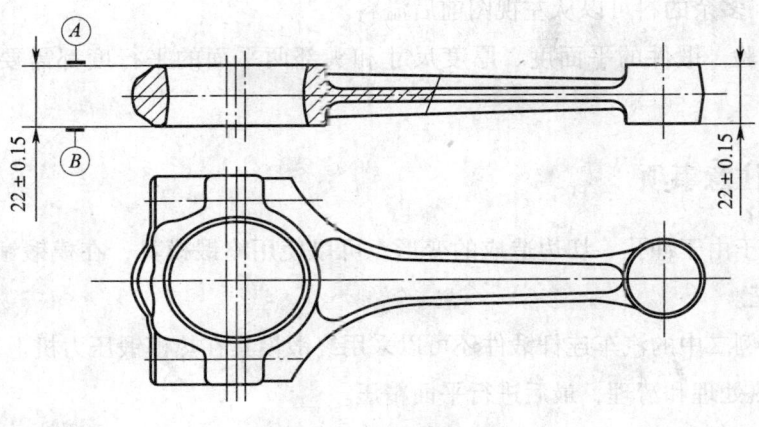

图 4—20　汽车连杆

（1）热校正

模锻件在切边、冲孔后会发生变形，可以在切边、冲孔后用终锻模膛进行热校正。

（2）冷校正及精压

1）清理锻件。将锻件调质处理后采用抛丸工艺进行表面清理。

2）用模具装夹。制造如图 4—21 所示的冷校正—精压模具，并调整模具的封闭高度为（22±0.015）mm。

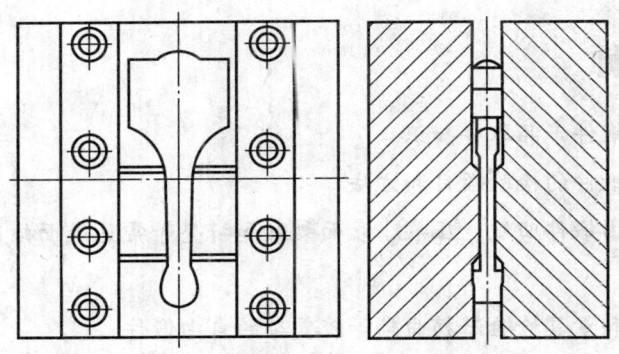

图 4—21　冷校正—精压模具

3）冷校正加精压。由于汽车连杆的平放平面较大，而厚度较薄，所以易发生扭曲，进行冷校正即可解决锻件在汽车连杆水平面的扭曲问题，经用图 4—21 所示的模具校正后，汽车连杆全长在水平方向都可以得到校正。

头部两平面的尺寸为（22±0.015）mm，平行度误差要求小于等于 0.2 mm，当调整图 4—21 所示模具的封闭高度后，可很好地解决锻件的超差问题。该模具为开式精压，多余的料可以从左视图前后溢料。

4）检验。锻件的平面度、厚度尺寸和头部两平面的平行度都需要仔细地检验。

三、注意事项

1. 对于由于冲孔、切边造成的变形，可以使用终锻模具，在模锻锤或压机上进行热校正。

2. 实例二中的汽车连杆锻件还可以采用终锻模具在热模锻压力机上进行校正，然后进行热处理和清理，最后进行平面精压。

第2节 产品检验

学习单元1 自由锻件产品的检验

➤掌握自由锻件产品取样知识
➤掌握自由锻件的检验项目和方法
➤能分析自由锻件凹坑、压痕、表面裂纹和折叠等常见表面缺陷的产生原因和防止措施
➤能用工具和量具检验三拐曲轴等较复杂的自由锻件

一、锻件产品检验项目和方法

1. 锻件的几何形状和尺寸检验

该部分内容在《锻造工（初级）》中已经介绍过。对于自由锻件应100%检验，模锻件可以抽取样本检验。

2. 锻件的表面质量检验

锻件的表面缺陷有裂纹、折叠、压伤、斑点、表面过烧等。

检验锻件的表面质量时，可通过检验人员目测检验。但裂纹的检验仅凭肉眼看往往是会漏检的，需要采用磁粉（磁力）探伤、荧光探伤、着色渗透探伤等方法来检验。

（1）磁粉（磁力）探伤

磁粉探伤可以发现肉眼不能检查出的细小裂纹和隐蔽在表皮下的裂纹等缺陷。其方法是：首先将工件磁化，再在磁化的工件表面撒上磁性粉末，磁粉应沿磁力线方向均匀分布，但对于像裂纹这样的缺陷，磁力线会产生弯曲和跳过现象，从而将缺陷的形状和大小显现出来。如图4—22所示为有缺陷锻件的磁力线分布情况。

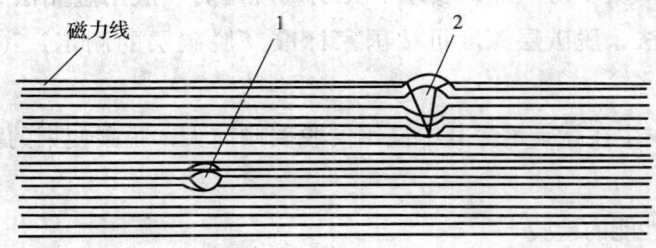

图4—22 有缺陷锻件的磁力线分布情况
1—小缺陷 2—大缺陷

磁粉探伤只能用于钢铁等磁性材料的检验，而且要求锻件表面必须平整、光滑。但不能探测太深的缺陷，也无法判断缺陷的深度位置。

（2）荧光探伤

荧光探伤不受材料是否为磁性材料限制。其方法是将清除了氧化皮和油污等杂物的锻件浸泡在荧光油液中，使荧光油液渗入裂纹等缺陷中，通过荧光灯照射，可观察锻件有无裂纹。

（3）着色渗透探伤

着色渗透探伤也不受材料是否为磁性材料限制。其方法是将清除了氧化皮和油污等杂物的锻件浸泡在带有彩色高渗透性的油液内，使之渗入裂纹等缺陷中，然后用吸附剂将其吸出，在普通灯光下肉眼即可观察到表面缺陷。

对于锻件查出有微小裂纹的，其处理方法如下：如果裂纹深度不超过后期锻件机械加工余量的50%，经用户同意可以不清除；如果锻件表面不再进行机械加工，而裂纹深度不超过尺寸的最小偏差，可以通过砂轮修整去除裂纹；如果裂纹很深，锻件很大，如果征得设计部门许可，可先用砂轮磨去缺陷，再通过补焊焊合裂纹；如果该批次锻件裂纹多发，而且锻件要求较高，一般情况下应找出原因，同时报废此批锻件。

3. 化学成分和力学性能的检验

（1）化学成分的检验

锻件的化学成分一般由材料生产厂家提供成分化验单，必要时可以在锻件上取样进行化学成分检验。通常检验时采用化学试验和能谱仪检验两种方法。

（2）脱碳检验

由于对坯料进行加热，钢表层的碳被氧化，表层的含碳量降低，称为脱碳。

表面脱碳层的测定方法主要有金相法、硬度法和含碳量测定法等。方法的选择及其精度取决于对产品的要求。无明确规定时一般用金相法，有争议的裁定用显微硬度法，脱碳层深度可按国家标准《脱碳层的测定》（GB/T 224—2008）确定。

脱碳一般发生在高碳钢，其中硅钢的脱碳倾向大，脱碳使钢的抗疲劳强度降低。

（3）力学性能的检验

根据锻件的技术要求，有些锻件在热处理后需做力学性能试验。力学性能试验包括硬度试验（HBW，HRC）和拉伸试验（R_m，R_{eL}，A，Z）以及冲击韧度（a_K）疲劳、弯曲、扭转、高温蠕变与持久强度试验等。

锻件的力学性能检验是在锻件上取出一部分材料做成标准试件，在力学性能试验机上进行测试。因此，需要在锻件上先设计出用于力学性能检验所需的试件部分。

4. 锻件的内部质量检验

（1）超声波探伤

超声波探伤穿透力强，设备便于携带，操作简单，可以发现锻件内部的裂纹、夹杂物、缩孔、气孔等缺陷的形状、位置和大小。

超声波探伤原理图如图4—23所示，图4—23a所示为超声波对无缺陷材料的探测，两个波分别是超声波碰到锻件上表面和下表面所反射的起始波和底波；图4—23b所示为超声波对有缺陷材料的探测，在起始波和底波之间有一缺陷波，根据波的位置，可以判断缺陷的位置，根据波峰的大小，可以判断缺陷的大小，而不同的缺陷，由于反射不同，波峰的大小也不相同，如缺陷大小相同，气孔的反射比夹杂的强烈。因此，气孔的缺陷波峰更大。

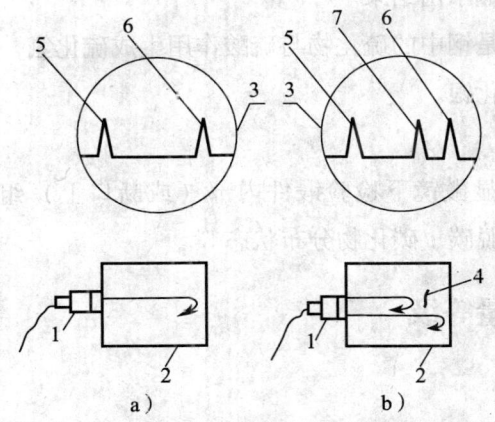

图 4—23　超声波探伤原理图
a）无缺陷材料的探测　b）有缺陷材料的探测
1—超声波探头　2—被检锻件　3—示波器屏幕　4—缺陷
5—起始波　6—底波　7—缺陷波

超声波探伤显示的是反射波，对缺陷的判断还需要依赖操作者的丰富经验和专业知识，超声波探伤适用于重要大型锻件的检测。

(2) 低倍检验

低倍检验是指用肉眼或低倍放大镜（10～30倍）检验锻件断面上的缺陷，常用的方法有酸蚀检验、断口检验和硫印检验。

1) 酸蚀检验。酸蚀检验适用于对流线、枝晶、残留缩孔、空洞、夹渣、裂纹等缺陷进行检验。

检验断面经研磨和抛光，使表面粗糙度 R_a 值为 1.6 μm。酸蚀检验方法分为热酸蚀和冷酸蚀两种，热酸蚀是将试件浸泡在 65～80℃ 的酸液中，经过一定时间后，经热水冲洗，晒干，再进行检验；冷酸蚀是用冷蚀剂擦拭试件的试验面或浸泡试件，经过一定时间后，经冲洗，晒干，再进行检验。

2) 断口检验。断口检验适用于对过热、过烧、白点、分层、萘状和石状断口等缺陷进行检验。

常使用酸浸过的试件，根据不同的检验目的和要求制备试件，使试件处于不同的热处理状态，然后将其折断，观察断口组织状态和缺陷。

3) 硫印检验。硫印检验是对钢中硫化物分布状况的检查，硫印法是唯一有效的检查方法。

钢的硫印检验方法是将相纸先在体积分数为 3%～5% 的硫酸溶液中浸润，再将相纸涂上银盐，将其贴在清理并磨光的锻件表面上，经 3～5 min 后揭下，用清水冲洗，经显影处理显示出结果。

硫印反应的实质是钢中的硫化物与硫酸作用生成硫化氢，硫化氢再与银盐发生反应，生成棕色的硫化银。

(3) 高倍检验

高倍检验是指在显微镜下检验锻件内部（或断口上）组织状态或微观缺陷，如晶粒度、夹杂物、脱碳、碳化物分布状态等。

二、锻件的质量等级

1. 锻件的类别

锻件所需检验的具体项目和要求因锻件的重要性等级不同而不同。国家标准《锻件功能分类》（GB/T 12363—2005）规定：按零件的受力情况、重要程度、工作条件等不同将锻件分为四类，其功能参见表4—7。

表4—7 锻件功能分类

级别	锻件功能
I	用于承受复杂应力和冲击、振动及重负载工作条件下的零件，对安全和整个系统正常工作起重要作用
II	用于承受固定的重负载和较小的冲击、振动工作条件下的零件，对其他零件、部件的损坏起重要作用
III	用于承受固定的负载，但不受冲击和振动工作条件下的零件，这类零件的损坏只会引起产品的局部故障
IV	用于承受负载不大、不计算强度、安全系数较大的零件及除上述三类以外的其他锻件

2. 钢质自由锻件的质量等级

钢质自由锻件的质量等级见表4—8。

表4—8 钢质自由锻件的质量等级

质量等级	主要项次	一般项次	总项次合格率
	原材料内在质量	外形主要尺寸	
合格品	100%	国家标准《锤上钢质自由锻件加工余量与公差》（GB/T 21470—2008）	≥80%
一等级			≥90%

注：总项次合格率 = $\frac{合格项次数}{总项次数} \times 100\%$。其中，总项次数 = 主要项次数 + 一般项次数（主要项次数 = 主要检验项目数 × 抽样件数；一般项次数 = 一般检测项目数 × 抽样件数）。

3. 自由锻件质量的主要考核指标

自由锻件在生产现场按供货状态抽样，按技术要求选择抽样数量。自由锻件质量的主要考核指标见表4—9。

表4—9　　　　　　　　自由锻件质量的主要考核指标

类别	要求内容	试验标准
原材料	投产前按标准对钢锭或钢材进行成分检查	《优质碳素结构钢》（GB/T 699—1999） 《钢的成品化学成分允许偏差》（GB/T 222—2006）
内在质量	适当的锻造比	机械行业标准《锤上自由锻件通用技术条件》（JB/T 385—1999）
内在质量	力学性能符合订货合同要求	拉伸试验： 国家标准《金属材料室温拉伸试验方法》（GB/T 228—2002） 冲击试验： 国家标准《金属材料夏比摆锤冲击试验方法》（GB/T 229—2007） 硬度试验： 国家标准《金属材料　布氏硬度试验》（GB/T 231—2009） 取样位置： JB/T 385—1999
外观质量	表面缺陷允许深度：加工面小于$\frac{1}{2}$加工余量 非加工面不超过下偏差	JB/T 385—1999
外观质量	锻件几何形状符合锻件图样	

三、自由锻件常见的表面缺陷

自由锻件常见的表面缺陷有凹坑、麻点、压痕、裂纹和表面折叠等。

1. 凹坑和压痕

对于由钢锭经自由锻成型的大型锻件，由于钢锭自身缺陷、加热和锻造操作不当等原因，锻件容易出现凹坑、麻点和压痕等表面缺陷。

(1) 凹坑

若钢锭加热时间过长，表面形成很厚的氧化皮，氧化皮脆硬，锻造时会压入金属表面形成凹坑。预防的措施是从炉中取出料后轻击，可使氧化皮脱落，再吹净砧块上散落的氧化皮，就可避免凹坑的出现。当然不要过长时间或过高温度加热坯料，也可以避免凹坑的出现。

(2) 压痕

压痕很多都是误操作造成的，例如，拔长压下量过大，砧子圆角过小，切肩过深等原因都可以造成压痕。

2. 表面裂纹

锻件的表面裂纹除横裂、纵裂、十字裂外，还有其他的表面裂纹，造成裂纹的原因如下：

(1) 横裂

主要原因是加热、锻造和钢锭浇注工艺不当。

(2) 纵裂

主要原因是原材料中心疏松严重、加热时心部温度未达到要求、温度过高、进给量过大或在平砧上拔长圆柱。

(3) 十字裂

主要见于高合金钢、高铬钢拔长工序中的毛坯。

(4) 表面龟裂

当表面含有很多的不易氧化的杂质时，表面可产生龟裂纹。

(5) 外力引起的裂纹

主要包括镦粗时的侧表面、弯曲外表面的裂纹以及冲孔所引起的孔边径向裂纹。

(6) 温度不均匀造成的裂纹

由于锻后冷却速度过快或淬火操作不当，易引起这类裂纹。

锻件表面裂纹可以通过正确的操作进行防止，表面裂纹允许铲除，铲除深度不允许大于锻件的公差。

3. 折叠

(1) 产生折叠的原因

产生折叠的原因包括砧子的形状不适当、坯料的高径比过大（见图 4—24）、圆角半径过小、坯料的送进量小于压下量（见图 4—25）等。

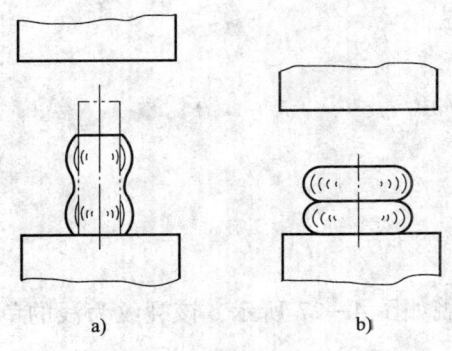 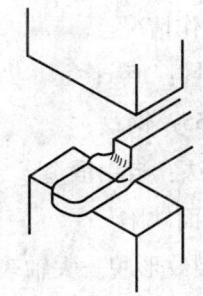

图4—24 坯料的高径比过大引起的折叠　　图4—25 坯料的送进量小于
a) 双鼓形　b) 折叠　　　　　　　　　　　压下量引起的折叠

（2）防止出现折叠的方法

镦粗时坯料的高径比一定要小于2.5。对于端部拔长，端部可修整成圆弧后再镦粗。另外，还可以增大圆角半径，改进操作方法，控制坯料的送进量，使其不小于压下量等，上述措施都可以防止折叠的产生。

技能要求

一、自由锻件的表面缺陷和预防

1. 表面裂纹

（1）工作名称

大轴锻后产生的裂纹。

（2）工作情况

钢锭质量：10 t；

材质：高铬钢；

锻造方法：自由锻造。

（3）表面缺陷

1）裂纹形貌。大轴锻后裂纹形貌如图4—26所示，该裂纹为较笔直的裂纹，容易目测出来。

2）产生的原因。钢锭有表面缺陷；没有按材质、尺寸、质量和形状执行严格的冷却规范；由于急冷导致过大的热应力而使轴出现裂纹。

3）防止措施。若发现钢锭表面有缺陷，应在锻前铲除；锻造结束后立即放入加热炉中进行保温。

2. 表面龟裂

（1）工作名称

大轴表面龟裂纹。

（2）工作情况

钢锭质量：15 t；

材质：55A 钢；

锻造方法：自由锻造。

（3）表面缺陷

1）龟裂纹形貌。大轴表面裂纹形貌如图 4—27 所示，该裂纹为浅的龟裂纹，容易目测出来。

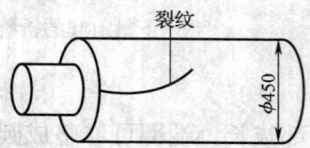

图 4—26 大轴锻后裂纹形貌

图 4—27 大轴表面龟裂纹形貌

2）产生的原因。材料中含有铜、锡、砷、硫等杂质元素较多，而且在表层密集并残留在晶粒边界；钢锭冷却不当；加热与锻造温度不当，也可造成表层龟裂。

3）防止措施。要求材料生产厂家在冶炼时控制化学成分，并避免钢锭的不均匀冷却；选择合适的锻造温度，严格执行加热规范。

由于龟裂纹一般很浅，所以如果形成了龟裂纹，将轴的表面车掉 1～3 mm，即可将其去除。

3. 折叠

（1）工作名称

大轴端部的折叠。

（2）工作情况

钢锭质量：12 t；

材质：CrMoV 钢；

锻造方法：自由锻造。

（3）表面缺陷

1）折叠形貌。大轴端部折叠形貌如图 4—28 所示，在镦粗中间法兰时，先把左边端部全部镦粗为法兰的直径，在之后拔长圆形端部时，端部产生了管状折叠。

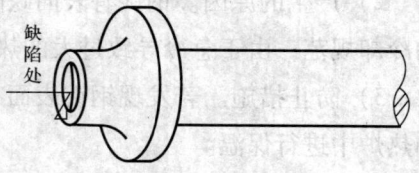

图 4—28 大轴端部折叠形貌

2）产生的原因。不均匀加热或砧宽比

（送进量/毛坯直径）过小是产生大轴端部折叠的原因。

3）防止措施。锻造时留出足够的端部余量，在后续的切削加工去除缺陷。均匀加热，要确保锻件心部热透，并加大砧宽比。

二、自由锻件的检验

1. 工作名称

三拐曲轴自由锻件的产品检验。

2. 工作任务

材料：45钢；

锻件质量：1.71 t；

钢锭质量：3 t；

锻件图：如图4—29所示为三拐曲轴锻件图。

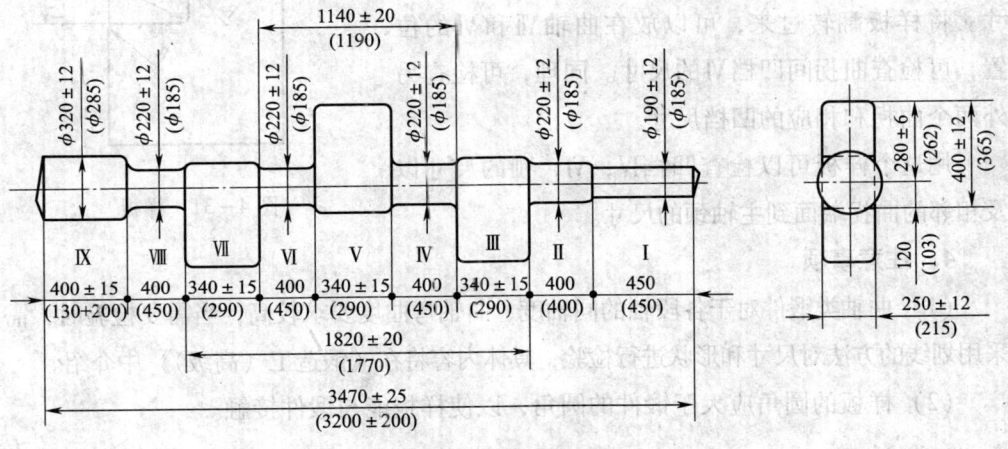

图4—29 三拐曲轴锻件图

3. 工作过程

锻件检验包括锻造过程检验和锻后检验，锻造过程检验是按锻造工艺进行检验，这里只介绍对锻后的锻件进行检验。

该锻件属于一级锻件，其形状复杂，用工具、量具或样板可以测得其外形尺寸。

（1）用通用量具检验的尺寸

通用量具包括钢直尺、卡钳、R通用样板，可测量主轴颈直径220，320和190 mm，曲拐高400 mm和曲拐宽250 mm，还可测量圆角尺寸。

（2）用样板检验的尺寸

1）检查曲轴的轴向尺寸。制作如图4—30所示的杆形样板，将L_3车成

3 470 mm，将 L_2 车成 1 820 mm，将 L_1 车成 340 mm，可用该杆形样板测量曲轴的全长，两拐外表面（Ⅶ和Ⅲ）间的轴向距离以及三拐（Ⅲ，Ⅴ和Ⅶ）的轴向长度。

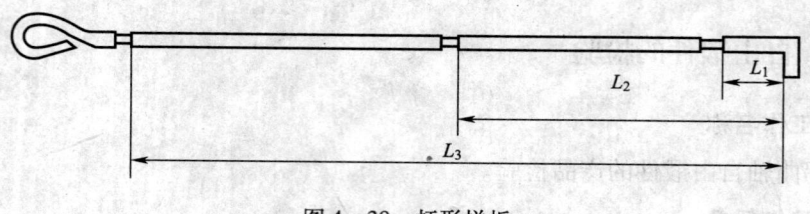

图4—30　杆形样板

2）检查曲拐端面到主轴颈和曲拐间凹档的尺寸。制作如图4—31所示的样板，用来检查曲拐端面到主轴颈和曲拐间凹档的尺寸，按图4—31所示的样板和曲轴的位置，放置曲轴样板于曲轴Ⅷ和Ⅶ的位置，可检查曲拐Ⅶ端面到主轴颈的距离和曲拐间凹档Ⅷ的尺寸。将样板翻转过来，可以放在曲轴Ⅶ和Ⅵ的位置，可检查曲拐间凹档Ⅵ的尺寸。同理，可检查另外两个曲拐和相应的凹档尺寸。

用这个样板可以检查凹档Ⅳ，Ⅵ，Ⅷ的尺寸以及相邻的曲拐端面到主轴颈的尺寸。

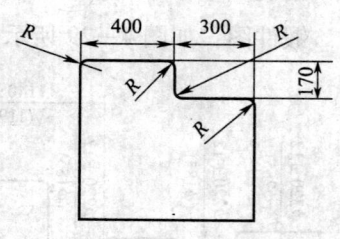

图4—31　样板

4. 注意事项

（1）曲轴类锻件对于各段轴的同轴度、曲轴弯曲度要求较高，当需要检验时，需采用划线的方法对尺寸和形状进行检验，具体内容将在《锻造工（高级）》中介绍。

（2）样板的圆角应大于锻件的圆角，以使样板能与锻件接触。

学习单元2　模型锻件产品的检验

学习目标

➢ 掌握模锻件产品取样知识
➢ 掌握模锻件的检验项目和方法
➢ 能分析模锻件充不满、折叠等常见表面缺陷的产生原因和预防方法
➢ 能用工具和量具检验大型连杆等较复杂的模锻件

知识要求

一、模锻件的检验

模锻件的检验可分为以下三个部分:

1. 锻坯原材料的检验

锻坯原材料的检验主要包括检验锻坯原材料的外形尺寸、化学成分、表面及内部质量等。

2. 模锻生产过程中的检验

在模锻件产品的生产过程中,一般 1 h 取样一次进行检验。

3. 模锻件成品检验

模锻件成品检验的项目包括以下几点:

(1) 模锻件尺寸和形状的检验

模锻件的尺寸和形状多采用专用样板检验,一般模锻件样板按锻件的最大极限尺寸和最小极限尺寸绘制两套,需检查两次,锻件的尺寸应不超过最大极限尺寸,不小于最小极限尺寸。

(2) 表面缺陷的检验

模锻件表面常出现的缺陷有充不满、折叠、模锻不足、位错和切边等,一般靠肉眼可以检验。

(3) 化学成分、力学性能的检验

相关知识前面已经介绍,这里不再赘述。

(4) 模锻件内部质量检验

模锻件的裂纹、夹杂物、缩孔、气孔等缺陷是模锻件内部质量检验的重要项目,一般的锻压车间可以通过磁粉探伤、超声波探伤等方法来检验,通过检验可以确定缺陷是否可修,表面裂纹很浅的锻件是可以修理的。

国家标准《钢质模锻件通用技术条件》(GB/T 12361—2003)中规定了各类模锻件检验项目和数量,见表 4—10。

二、模锻件常见表面缺陷的产生原因和预防方法

模锻件常见的表面缺陷主要有充不满、折叠、模锻不足、位错和切边等,在这里重点介绍充不满。金属填不满整个模膛而使锻件的肋部等复杂部位缺肉,从而使机械加工余量不足的现象称为充不满。模锻件常见缺陷的产生原因、现象和预防方法见表 4—11。

表 4—10　　　　　　　各类模锻件检验项目和数量

类别	热处理	必检项目			选检项目			
		几何尺寸	表面质量	硬度	力学性能	低倍组织	断口	无损检测
Ⅰ	预备	抽检或 100%	100% 或抽检	每热处理炉抽检 10%，但不少于 3 件	—	—	每组/批抽检 1 件	—
	最终			100% 或抽检	试样 100% 或抽检	每组/批抽检 1 件	试样 100% 或抽检	100%
Ⅱ	预备	抽检或 100%	100% 或抽检	每热处理炉抽检 10%，但不少于 3 件	—	—	按需要每组/批抽检 1 件	—
	最终			100% 或抽检	每组/批抽检 1 件或用试样检验	每组/批抽检 1 件	按需要每组/批抽检 1 件	100%
Ⅲ	预备	抽检或 100%	100% 或抽检	每热处理炉抽检 3%～10%，但不少于 3 件	—	—	—	—
	最终			调质件：100% 或抽检；其他热处理件：抽检	—	—	—	—
Ⅳ	最终	抽检	抽检	抽检或不检查	—	—	—	—

表 4—11　　　　　模锻件常见缺陷的产生原因、现象和预防方法

产生原因	现象	预防方法
锻坯缺陷	锻坯下料尺寸过小会造成充不满，产生废品	锻坯下料准确
加热不当	锻模预热温度不够，则金属进入锻模内温度下降，或坯料加热不足，坯料心部温度不够，都会因为金属的塑性变差而充不满	锻坯加热温度准确，保温时间足够
操作不当	如放料不正，使毛坯的一边缺料而充不满；润滑不当，会造成金属充模困难；放加热的锻坯时存在没有除的氧化皮等都会造成充不满	操作时注意放料、润滑和吹净氧化皮
模具结构不合理	预锻形状设计不合理，锻模结构不合理，使终锻时局部充不满	预锻形状设计合理，锻模结构设计合理
设备选用不合理	设备吨位偏小	选用吨位合适的设备

技能要求

一、模锻件表面缺陷的分析

1. 工作名称

半联轴器模锻件的缺陷。

2. 工作任务

材料：40Cr 钢；

锻件质量：4.6 kg；

坯料质量：5.7 kg；

坯料规格：$\phi 70$ mm × 186 mm；

锻件图：半联轴器锻件图如图 4—32 所示。

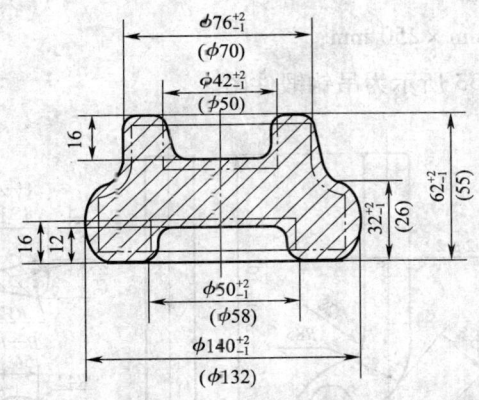

图 4—32 半联轴器锻件图

技术要求：允许残留毛刺不大于 1 mm；锻件错差不大于 0.5 mm；锻件表面缺陷深度不大于 1 mm；锻后坑冷。

3. 工作过程

（1）锻件缺陷分析

半联轴器模锻件的主要缺陷是充不满，肉眼观察为尺寸不够和形状不完整；力学性能试验其刚度和强度指标达不到标准。由于半联轴器的重要性，不允许其出现锻造充不满的现象。

造成锻件充不满的原因很多，如前所述。半联轴器锻件充不满的主要原因是：锻坯采用剪切下料，按长度计量。进料直径有误差时坯料质量不准确；另外，剪切下料的锻坯端面不平，放料不正。

（2）防止方法

对半联轴器充不满的缺陷进行分析后，修改了模锻工艺，首先对剪切的锻坯进行预镦粗，另外也加强了进料的管理，严格控制进料的直径公差。

当发现模锻件充模不满时，应停止加工，尽快查找原因，并马上解决问题。对于由于操作不当引起的不太严重的充不满，可以在调整好的工艺下再锻一次；如果是锻坯过小，个别的可以采用补焊的方法进行修正。

二、用量具和样板检验模锻件

1. 工作名称

5 t 单钩吊钩锻件的产品检验。

2. 工作任务

材料：20 钢；

锻件质量：20.8 kg；

坯料规格：ϕ120 mm × 250 mm；

锻件图：如图 4—33 所示为吊钩锻件图。

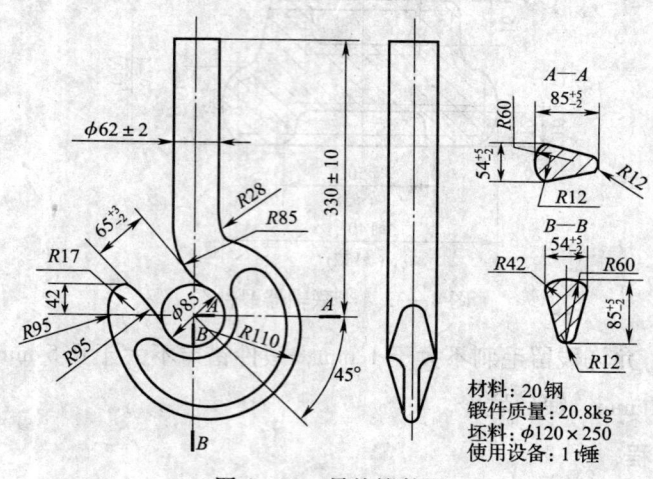

图 4—33 吊钩锻件图

3. 工作过程

吊钩锻件属于一级锻件，其形状复杂，用量具或样板可以测得其外形尺寸。

（1）用通用量具检验的尺寸

通用量具包括钢直尺、内卡钳和外卡钳，可测量吊钩杆直径 62 mm，钩的距离为 65 mm。

（2）用样板检验的尺寸

1）检查吊钩外形。吊钩锻件属于弯曲件，按锻件的主视图制作吊钩样板，如

图4—34所示。

2）检查吊钩圆孔尺寸和吊钩长。制作 φ85 mm 的圆柱样板，插入吊钩中心，检查吊钩圆孔尺寸是否合格，并且再使用杆形样板测量吊钩长度（330 mm）尺寸。

3）检查 A—A 剖面和 B—B 剖面。将 A—A 剖面和 B—B 剖面的大端做成如图4—34b 所示的剖面大端样板，将 A—A 剖面和 B—B 剖面的小端做成如图4—34c 所示的剖面小端样板。

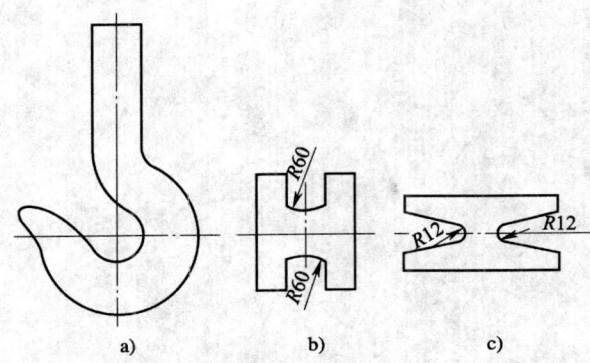

图4—34　吊钩样板
a）外形样板　b）剖面大端样板　c）剖面小端样板